U0292324

# 绿色数据中心发展研究：
# 技术与实践

张　梅　文静华　著

科　学　出　版　社

北　京

# 内 容 简 介

　　绿色数据中心是支撑信息化发展的重要基础设施，大力发展绿色数据中心，无论对信息通信技术行业的发展，还是对经济社会的转型升级，以及国家政策的落实等方面都具有重要的战略意义。

　　本书首先系统地介绍绿色数据中心发展的理论与技术基础，包括绿色数据中心的总体规划方法、绿色数据中心管理框架、绿色数据中心节能技术、绿色数据中心核心竞争力、绿色数据中心关键指标等；然后结合贵州实际，深入阐述贵安新区绿色数据中心发展优势、贵州绿色数据中心发展典型案例、贵州高校绿色数据中心设计与实现；最后进行绿色数据中心发展总结与预测。

　　本书可供从事信息化管理、数据中心建设的技术人员和科研人员参考，也可作为高等院校相关专业的教材。

**图书在版编目 (CIP) 数据**

　　绿色数据中心发展研究：技术与实践/张梅，文静华著. —北京：科学出版社，2017.6
　　ISBN 978-7-03-051027-3

　　Ⅰ. ①绿⋯　Ⅱ. ①张⋯ ②文⋯　Ⅲ. ①计算机中心—机房管理—研究　Ⅳ. ①TP308

中国版本图书馆 CIP 数据核字 (2016) 第 303897 号

责任编辑：王　哲　董素芹 / 责任校对：郭瑞芝
责任印制：张　倩 / 封面设计：迷底书装

**科 学 出 版 社 出版**
北京东黄城根北街 16 号
邮政编码：100717
http://www.sciencep.com

**文林印务有限公司** 印刷
科学出版社发行　各地新华书店经销
*

2017 年 6 月第　一　版　　开本：720×1 000 1/16
2017 年 6 月第一次印刷　　印张：17 1/2
字数：352 000
**定价：96.00 元**
（如有印装质量问题，我社负责调换）

# 前　　言

随着信息通信技术与节能技术的不断成熟与发展，绿色数据中心受到了越来越广泛和深入的关注，绿色节能是大数据、云计算、互联网交叉学科领域的热点和难点研究问题之一。出于建立高效、可靠的数据中心基础服务平台和数据中心增值服务、云服务和绿色节能服务的需要，绿色数据中心建设过程中的关键技术如规划设计、节能降耗和核心竞争力引起了广大学者的极大关注，如今绿色节能已成为十分活跃的研究领域，绿色数据中心是大数据产业发展的前提和关键。

本书研究的主要目标是根据绿色数据中心能耗成本优化和核心竞争力相关理论与处理技术，利用贵安新区目前已有绿色数据中心作为典型案例，探讨绿色数据中心发展的关键技术，以期完成安全、可靠、智能、高效、绿色、经济的绿色数据中心能耗监控系统建设。本书比较系统地研究 IT 设备、机房和管理规划，能耗结构、节能措施、能耗成本优化、能耗监控和虚拟化能耗节省，核心竞争力影响因素、核心竞争力构建和绿色数据中心关键指标等关键问题。在云计算、大数据、互联网+、工业自动化、生物医学工程、高性能计算和智能制造等领域具有重要的理论意义与广阔的应用前景。

目前，对于大型数据中心的绿色环保研究主要体现在 UPS 系统、制冷系统、机房布局、服务器系统等单个专业系统的监测、设计与防护措施等方面，缺乏系统性的规划方法与具体的操作流程。本书依据相关理论和作者多年的实践经验，首先对绿色数据中心的总体规划方法进行研究，根据未来的发展趋势提出基于虚拟化架构的模块化规划方法，给出其规划目标、原则、框架与具体步骤。然后，从 IT 设备规划、机房工程规划、系统管理规划等三个方面对其具体规划进行详细分析与深入研究。

当前，数据中心所使用的能源仅有一半消耗在 IT 设备负载上，另一半则消耗在包括电源、空调设备在内的网络关键物理基础设备上。因此，本书从基础建设节能、运营的管理效率等方面来衡量一个数据中心是否为"绿色"。通过研究数据中心耗能结构、监控接口协议、传输方法等，设计绿色数据中心能耗监控系统的框架结构、实施方案、监控对象、功能实现等。近年来，云计算数据中心能耗成本控制问题已经吸引了工业界和学术界的广泛关注，成为当前的研究热点。本书研究大规模云计算数据中心能耗成本的建模、控制和优化问题。随着"软件定义的数据中心"的提出，运用虚拟化手段对数据中心进行节能管理将成为主要发展方向。本书以构建虚拟化的绿色数据中心作为研究出发点，通过虚拟化手段将数据中心的物理资源变成逻辑的资源集，并采用模块化的方式对物理资源进行封装部署，然后对模块化的数据中心设备进行动态调度管理，提高设备的整体利用率，从而节约整个数据中心的能耗成本。

　　本书在对核心竞争力相关理论大量文献研究综述的基础上，以绿色数据中心为研究对象，把核心竞争力的一般性理论引入绿色数据中心行业中，在借鉴 Prahalad 和 Hamel 核心竞争力的基础上构建绿色数据中心的核心竞争力研究的理论框架，对绿色数据中心核心竞争力的理论内涵、绿色数据中心核心竞争力的特点进行比较系统的论述，提出提升绿色数据中心核心竞争力的建议。

　　本书是作者在贵州财经大学信息学院从事多年信息化和大数据关键技术研究及对本科生、研究生教学的基础上编写的，书中不但包括首次接触本学科的读者所需要具备的基础知识，而且较系统地探究近年来国内外绿色数据中心发展研究的重要成果。本书首先系统地介绍绿色数据中心发展的理论与技术基础，包括绿色数据中心的总体规划方法、绿色数据中心管理框架、绿色数据中心节能技术、绿色数据中心核心竞争力、绿色数据中心关键指标等；然后结合贵州实际，深入阐述贵安新区绿色数据中心发展优势、贵州绿色数据中心发展典型案例、贵州高校绿色数据中心设计与实现；最后进行绿色数据中心发展总结与展望。作者在国家级核心期刊和重要学术会议 IEEE、ACM 上发表了相关研究论文 40 余篇，其中国际三大检索系统 SCI、EI、ISTP 收录 20 余篇，为本书的编写奠定了一定的理论基础。本书第 1 章、第 6 章和第 8 章由文静华编写，其余各章由张梅编写。

　　本书的出版得到了 2013 年度中央财政支持地方高校重点学科建设经费的资助，本书作者在研究工作中还获得多方面的研究基金的资助，包括 2012 年度国家自然科学地区基金（项目编号：41261094）、2016 年度贵州省科技厅科技基金（项目编号：黔科合基础[2016]1020）和 2016 年度贵州省教育厅自然科学拔尖人才基金（项目编号：黔教合 KY 字[2016]069）。作者对组织这些研究基金的相关部门，如国家自然科学基金委员会、贵州省科技厅和贵州省教育厅等表示感谢；作者还特别感谢贵安新区管理委员会的欧阳武，工业和信息化部电子第五研究所的谢少锋、王勇、蒋春旭、申中鸿等提供的技术资料和悉心指导。感谢贵安新区大数据产业发展领导小组办公室的肖凌青、吴勇等，他们在本书的编写过程中一直给予帮助、鼓励和支持，使得本书的写作得以顺利完成。

　　十分感谢贵州财经大学的郭长睿、马思根、卫剑、将合领、喻曦、彭星星、刘欢、李爽等，本书介绍的许多工作是作者与他们在合作中完成的。

　　绿色数据中心发展研究的内容非常宽广，与它相关的学科也很多，由于作者学识有限，书中不足之处在所难免，敬请读者不吝批评指正。

张　梅　文静华

2017 年 4 月

# 目　　录

# 第 1 章  绪  论

走中国特色新型工业化、信息化、城镇化、农业现代化道路，推动信息化和工业化深度融合、工业化和城镇化良性互动、城镇化和农业现代化相互协调，促进工业化、信息化、城镇化、农业现代化同步发展，是党的十八大做出的重大战略决策，是新时期我国经济社会发展的战略路径。我国正处于从工业经济向信息经济转型的关键时期，信息化与工业化、城镇化、农业现代化深度融合将是这一时期经济社会发展的必然选择和重要特征。

数据资源之于信息经济，就像能源和矿藏资源之于工业经济一样，是支撑信息经济发展的关键要素，是国家 GDP 增长的重要基石。继移动互联网、云计算之后，以大数据（big data）为显著特征的信息通信技术（Information Communication Technology，ICT）革命和产业演进，为我们带来了大量丰富的数据资源，对发展以数据中心为代表的信息基础设施提出了巨大的需求。

以高耗能和低利用为代表的传统数据中心，布局分散，发展粗放，造成社会资源的极大浪费和能源的巨大消耗。随着我国经济发展进入绿色低碳的新常态和信息化社会衍生的互联网+新业态，以节能低碳、经济高效为表征的绿色数据中心（Green Data Center，GDC）正引领传统数据中心的深入变革，以集中建设运营、复用高利用为核心的大中型数据中心正在全国各地聚集，绿色数据中心的数量和品质正成为考核国民经济绿色构成与社会发展低碳程度的风向标。

贵州具有得天独厚的自然生态和气候环境，具备建设和发展绿色数据中心的良好条件，贵州省委、省政府优先发展大数据产业的支持政策和产业界的高度认同与集聚，使得这一地区成为绿色数据中心的集聚地和先行区，引领全国数据中心从传统到绿色、从单用到复用、从分散到集中的转变。

## 1.1  研究背景与战略意义

### 1.1.1  研究背景

随着世界经济形势的改变，信息产业和电子信息产业扮演着越来越重要的角色，在我国，这两个新兴产业成为国民经济新的增长点。而互联网的兴起，已经成为世界各国公认的经济新的增长点，也是各国综合国力的新竞争制高点，为了能够抢夺该制高点，世界各国都加紧以信息化建设为核心的产业发展。与此同时，国内涌现出一批大型的互联网公司，例如，阿里巴巴、腾讯、百度等，它们进一步推动了信息产业的发展。随着国家把"大数据"作为国家战略，各类与数据相关的投资和建设层出不穷[1]，这些都与信息产业中的基础行业数据中心戚戚相关，数据中心在其中扮演着非常重要的角色。无论电子信息技术产业和信息产业向哪个方向发展，它们都需要大量的数据中心来进行存储、计算和传输。

未来是信息化的时代，用数据爆炸来形容当今的信息技术（Information Technology，IT）发展一点也不为过，数据在永无止境地增长。随着世界向更加智能化、物联化、感知化的方向发展，数据正在以爆炸性的方式增长，大量数据的出现正迫使各行各业不断提升自身以数据中心为平台的数据处理能力[2]。同时，云计算、虚拟化等技术正不断为数据中心的发展带来新的推动力，并正在改变传统数据中心的模式。未来数据中心的发展，既需要供电连续的高可靠性，也需要绿色环保的低能耗性。随着互联网数据中心（Internet Data Center，IDC）业务和云计算的快速发展，如何建设绿色节能和经济高效的数据中心已经成为国内各大运营商及政企关注的重点。随着电子信息技术的高速发展，新型的互联网技术屡见不鲜，云计算、物联网、Web 2.0 等新的技术对数据中心提出了更多的要求[3]。构建绿色数据中心将是推动整个 ICT 融合、开展云计算业务的解决方案，成为大数据产业未来发展的一种趋势。

本书认为"绿色数据中心"是指数据机房中的 IT 系统、电源、制冷、基础建设等能取得最大化的效率和最小化的环境影响的数据中心。怎么才能让数据中心的能耗更低、运营成本更低、响应速度更快，让整个数据中心更加灵活和经济呢？大前提是建立一个绿色的、可靠的、高效的数据中心，并使之投入运营，快速地产生收益，这已经变成了数据中心发展过程中的重大问题。

本书以绿色数据中心固有的物理属性和赋予的经济属性为基础，探讨绿色数据中心规划思路和方法、节能措施与成本优化技术，剖析绿色数据中心基础理论和影响因素，构建绿色数据中心发展的指标体系，抓准绿色低碳与经济高效关键点，建立评价绿色数据中心建设地区的参考模型，对国内重要地区进行比较分析后发现，绿色数据中心在贵州正在聚集。贵州处在全国先行规模化发展绿色数据中心所处的历史机遇期，分析其独具的政策、环境、产业、经济等优点，展示处于发展阶段的绿色数据中心对于生态文明的促进作用和正面影响，公布目前贵州在绿色数据中心发展战略、技术趋势与产业应用等方面的布局与实践，呼吁社会各界以更大的热情共同关注、以更务实的态度积极支持贵州绿色数据中心的发展，共同推动贵州绿色数据中心未来更好地发展，提升贵州绿色数据中心在全国生态文明、绿色低碳、经济高效发展中的影响力和号召力。

## 1.1.2　战略意义

数据中心是一整套复杂的工程系统，不仅包括计算机系统和其他与之配套的设备，还包括冗余的数据通信连接、环境控制设备、监控设备以及各种安全装置，用来在 Internet 网络基础设施上传递、加速、展示、计算、存储数据信息。

21 世纪，我国在气候能源、资源环境、生态文明的多重压力下，经济发展和社会生活转向绿色生态、低碳节约的新常态，以分散部署、功能单一、高能耗、低效益为代表的传统数据中心正在向集中建设、复合利用、节能低碳、经济高效的绿色数据中心方向发展，大中型绿色数据中心聚集将成为未来的新趋势。

作为支撑信息化发展的重要基础设施，大力发展绿色数据中心，无论对信息通信技术行业的发展还是对经济社会的转型升级，以及国家政策的落实等方面都具有重要的战略意义。

**1．绿色数据中心，是保障经济社会发展的基石**

数据中心作为推动两化融合的支撑条件，是推进经济社会信息化不可缺少的牢固基石。李克强总理在 2015 年政府报告中指出：新兴产业和新兴业态是竞争高地，要实施高端装备、信息网络、集成电路、新能源、新材料、生物医药、航空发动机、燃气轮机等重大项目，把一批新兴产业培育成主导产业；要制定"互联网+"行动计划，推动移动互联网、云计算、大数据、物联网等与现代制造业结合，促进电子商务、工业互联网和互联网金融健康发展，引导互联网企业拓展国际市场。大数据、云计算、互联网、物联网、电子商务等现代信息化技术已成为国民经济的重要支柱。我国正处于工业化向信息化深度融合发展的转型时期和关键阶段，信息正成为与物质和能源同等重要的要素资源，信息的存在、开发、共享、治理与服务等社会经济活动迅速扩大，信息化成为新时代发展的主题[4]。

**1）智能制造**

如图 1.1 所示，2015 年工业和信息化部（以下简称工信部）发布的智能制造专项 94 个项目中，明确提出以云平台或大数据为基础的项目有 8 项，而提出数字化、物联网、网络化或信息化、信息交换与协同等与互联网相关方面的项目有 27 项，剩余项目则紧扣与信息交换、数据处理、信息控制等方面技术相关的主题。所有信息的传输、交换、控制都离不开网络，而网络的正常运行离不开数据中心的支持[5]。因此，在中国智能制造的发展进程中，必然加速绿色数据中心发展。

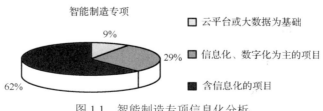

图 1.1　智能制造专项信息化分析

2）云计算

云计算是基于互联网的相关服务的增加、使用和交互模式，这种模式提供可用的、便捷的、按需的网络访问，进入可配置的计算资源共享池（资源包括网络、服务器、存储、应用软件和服务）。云计算，再一次改变了数据的存储和访问方式。随着头部客户转型的示范效应显现，越来越多的企业会加入到云计算浪潮中来。在不久的将来，这依然是风险投资（Venture Capital，VC）青睐的领域。IDC 预计，2020 年之前企业对 IaaS 的需求依然强烈，复合年增长率达到 36.6%，PaaS 的复合年增长率为 38%，SaaS 复合年增长率为 28%，整个公有云市场以每年 32.2% 的速度增长，2020 年规模将超过 50 亿美元。云计算为绿色数据中心提供了存储空间和访问渠道，必然加速绿色数据中心发展。

3）物联网

物联网是信息技术领域的延伸，其本质是传感器技术进步和数据处理能力提升的产物。不同类型的传感器，无时无刻不在产生大量的数据，其中某些数据被持续地收集起来，成为大数据的重要来源之一，并通过数据中心进行处理和对外信息交换[6]。物联网布局逐步落地和产业稳步实现必将加速绿色数据中心的发展。

4）互联网+

如图 1.2 所示，2014 年中国网络经济营收规模达到 8706.2 亿元[7]，其中，个人计算机（Personal Computer，PC）网络经济营收规模为 6377.3 亿元，营收贡献率为 73.3%，预计到 2018 年，中国互联网经济市场规模将达到 20202.6 亿元。绿色数据中心为互联网产业经济加速和社会活动方式提供物理支持，互联网+必然加速绿色数据中心+。

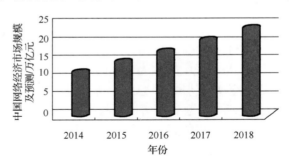

图 1.2　2014～2018 年中国网络经济市场规模及预测

5）电子商务

艾瑞统计数据显示，2014 年中国电子商务市场交易规模为 12.3 万亿元，增长 21.3%，其中网络购物增长 48.7%，社会消费品零售总额渗透率年度首次突破 10%，成为推动电子商务市场发展的重要力量。预计未来几年电子商务规模将保持平稳快速增长，2018 年电子商务市场规模将达到 24.2 万亿元[8]，如图 1.3 所示。绿色数据中心作为电子商务的虚拟货物仓库、指挥控制中心和交易处理基地，电子商务爆发式增长必然驱动绿色数据中心加速发展。

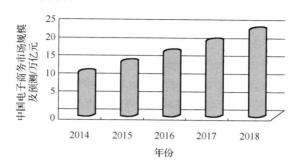

图 1.3 2014～2018 年中国电子商务市场交易规模及预测

6）电子政务

随着政府政务公开程度的进一步提升，以云平台为基础的电子政务发展日益增长。在国家"十三五"规划[9]中，明确规定了各级政府部门电子政务信息化的发展指标：政务部门业务信息化、政府公共服务和管理应用、信息共享、技术应用服务平均应达到 50%以上甚至更高。

绿色数据中心在政务活动中发挥基础性作用，并作为国家治理法制化和政务公开透明的助推器，阳光电子政务必然加速绿色数据中心的发展。

7）民生信息化

人们日常生活中的衣、食、住、行、医、游等多个民生方面，都已经迈入了信息化时代，在线旅游、在线购物、在线订餐、在线医疗等以互联网为主的信息化平台日常生活的多方面应用已经成为常态。在线家居生活主要通过家居互联网实现，国务院发布的"宽带中国"战略及实施方案[10]，明确提出宽带发展的目标与时间表，大力推进民生信息化，如表 1.1 所示。绿色数据中心作为民生信息化的基础设施和内容载体，民生信息化的稳步实施和良好体验必然加速绿色数据中心发展。

表 1.1 "宽带中国"发展目标与发展时间表（部分）

| "宽带中国"发展目标与发展时间表 | | | | |
|---|---|---|---|---|
| 指标 | 单位 | 2013 年 | 2015 年 | 2020 年 |
| 宽带用户规模 | | | | |
| 固定宽带接入用户 | 亿户 | 2.1 | 2.7 | 4.0 |
| 宽带普及水平 | | | | |
| 固定宽带家庭普及率 | % | 40 | 50 | 70 |
| 宽带网络能力 | | | | |
| 城市宽带接入能力 | Mbit/s | 20（80%用户） | 20 | 50 |
| 互联网国际出口带宽 | Gbit/s | 2500 | 6500 | — |
| FTTH 覆盖家庭 | 亿个 | 1.3 | 2.0 | 3.0 |

续表

| 宽带信息应用 | | | | |
| --- | --- | --- | --- | --- |
| 网民数量 | 亿人 | 7.0 | 8.5 | 11.0 |
| 互联网数据量（网页总字节） | 太字节 | 7800 | 15000 | — |
| 电子商务交易额 | 万亿元 | 10 | 18 | — |

据相关学者的研究，各地区的 GDP 发展都与信息化建设（指数）有密切关系[11]：在社会固定资产投资总额和劳动就业总数不变的情况下，信息化指数每增长 1%，则 GDP 增长为 0.5%～1%（各地区情况可能略有不同）。2000～2004 年期间欧盟经济增长的一半是由信息通信产业贡献的，2008 年信息产业增加值占 GDP 的比例在美国为 6.4%，日本为 6.9%，韩国为 7.2%。中国近十年此值为 5%～7.5%，2012 年为 6.25%。2011 年对经济合作与发展组织（Organization for Economic Co-operation and Development，OECD）34 个国家的研究得出，GDP 会随宽带接入速率的加倍而增加 0.3%。

以上政策的实施，将加大全社会对于数据存储、加工处理的巨大需求。2006 年，全球新产生了约 180EB 的数据；在 2011 年，这个数字达到了 1.8ZB，有市场研究机构预测：到 2020 年，整个世界的数据总量将会增长 22 倍，达到 40ZB。

2. 绿色数据中心，是推进信息化发展的动力

1）数据中心现状

根据工信部发布的相关数据信息显示[12]，2011～2013 年上半年，全国共规划建设数据中心 255 个，已投入使用 173 个，总用地约 713.2 万平方米，总机房面积约 400 万平方米。截止到 2014 年年底，全国数据中心数量接近 47 万个，80%以上是小于 500 平方米的微型数据中心。截止到 2013 年，纳入工信部统计的 255 个数据中心的具体情况如下。

（1）在规模方面：超大型数据中心有 23 个，大型数据中心有 42 个，中小型数据中心有 190 个。

（2）在投产方面：255 个数据中心总设计服务器规模约 728 万台，实际投产服务器约 57 万台，占设计规模的 7.8%。

（3）在能效方面：255 个数据中心中，超大型、大型数据中心设计电源使用效率（Power Usage Effectiveness，PUE）平均为 1.48，中小型数据中心设计 PUE 平均为 1.80。

从市场规模看，在 2014 年，中国数据中心产业市场增长迅速，市场规模达到 372.2 亿元人民币，同比增速达到 41.8%。IDC 预测，未来几年，数据中心市场增速将稳定在 30%左右，到 2017 年，中国数据中心市场规模将超过 900 亿元。

从数据中心服务器使用方面看，如果 x86 服务器的使用寿命以 2 年计算，可以测算 2016 年/2017 年市场存量服务器的数量约为 682 万/813 万台。

按照市场发展规律，2016～2017 年，中国新建数据中心与当前数据中心扩建规模将保持每年 5%～10%的增长。数据中心现状与绿色化趋势对比如图 1.4 所示。

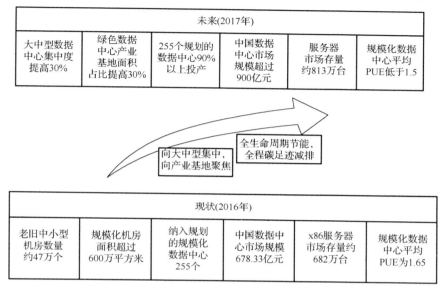

| 未来(2017年) | | | | | |
| --- | --- | --- | --- | --- | --- |
| 大中型数据中心集中度提高30% | 绿色数据中心产业基地面积占比提高30% | 255个规划的数据中心90%以上投产 | 中国数据中心市场规模超过900亿元 | 服务器市场存量约813万台 | 规模化数据中心平均PUE低于1.5 |

向大中型集中，向产业基地聚焦

全生命周期节能，全程碳足迹减排

| 现状(2016年) | | | | | |
| --- | --- | --- | --- | --- | --- |
| 老旧中小型机房数量约47万个 | 规模化机房面积超过600万平方米 | 纳入规划的规模化数据中心255个 | 中国数据中心市场规模678.33亿元 | x86服务器市场存量约682万台 | 规模化数据中心平均PUE为1.65 |

图 1.4　数据中心现状与绿色化趋势对比

同时，中国政府与民众、国内数据中心行业与市场，都对数据中心的全生命周期能耗指标和全程碳足迹低碳排放非常重视，希望大力发展低 PUE、低碳排的绿色数据中心。因此，中国数据中心行业市场前景非常巨大，绿色数据中心需求非常强烈。

2）数据中心绿色化趋势

鉴于数据中心对社会发展的巨大推动，以及当前信息社会对于数据中心的迫切需求，大力建设并发展数据中心已成为未来几年的必然趋势。数据中心有大量耗电设备，如 IT 设备、空调制冷设备、新风设备等，故其耗电量较大。据国际知名机构测试，在满足数据中心正常工作的环境温度范围内，数据中心工作环境温度每提高 1℃，就能节约 4%的能源成本。以某家 2MW IT 负载的数据中心为例，在 21℃环境下运行，全年的总耗电量为 19.6GW·h，PUE 为 1.60，基础设施开销能源评估为 7.39GW·h；若温度升高至 27℃，能源开销则减少 23%。

我国目前的能源结构中以煤为代表的化石能源在全国能源总量中占比超过 70%，以水电为代表的清洁能源在全国能源总量中占比低于发达国家 50%以上，对比化石能源全生命周期的碳足迹和清洁能源全生命周期的碳足迹，据国际能源署和联合国气候组织测算的碳排放强度，化石能源高于清洁能源 30%以上，而数据中心作为能源集中消耗的大户，必须建设和运行在清洁能源占比高的区域，更多地采用清洁能源，降低全生命周期碳足迹的碳排放强度，从而迈上绿色之路。

数据中心节能降耗和低碳减排具有重大现实意义，所产生的经济效益、生态效益和社会效益非常明显，国家相关部委纷纷出台系列政策，企业产业行业积极行动，全社会加以引导并大力推行以低能耗、低碳排为引领的绿色数据中心建设与发展，推动数据中心走向绿色之路。

3. 绿色数据中心，是推动经济转型的支撑

1）新常态推动数据中心从传统向绿色发展

如图 1.5 所示，当前社会经济和国民生活已从高增速、高能耗、高污染、高排放、高浪费的粗放模式进入中高增速、节能降耗、绿色低碳、节约高效、文明生态的新常态[13]，以高能耗和低利用为代表的传统数据中心正在被建设和使用节能低碳、经济高效的绿色数据中心替代。

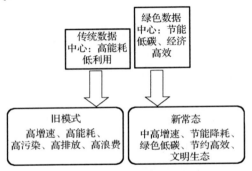

图 1.5　传统数据中心向绿色数据中心转变

2）新业态加速绿色数据中心发展

第三次工业革命和信息化、智能化浪潮催生出工业 4.0、智能制造、两化融合、云计算、物联网、互联网+、电子商务、电子政务、民生信息化等新业态，新业态既要进行海量数据处理与高速信息传输，又亟须交叉融合与发展壮大，对数据中心的功能和效率提出了更高的要求[14]，要求分布散乱、功能单一和利用率低的传统数据中心加速向集中建设运营、复合高利用的大中型绿色数据中心发展，如图 1.6 所示。

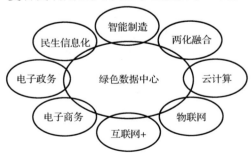

图 1.6　新业态加速绿色数据中心发展

综上所述，国民经济和社会生活的新常态要求与信息化密切相关的八大产业新业态加速发展，智能制造、两化融合、云计算、物联网、互联网+、电子商务、电子政务、民生信息化等都呈现出了蓬勃发展的趋势，而相关产业发展的前提是信息化建设能够满足其信息传输的需要，从而对绿色数据中心等信息化基础设施提出了迫切的大量客观需求，尤其是在新常态下，生命周期节能、全程碳足迹低碳排放等要求已经纳入数据中心实施方案中，必须加快绿色数据中心发展才能保证新常态下新业态的可持续健康发展。

**4. 绿色数据中心，是落实国家政策的着力点**

为贯彻落实《国务院关于加快培育和发展战略性新兴产业的决定》，满足社会信息化水平不断提高的要求，促进我国数据中心，特别是大型数据中心的合理布局和健康发展，工信部于 2013 年联合国家发展和改革委员会（简称国家发改委）、国土资源部、国家电力监管委员会（简称电监会）、国家能源局等单位提出《关于数据中心建设布局的指导意见》（工信部联通〔2013〕13 号）。

意见指出，数据中心的建设和布局应以科学发展为主题，以加快转变发展方式为主线，以提升可持续发展能力为目标，以市场为导向，以节约资源和保障安全为着力点，遵循产业发展规律，发挥区域比较优势，引导市场主体合理选址、长远规划、按需设计、按标建设，逐渐形成技术先进、结构合理、协调发展的数据中心新格局，并对超大型、大型数据中心的建设地区按照天气、能源等情况进行引导。

国家近年来大力提倡两化融合，明确提出以信息化促进工业化，并强调信息化应用的重要性，而信息化的开展，离不开互联网，更离不开绿色数据中心。信息化融入工业化的稳步推进和最终实现，必然加速绿色数据中心发展。

在《信息化和工业化深度融合专项行动计划（2013—2018 年）》中，各行业的信息化融合指数均有明确指标提出：企业"两化"融合管理体系推广信息化指标基本达到 50%以上，在重点领域建设质量安全信息追溯体系。

在工信部发布的《原材料工业两化深度融合推进计划（2015—2018 年）》中，明确指定了 2018 年的原材料工业两化深度融合推进目标：建设 6～8 个行业关键共性技术创新平台、8～10 个第三方电子商务和物流平台、4～6 个工业云服务平台、3～4 个大数据平台，以及稀土、农资、危险化学品等重点行业管理平台；培育打造 15～20 家标杆智能工厂，大中型原材料企业数字化设计工具普及率超过 85%，关键工艺流程数控化率超过 80%。统计梳理可见，原材料工业的两化融合的推进与实现离不开绿色数据中心的发展。同理，绿色数据中心的发展也是奠定其他工业行业两化融合的基础。

2015 年 2 月，为贯彻落实国务院《节能减排"十二五"规划》以及《"十二五"节能减排综合性工作方案》，加强生态文明建设，提高资源能源利用效率，构建绿色通信网络，全面实现通信业"十二五"节能减排目标任务，工信部就进一步加强通信业节能减排工作，发布了《关于进一步加强通信业节能减排工作的指导意见》，提出目标：到 2015 年末，通信网全面应用节能减排技术，实现单位电信业务总量综合能耗较 2010 年底下降 10%；推进信息化与工业化深度融合，促进社会节能减排量达到通信业自身能耗排放量的 5 倍以上；新建大型云计算数据中心的 PUE 达到 1.5 以下；新能源和可再生能源应用比例逐年提高。同时强调重点任务之一是：促进数据中心选址统筹考虑资源和环境因素，积极稳妥引入虚拟化、海量数据存储等云计算新技术，推进资源集约利用，提升节能减排水平；从机房建设、主设备选型等方面降低运营成本，确保新建大型数据中心的 PUE 达到 1.5 以下，力争使改造后数据中心的 PUE 下降到 2 以下。

2014 年 5 月，国家发改委联合多部委发布了《关于请组织申报 2014 年云计算工程的通知》，要求：面向政务应用、金融等重点领域的公共云计算服务，云计算服务平台所用数据中心 PUE 不高于 1.5。2015 年，为进一步贯彻落实《国务院关于加快发展节能环保产业的意见》（国发〔2013〕30 号）要求，全面提升数据中心节能环保水平，工信部联合国家多部委制定并发布《关于印发国家绿色数据中心试点工作方案的通知》。

方案要求，以建立绿色数据中心的推进机制、引导数据中心节能环保水平全面提升为目标，在现有绿色数据中心工作的基础上，优先在生产制造、能源、电信、互联网、公共机构、金融等重点应用领域选择一批代表性强、工作基础好、管理水平高的数据中心，开展绿色数据中心试点创建工作，以技术创新和推广为支撑，以标准研制和技术评价为保障，使绿色数据中心试点发挥辐射带动作用，形成可复制的推广模式，引导数据中心走低碳循环绿色发展之路。

国家多部委均要求坚持把节能降耗作为数据中心绿色发展的根本出发点，坚持把技术应用创新作为数据中心绿色发展的重要支撑，坚持把管理效率提升作为数据中心绿色发展的重要保障。以数据中心运营节能为重点，以数据中心主设备技术演进和技术创新为节能主攻方向，兼顾配套设施节能技改，进一步通过加强管理创新和技术创新来深入开展绿色数据中心创建工作，控制能耗过快增长。遵循产业发展规律，发挥区域比较优势，逐渐形成技术先进、结构合理、协调发展的绿色数据中心新格局。近年来，国家推动绿色数据中心发展相关政策如图 1.7 所示。

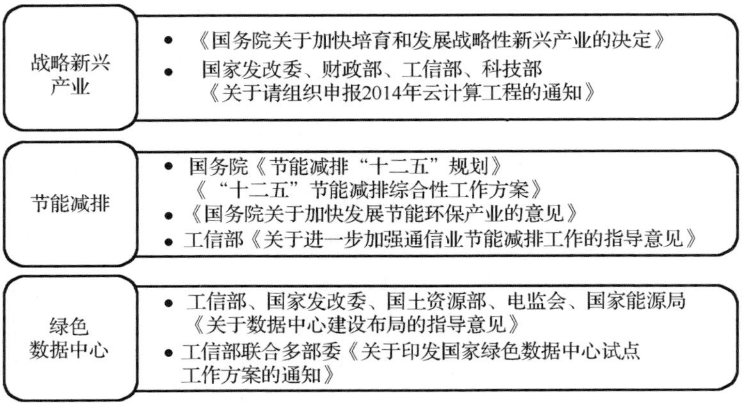

| 战略新兴产业 | • 《国务院关于加快培育和发展战略性新兴产业的决定》<br>• 国家发改委、财政部、工信部、科技部<br>　《关于请组织申报2014年云计算工程的通知》 |
|---|---|
| 节能减排 | • 国务院《节能减排"十二五"规划》<br>　《"十二五"节能减排综合性工作方案》<br>• 《国务院关于加快发展节能环保产业的意见》<br>• 工信部《关于进一步加强通信业节能减排工作的指导意见》 |
| 绿色数据中心 | • 工信部、国家发改委、国土资源部、电监会、国家能源局<br>　《关于数据中心建设布局的指导意见》<br>• 工信部联合多部委《关于印发国家绿色数据中心试点工作方案的通知》 |

图 1.7　国家政策持续推动绿色数据中心发展

# 1.2　国内外现状

建设绿色数据中心已经逐渐成为一项围绕计划未来成本和解决能源供应问题的风险管理策略。打造绿色数据中心，不仅意味着所应该负担的社会责任，也意味着一种实实在在的利益，可以据此降低企业的能耗，降低成本。毫无疑问，绿色计算、节能环保是中国企业发展的必经之路。在未来将迎来企业和国家绿色计算及节能建设的新高潮。建设绿色数据中心也将是人们迫切关注的重点，所涉及的三个关键研究内容为数据中心规划、数据中心节能和核心竞争力，本节就这三个方面的研究现状展开讨论。

## 1.2.1　数据中心规划

绿色数据中心的建设是一个全面、整体的过程，要取得好的节能效果，需要把"绿色"贯彻到数据中心的规划、建设、维护整个过程中，每个环节都不能忽视。本书将围绕虚拟化架构、模块化来规划设计绿色节能的大型绿色数据中心。

数据中心通常是指在一个建筑物的物理空间场地内，实现对数据信息的集中处理、存储、交换、管理。其中计算机设备、服务器设备、网络设备、通信设备、存储设备等通常被认为是数据中心的 IT 关键设备，而供配电设备、空调设备等是为确保数据中心的 IT 关键设备安全、稳定和可靠运行而配置的基础设施。

在数据中心中，为了业务和信息的处理要求，IT 关键设备通常需要 24 小时（每天）× 7 天（每周）地运行。而 IT 关键设备的运行需要配置和消耗大量的电能，并产生大量的热量。为保证 IT 关键设备在规定的环境要求范围内正常运行，需要通过空调设备的运行，来维持 IT 关键设备对温度和湿度等的环境要求，此时，空调设备也消耗了大量的电能。同时，数据中心构建在一个建筑物内，采用的构筑材料和围护结构的热工性能，也对数据中心的环境产生直接影响。

旧的数据中心的规划是低效的，根本原因如下。

（1）供电和制冷设备的过度规划。

（2）采用低密度应用的制冷系统为高密度提供制冷。

（3）低效的空间布局设计。

（4）低效的气流组织模式。

（5）冗余（可用性）。

（6）低效的供电和制冷设备。

（7）制冷设备的低效运行设置。

（8）气流或液体过滤器的堵塞。

（9）制冷设备节能模式障碍导致不可用。

（10）高架地板下部塞满线缆。

"保护地球、环境以及各种生物的安全及持续性发展，并以行动做出积极的改变"

的绿色运动波及全球的各个领域。建筑领域和 IT 领域也逐渐形成了绿色建筑与绿色 IT 的概念。而数据中心就其特征而言，是紧密关联建筑和 IT 这两大领域的[15]。广义的绿色数据中心是"绿色建筑+绿色 IT 及其范围的延伸"，狭义的绿色数据中心是"绿色 IT+绿色 IT 及其范围的延伸"。

绿色建筑是指在建筑的全生命周期内最大限度地节约资源（节能、节地、节水、节材），保护环境和减少污染，为人们提供健康、适用和高效的使用空间，与自然和谐共生的建筑。绿色 IT 是指 IT 设备的低能耗、低电磁辐射、低噪声、限制使用有害物质、节约空间等。绿色 IT 范围的延伸是指涉及 IT 环境与管理的 IT 基础设施供配电设备、空调设备等的低能耗、高能效、降低全生命周期成本以及场地布局优化、合理气流组织、虚拟化以及环境监控软件管理措施的应用等。

## 1. IT 设备规划现状

数据中心最核心的部分是由服务器、存储设备和网络设备等组成的 IT 设备。这些 IT 设备对整个企业的正常运作起着非常重要的作用，因此数据中心对服务器、存储设备和网络设备的投入是非常巨大的。而且从数据中心的发展趋势来看，将来这些 IT 设备的数量也将得到快速增长。

数据中心聚集了大量的 IT 设备，这些 IT 设备产生的能耗是非常巨大的，在整个数据中心中所占比例也是很大的。据美国国家环境保护局（简称美国环保局）对数据中心机房的能耗调研分析，由服务器设备、存储设备和网络通信设备等所构成的 IT 设备系统是数据中心机房中能耗最大的。由它们所产生的功耗约占数据中心机房所需的总功耗的 50%，其中服务器设备所占的总功耗为 40%左右，另外的 10%功耗基本上由存储设备和网络通信设备均分。

因此对数据中心进行绿色节能规划，先要对 IT 设备进行规划分析。从数据中心的 IT 设备消耗的大量能耗分析可知，很多能耗是因为没有很好地规划而消耗的，目前主要存在的问题有以下几方面。

（1）在数据中心的众多服务器里，有很多服务器的资源利用率都非常低，很多都在 10%～20%。而这些服务器单独运行都需要消耗很多的能耗，也带来了管理的不便利，对资源利用率低的这些服务器缺乏整合[16]。

（2）在数据中心中，有很多老旧的服务器，这些服务器因老化或应用已迁移等原因，基本上不再使用。由于缺乏合理的管理，这些服务器都还在正常开机运转，消耗了很多能源。

（3）数据中心也有很多服务器并不是绿色节能设计的，相比节能设计的服务器，消耗了更多的能耗。

（4）在数据中心中，存储的利用率常常不高，真实使用的容量常常会比实际总容量小很多。据 IDC 调查报告，有 35%～50%的容量都是空闲、浪费的。而空闲了这么多的容量，也就意味着有很多的磁盘是没用到的，却在不停地运转，消耗了大量的能耗。

（5）在数据中心存储的数据，有很多数据是相同的。同样的数据重复了非常多份，这样增加了存储总容量，同时也增加了能耗。对数据进行有效的规划，删除重复数据对数据中心的绿色节能也是非常有帮助的。各方面的原因造成数据中心 IT 设备能耗很多是因为不必要的消耗。因此合理地规划数据中心将对减少数据中心的能耗带来很大的帮助。

2. 机房规划现状

数据中心中有数目众多的服务器、存储设备、网络设备等，支持企业业务的正常运作。一方面，为维持这些 IT 设备正常安全地运转，需要提供足够的，甚至是不间断的电源；另一方面，这些 IT 设备产生了大量的热量，为保证计算机系统能够连续、稳定、可靠地运行，就需要排出机房内设备及其他热源所散发的热量，维持机房内恒温恒湿状态，并控制机房的空气含尘量[17]。

据 EYP 公司对数据中心机房的能耗调研分析可知[18]，按照各种用电设备在数据中心机房中所产生的功耗中各自所占比例的大小，可以将它排序为下列 4 种情况。

（1）由服务器设备、存储设备和网络通信设备等所构成的 IT 设备系统所产生的功耗约占数据中心机房所需的总功耗的 50%，是数据中心中能耗最大的。其中服务器设备所占的总功耗为 40%左右，另外的 10%基本上由存储设备和网络通信设备均分。

（2）数据中心机房中的空调系统所产生的功耗约占数据中心机房所需的总功耗的37%。

（3）位于数据中心机房中，由输入变压器和不间断电源（Uninterruptible Power Supply，UPS）输入供电系统，由 UPS 及其相应的输入和输出配电柜所组成的 UPS 供电系统所产生的功耗约占数据中心机房所需的总功耗的 10%。

（4）照明及其他系统约占数据中心机房所需的功耗的 3%。

从以上统计数据可以得出机房工程中的制冷系统、UPS 和照明系统占到了整个数据中心总能耗的 50%左右。规划好数据中心机房工程中的制冷系统、UPS 和照明系统对于建设绿色数据中心是非常重要的。

从我国的数据中心来看，很多数据中心建设时并没有考虑绿色节能，造成很大的能耗浪费。例如，UPS 规划方面，不是按照模块化规划设计的，一般会根据未来几年的规划容量，一次到位地购买安装。而在前面几年里，很大一部分的容量都会被浪费，而这些浪费的容量也产生了很大的能耗。在制冷系统规划方面，没有对机柜进行合理的摆放，造成冷热气流混合，降低了制冷效果，也造成能耗的增加。在机房装修装饰方面，并不是以有利于气流顺畅的方式合理地规划机房，阻碍了冷热气流的流动。这些都会大大影响数据中心的整体能耗。

因此一个合理的数据中心的规划是非常重要的，只有在各个方面都进行合理的规划，才能设计一个绿色节能的数据中心。

3. 管理规划现状

随着计算机的发展和普及，计算机系统数量与日俱增，其配套的环境设备也日益增多，机房已成为各企业的重要组成部分。机房环境设备（供配电、UPS、空调、消防、保安等）必须时时刻刻为计算机系统提供正常的运行环境。因为一旦机房环境设备出现故障，就会影响计算机系统运行，造成数据或存储故障，当发生严重事故时，会造成机房内计算机设备报废，现场计算机长时间瘫痪，后果不堪设想。为了保证计算机系统安全可靠地工作，就需要对机房环境设备、系统主机、布线系统进行自动监视和有机管理。

在数据中心系统监控管理方面，目前存在的问题有以下两点。

（1）对 IT 设备没有进行很好的管理，如没有资产清点功能，不能及时了解哪些机器应用已迁移走，不再使用；新服务器添加进来，需要手动花很长时间部署；对操作系统和应用的补丁不能够及时自动升级。

（2）对整个系统的能耗没有实现监控，不能了解哪些部分能耗过高、哪些部分闲置很久，以及怎样才能实现对能耗有良好的控制。

在布线系统物理安全管理方面，人们通常采用几种方式对大楼内的布线系统进行管理。

（1）人工进行手工记录，通过采用表格和文档对每个信息点的连接情况进行记录，在信息点的连接发生变化的时候需要人工进行修改文档。

（2）采用标签，通过打印机打印标签，对模块、面板、线缆、配线架、跳线等设备进行标记，在连接发生变化的时候需要变更标签的标识情况。

由于结构化布线系统是一个长期使用的系统，特别是机房数据中心这种重点部位，某些重要链路上是不允许发生人为错误的。随着时间的发展、人员的变化或者调整，手工的文档记录和标签也许会赶不上网络结构的变化，不能够实时地反映最真实的网络拓扑。这会造成一系列的问题：有时人工进行正确跳线非常困难，难以避免人为发生错误；数据记录很难与实际的链接保持一致，很难知道哪个是闲置的端口，当网络发生故障时在纷乱的线缆中查找故障点会花费大量不必要的时间，这些因素都会造成重大责任事故和经济损失。

## 1.2.2　数据中心节能

随着数据中心数量和规模的快速发展，数据中心消耗的电力开始成为巨大的开支，数据中心的能耗问题越来越受到人们的关注。

当今的数据中心，大多都是高配置以满足峰值流量的需求。服务器的运算所耗费的能耗在整个数据中心能耗中占了很大的比例。但是，从 Google 数据中心超过 5000 台服务器连续六个月的 CPU 使用情况可知，CPU 一般只有 30% 的时间处于繁忙的状态，而大多数时间处在较低负载的运行状况下，CPU 的平均利用率仅为 36.44%。服务器的能耗是和 CPU 的利用率成正相关的。一台闲置的服务器需要消耗相当于其峰值运算时 2/3 的能耗，来保持内存、磁盘等的运行。但是为了应对突发的峰值流量，所有的服务器（即使处于空闲的状态）都必须开启，这势必导致产生不必要的能耗。

关于如何有效地降低数据中心的能耗，国内外已经有不少的研究，关键就在于有效提高资源的利用率，优化资源配置，在不影响性能的前提下，减少物理资源的供应，关闭多余的服务器，从而达到能耗节省的目的。在当前，数据中心的资源分配大都采用一种比较粗糙的方式。一般都是根据服务器硬件的满配计算出来的标示功率提供能源供给，而且由于计算资源一般都需要与之配套的空调和通风等冷却系统，所以，如果资源的利用不够高效和充分，就会造成极大的资源和能源浪费。

1. 面向处理器的节能技术

当前处理器的设计不仅要求更高的计算能力，同时还要求具备世界级的能效，即在满足计算需求的情况下，尽可能降低计算所耗费的电能。这是由于低能效不仅意味着完成一次相同的计算耗费的电能更多，增加计算的成本；而且高能耗会导致更多的热排放，使处理器温度升高，可用性降低。

提供"硬件级"的高能效解决方案是一条有效的途径。当前的处理器主要通过两种硬件技术手段来提高能效。第一种称为动态电压缩放（Dynamic Voltage Scaling, DVS）技术。该技术基于处理器动态功耗与电压呈非线性关系的原理，通过动态调节处理器的电压，使处理器的运算速度"变慢"，来提升能效[19]。第二种技术称为动态功率管理（Dynamic Power Management, DPM）。该技术主要通过动态关闭处理器片上的部分构件，来提升能效[20]。目前国际上一些主流的处理器厂商均提出了各自的相关技术，如 Intel 公司的 Speed Step 技术以及 AMD 公司的 Power Now 技术等。

除了以上提到的两种主流技术，当前的一些处理器（如 Intel 公司的 Xeon 系列处理器、AMD 公司的 Opteron 处理器、IBM 公司的 Power7 处理器）还从其他多个方面来提升自己的能效，如更有效的负载管理，虚拟化技术支持，以及能够在更高温度的环境下运行等。

在"软件级"的解决方案上，目前最为人所知的是高级配置与电源管理接口（Advanced Configuration and Power Management Interface，ACPI），最新的版本是 ACPI 6.1。ACPI 使开发人员可以通过操作系统（Operating System，OS）提供的接口来管理电能消耗。ACPI 提供了六种不同的状态，从 $S_0$ 到 $S_5$。其中最为人所知的是 $S_3$ 状态，即挂起到内存（Suspend to RAM，STR）。STR 是把系统进入 STR 前的工作状态数据都存放到内存中。在 STR 状态下，电源仍然继续为内存等必要的设备供电，以确保数据不丢失，而其他设备均处于关闭状态，系统的耗电量极低，一般不超过 10W。除此之外，$S_0$ 状态代表所有设备均处于运行状态；$S_1$ 状态代表 CPU 被关闭，而其他部件仍正常运行；$S_2$ 状态为 CPU 和时钟总线均被关闭，而其他部件正常运转；$S_4$ 状态为挂起到硬盘（Suspend to Disk，STD）；$S_5$ 状态则代表所有设备均关闭。

目前在处理器节能领域研究最广泛的则是成功任务调度（Power-Aware Task

Scheduling，PATS）技术。该技术的基本原理是基于 DVS 技术，通过合理的任务调度，来减少处理器执行这些任务所消耗的电能。

最早从理论上对 PATS 技术进行研究的学者之一是 Yao。在文献[21]中，她首先假设处理器是理想的（实际上，对于支持 DVS 技术的处理器，其可以调节的频率是一个区间内离散值的集合），然后考虑一个非周期性任务的集合，提出了一种称为 Average Rate 的启发式在线算法。该算法可以在常数时间内计算任务的调度策略，使任务执行的能耗最低。

2001 年，Pillai 等[22]基于非理想的处理器环境，面向周期性任务集合，提出了一系列的经典的实时 DVS 算法（RT-DVS）。实验表明，这些算法可以在嵌入式平台上轻松降低 20%～40%的能耗。随后，一大批学者展开了对单处理器上的成功任务调度研究。

2002 年，Martin 等[23]提出，当 CMOS（Complementary Metal Oxide Semiconductor）处理器的集成制造工艺高于 100nm 时，其泄漏功耗相比动态功耗而言较小，研究时一般不考虑；但是当集成制造工艺低于 100nm 时，泄漏功耗相比动态功耗而言则不可忽略（泄漏功耗是由处理器片上反向偏置漏电流产生的静态功耗，动态功耗是由处理器计算时开关电流产生的）。该文献中还给出了 70nm 工艺下处理器的功耗模型和参数，同时提出了一种 DVS-ABB（Dynamic Voltage Scaling-Adaptive Body Biasing）技术来降低泄漏功耗。在该工作的基础上，Jejurikar 等[24]提出了基于关键速率计算的方法来同时降低泄漏功耗和动态功耗。该文献指出，当处理器速率低于关键速率时，泄漏功耗大于动态功耗，此时增大处理器速率，尽快使任务计算完毕，然后关闭系统会更加节能。Yan 等[25]则采用 DVS-ABB 技术解决了分布式异构实时系统中的成功调度问题。

进入 21 世纪以后，由于多核和多处理器平台的装备与应用越来越广泛，所以研究多核和多处理器平台上的 PATS 技术的科研人员也越来越多。Aydin 等[26]基于面向支持 DVS 的对称多处理器，提出了一种减少周期性实时任务能耗的算法，并利用 EDF（Earliest Deadline First）算法分析了划分法启发式的作用。Zhu 等[27]则面向多处理器系统，运用空闲时间回收技术，对实时任务进行运行速度的动态调整，以达到节省能量的目的。文献[28]中，作者提出了多核处理器平台上的一种近似最优的感功调度算法。算法首先分析任务集中的任务依赖关系，找到存在的空闲时间；然后针对不同类型的空闲时间，采用任务执行时间的并行补偿方法，找到各个任务运行频率的近似最优解，以此实现节能。文献[29]中，作者针对当前部分 CMOS 多核嵌入式处理器片上仅提供全局 DVS 支持以及泄漏功耗不可忽视的现状，提出了一种新的多核嵌入式环境中的硬实时任务感功调度算法（Global Resources Reservation & Core Scaling，GRR&CS）。算法通过基于贪心法的静态任务划分，基于全局资源回收利用和任务迁移的动态负载均衡，以及动态核缩放三个步骤实现整体能耗的降低，并同时保证实时任务的可调度性约束。

2. 面向服务器的节能技术

服务器是数据中心中最容易想到的能够降低整体能耗的设施。当前的数据中心动辄装备过万的服务器，但是在实际运行中，这些服务器的平均利用率却不超过 20%。因此如何提升服务器资源的利用率，从而提升整体能效，是业界普遍关注的问题。

面向服务器的节能解决方案分为两大类，分别是不基于虚拟化技术的方案和基于虚拟化技术的方案。在不基于虚拟化技术的解决方案中主要有三种技术，分别是负载集中（Load Concentration，LC）技术、动态电压&频率缩放（Dynamic Voltage & Frequency Scaling，DVFS）技术以及空闲时间管理技术 PowerNap。其中 DVFS 与前面提到的 DVS 技术本质上相同。

2001 年，Pinheiro 的团队和 Chase 的团队几乎在同一时间提出了 LC 技术，该技术的主要思想是通过网关或代理机构 Agent 的控制，将任务请求分发到一个动态变化的服务器集合上[30,31]。方案中均采用了能量感知的策略，使任务负载尽可能集中到少数服务器上，从而使更多的服务器处于闲置状态，并将其关闭，以达到节能的目的。文献[31]中，作者在 Web 环境下对方法进行了验证，实验结果表明 LC 技术能节能 29%以上。

Elnozahy 的团队则提出了另一种基于 DVFS 的方案[32]。该方案要求处理器是支持 DVS 的，通过实施监控服务器上的任务负载，调整处理器的速度，实现节能。Elnozahy 等比较了三种不同的决策模型，即独立电压缩放（Independent Voltage Scaling，IVS）、协作电压缩放（Coordinated Voltage Scaling，CVS）和服务器开启/关闭（Vary-On Vary-Off，VOVO）。在 IVS 中，服务器仅根据自身的负载情况调节处理器的速度；而在 CVS 中，设计了一个全局控制装置，通过分析系统中所有服务器的负载情况来决定处理器速度的调节方案；VOVO 则是将闲置的服务器关闭，当系统需要时再打开。最终实验表明，CVS 和 VOVO 均具有不错的节能效果，而在实际应用中，将两者结合被认为是最好的节能途径。

Meisner 等[33]于 2009 年提出了一种称为 PowerNap 的服务器节能方法，该工作首先研究发现，无论是支持 DVFS 技术还是不支持 DVFS 技术的服务器，其功耗和 CPU 资源利用率基本上是呈线性相关关系的，这是由于尽管处理器支持 DVFS 技术，可以动态调整时钟频率，但是其他硬件，如内存、I/O 接口，不具备变速能力，因此 DVFS 对服务器的整体节能效果并不明显。基于此认知，作者建立了新的功耗模型，并提出了一种通过高性能的 Active 状态与低功耗的 Idle 状态之间进行快速切换实现节能的方法，实验结果表明，该方法平均节能 74%。

虚拟化技术的推广，使服务器资源管理更加灵活。基于虚拟化技术的节能解决方案目前得到了全世界研究机构和企业的重视。当前的研究主要利用了虚拟化平台的四个功能特性：第一个特性是底层硬件和上层应用的无关性，多个虚拟机（Virtual Machine，VM）可以在同一硬件平台上运行；第二个特性是 VM 可以动态启动、挂起和关闭；第三个特性是分配给 VM 的资源可以动态调整；第四个特性是 VM 能够支持动态迁移。虚拟化技术的这些特点为灵活资源管理和优化提供了技术手段和新的思路。

Stoess 等[34]在 2007 年提出了一种两层结构的基于 Hypervisor 的虚拟化平台能耗管理系统。第一层是一个嵌入式功能模块，被集成到 Hypervisor 中，负责主机级的能耗管理；第二层是一个后台服务，安装在客户 OS 中，实现面向具体应用的、细粒度的能耗控制。

澳大利亚的 Kim 等[35]则提出将 VM 资源动态分配和 DVFS 结合起来，实现服务器的节能。该方法需要实时监控 VM 中的服务负载，计算 VM 实际所需的资源；然后统计服务器上所有 VM 所需的总的资源，根据该值决定处理器的计算速度缩放策略。

Younge 等[36]在多核环境下进行了实验，发现当处理器核的数量增多时，能耗曲线并不呈比例增长，事实是，每增加一个核，能耗增量反而会降低。换句话说，在多核环境下，在保证分配资源不超过服务器资源总数的前提下，尽可能多地将 VM 分配到服务器上，同时将闲置的服务器关闭，比将 VM 平均分配到所有服务器上，要节能得多。

Kusic 等[37]则提出了一种更全面的节能解决方案。该方案充分利用了虚拟化的特性，首先实时监控 VM 中的服务负载并采用 LLC（Limited Look-ahead Control）技术对服务未来的负载进行连续预测，接着根据预测对 VM 的资源进行重新分配。如果节点资源不能满足其上所有 VM 的资源需求，则通过 VM 迁移实现资源动态优化，最后将空闲的服务器关闭。实验表明，该方法能够节省 22%的能耗。

此外，Verma 等[38]提出了一种面向节能和服务等级协议（Service Level Agreement，SLA）的 VM 迁移模型，该方法采用首次适应装箱（First Fit Decreasing，FFD）算法选择 VM 放置的最优物理服务器以降低功耗，同时考虑了迁移代价因素。

### 3. 面向存储系统的节能技术

面向存储系统的节能技术已经开展了 10 年以上，其主要应用领域包括以笔记本电脑为代表的电池供电设备和面向大规模数据存储的磁盘阵列。这里主要介绍与后者相关的节能技术。

任何一种磁盘功耗管理策略均遵循一个事实，即磁盘可以工作在满负荷的高功耗模式和负荷较轻的低功耗模式。通过二者之间的状态转换，来寻找一个能耗与性能的平衡。通过研究分析，本章将面向存储系统的节能技术划分为三大类：第一类是基于体系结构的方案；第二类是基于磁盘阵列管理的方案；第三类是基于缓存管理的方案。

#### 1）基于体系结构的方案

Gurumurthi 等[39]于 2003 年首次提出了每分钟动态旋转（Dynamic Rotations Per-Minute，DRPM）技术。DRPM 技术支持磁盘在不同速率下读取数据，磁盘速率的转换依赖于平均响应时间和磁盘中的队列长度。该技术的思想与动态电压缩放（Dynamic Voltage Scaling，DVS）技术比较类似。

2002 年，Colarelli 等[40]提出了大规模非活动磁盘阵列存储（Massive Array of Idle Disks，MAID），该技术是当前主流的分级存储技术之一。MAID 的原理类似于磁带库中的磁带，只有需要时才将一部分磁盘开机运转，而其他磁盘通常处于断电状态。因此，MAID 中所有的磁盘并不是每时每刻都是活动的，实际上大部分磁盘处于睡眠（断电）状态，直到系统发出读写唤醒请求。

2）基于磁盘阵列管理的方案

这里主要介绍三种典型的基于磁盘阵列管理的节能技术方案。

Pinheiro 和 Bianchini[41]于 2004 年提出了一种称为热数据集中（Popular Data Concentration，PDC）的技术方案。该技术根据访问热度来对文件数据进行重新组织，将近期频繁访问的文件数据放在一起，而另一部分则可以放置在剩下的磁盘中，并可以将其转变为低功耗模式以节省能耗。他们研发了一套名为 Nomad FS 的原型系统，该系统运行于文件系统之上，并监控文件数据在磁盘上的位置情况。PDC 技术和 MAID 技术的区别在于，前者依赖于文件的热度和文件的迁移，而后者则是对文件的暂时存储和复制。

许多现代文件系统，如 Hadoop 分布式文件系统（Hadoop Distributed File System，HDFS）通过数据复制来实现错误容忍和灾害备份。基于此事实，Weddle 等[42]则提出了一种感功磁盘阵列（Redundant Arrays of Independent Disks，RAID）管理的技术方案，称为 PARAID（Power-Aware RAID Management）。不同于以往 RAID 中所有磁盘同时运行，PARAID 允许系统中一部分磁盘运行而另一部分磁盘休眠。该技术的关键在于，通过当前系统的负载，来决定多少磁盘运行和多少磁盘休眠。为了满足数据中心中海量数据存储和访问的需求，该技术被扩展后可以支持多个 RAID 域[43]。

Chou 等[44]则提出了一种基于磁头成功调度的技术来实现节能。当从磁盘中写入一个文件时，由于该文件可能被划分为若干个数据块，存储在磁盘的不同区域，而系统通过读取这些数据块的位置来对文件进行读写。而在具体的过程中，则主要是通过磁盘的旋转和针头的伸缩来实现数据的读取。在 Chou 等的方法中，首先需要获取数据读写的请求，然后通过分析这些数据请求以及数据在磁盘上的位置，来决定读取的顺序，该读写顺序可以最小化磁盘旋转和针头伸缩的移动距离，以此来降低磁盘能耗。

此外，Zhu 等[45]于 2005 年提出一种基于混合策略的存储功耗管理系统 Hibernate。该系统首先需要变速磁盘支持，通过粗粒度的决策机制对每个磁盘的速度进行调节，并且支持数据在不同磁盘间进行迁移，以此实现节能，同时保证存储系统的性能。

3）基于缓存管理的方案

众所周知，不是所有的数据访问都会读取磁盘。系统首先会检查缓存，如果缓存中有该数据块，则直接读取数据并返回。在现代存储系统中都会装备大容量的缓存以提升缓存命中概率，如 10～50TB 容量的 EMC Symmetrix 存储系统，最大可以装备 128GB 的缓存。这为缓存管理技术提供了研究空间。

不同的缓存管理策略会产生不同的磁盘访问请求序列，这直接影响到存储系统的能耗。试想如果缓存中的数据块命中率提高，那么后台的磁盘就有更长的时间能够处于低能耗状态。这就为降低存储系统能耗提供了可能。

Zhu 等[46]提出了离线和在线的感功缓存替换算法能量意识近期最少使用（Power Aware-Least Recently Used，PA-LRU）算法来实现存储系统节能。在此基础上，他们又提出了一种基于感功缓存划分策略的缓存替换算法基于分区的近期最少使用（Partition Based-Least Recently Used，PB-LRU）[47]。该方法将缓存划分为若干个区，对应存储阵列中的磁盘划分，根据不同磁盘划分中的数据访问频度，动态改变每个缓存区的大小，来提高缓存中数据块的整体命中率，最终进一步提升节能效率。

Narayanan 等[48]提出了一种离线写入的缓存管理策略。考虑到与数据读取不同，数据写入需要唤醒所有存储有该数据的磁盘，对所有数据的拷贝进行更新。Narayanan 等的方案则是将这种实时写入时间推迟，使磁盘尽可能久地处于低功耗状态，以实现节能。

虽然上述诸多手段都可以起到一定的作用，都能够在某种程度上降低传统数据中心的能耗，但是随着云计算时代的来临，对数据中心提出了更多的挑战和更高的要求，目前的技术仍然存在着种种缺陷和不足，远远不能达到建设绿色数据中心的目的。现存机制的约束和限制主要体现在以下几个方面。

首先，体现在对系统的监控和数据采集不够全面，也不够集中。很多策略只关注一些核心部件如内存、磁盘等，而忽略了很多其他的软硬件指标，如系统的负载、虚拟机资源分配、外部的配套设备，以及系统的一些绩效数据等。而且，很多策略都只关注单台或者有限台服务器的性能、资源利用和功耗水平，没有准确反映出整个数据中心的功耗分布情况，也无法对系统中存在的高能耗"热点"进行检测。而且对系统的监控往往不是统一进行的，而是分散到各个服务器本身去分散执行。这就使得很难对系统有一个全面的、整体的把握，也导致了第二个问题。

其次，缺乏一套全局层面的管理和控制机制。数据中心的能耗管理是一个牵一发而动全身的过程。如果只考虑局部的优化，最终在全局的角度，却可能产生更大的损失。然而现有的方法大多侧重于静态架构或个体优化，不考虑动态和全局，更多的是侧重于服务器，或者基础设施本身的优化，而没有考虑到服务器上的各类应用以及虚拟化层次与下层基础架构之间内在的联系。这样的优化方式很难达到全局优化管理的目的。

除此之外，还存在智能化、层次化分析比较薄弱的问题。数据中心需要从多层次、多角度的协调来进行优化。协调的策略要能够覆盖硬件、操作系统、VMM（Virtual Machine Monitor）、虚拟机等多个层次，不同的协调策略可能会存在冲突，还有执行顺序的问题，这些都需要更加高效和智能的管理方式。

## 1.2.3　核心竞争力

核心竞争力是一个产生时间较短，但又迅速成为研究热点的概念。20 世纪 80 年代初，以迈克尔·波特的著作《竞争战略》及《竞争优势》为代表的竞争战略理论成为战略管理理论的主流。当企业战略管理学家开始从企业自身素质上寻找竞争优势的来源时，就意味着核心竞争力理论的萌芽已经出现。1999 年，美国学者 Prahalad 和英国学者 Hamel[49]在《知识与策略》上发表 "The Core Competence of the Corporation" 一文，正式提出 "核心竞争力" 概念，标志着企业核心竞争力理论正式诞生。目前，"核心竞争力" 也成为一个比较完整的理论体系[50]。

1. 国外企业核心竞争力研究

关于企业核心竞争力的内涵，可谓仁者见仁、智者见智，主要观点包括：以 Prahalad 和 Hamel 为主要代表的整合观；以 Leonard-Barton 为代表的知识观；以 Raffa 和 Zollo 为代表的文化观；以 Helleloid、Simonin、Meger、UUerback 为代表的组合观，各种观点对企业核心竞争力内涵解释各异，如表 1.2 所示。

表 1.2　国外企业核心竞争力内涵研究

| 观点 | 代表人物 | 企业核心竞争力内涵解释 |
|---|---|---|
| 整合观 | Prahalad 和 Hamel | 核心竞争力是组织中的积累性学识，特别是如何协调不同生产技能和整合多种技术流的学识。核心竞争力的形成不是企业内技能或技术的简单堆砌，而是需要有机协调和整合 |
| | 麦肯锡咨询公司专家 | 核心竞争力是一系列技能和知识的组合，核心竞争力的绝对水平即世界一流水平 |
| | Lynch | 核心竞争力是技能、知识和技术的整合 |
| | Coombs | 核心竞争力包括企业的技术能力以及把技术能力进行有效结合的组织能力 |
| 知识观 | Leonard-Barton | 核心竞争力的基础是知识，学习能力是核心竞争力的核心。核心竞争力是指具有企业特性、不易交易并为企业带来竞争优势的企业专有知识和信息，是企业所拥有的提供竞争优势的知识体系。核心竞争力的基础是知识，学习能力是核心竞争力的核心 |
| 文化观 | Raffa 和 Zollo | 核心竞争力的积累蕴藏在企业文化中，在组织内达成共识并为组织成员深刻理解，正是这种企业文化为一个综合不可模仿的核心竞争力提供了基础 |
| 组合观 | Helleloid 和 Simonin | 核心竞争力包括组织独特的资源、知识技能、技术系统和无形资产的能力 |
| | Meger 和 UUerback | 核心竞争力是指企业的研究开发能力、生产制造能力和市场营销能力 |

核心竞争力作为获取企业优势的 "引擎" 必然有其自身特征，不同研究者对核心竞争力的特征提出不同见解，如表 1.3 所示。

表 1.3　国外企业核心竞争力特征研究

| 代表人物 | 企业核心竞争力主要特征 |
|---|---|
| Prahalad 和 Hamel | 提供了进入多个市场的潜在途径，可为最终顾客的可感知效用做出巨大贡献，难以被竞争者模仿 |
| Barney | 有价值，异质的，完全不能仿制，很难替代 |
| Snyder 和 Ebeling | 对最终产品或服务的价值有所贡献，代表了独一无二并且能够提供持久竞争优势的能力，有支持多种最终产品或服务的潜能 |
| Hamel | 代表多个单个技能的整合，非会计意义上的资产，能为顾客感知的价值做出贡献，具有竞争力的独特性，为企业进入新市场提供入口 |

国外研究者试图从不同层面对此核心竞争力重新定义，但其认知维度基本都集中在技术技能、整合、知识学习等方面，接受度较高的几个观点，如表 1.4 所示[51]。

**表 1.4　国外学者关于核心竞争力的主要观点**

| 代表人物 | 认识维度 | 主要观点 |
| --- | --- | --- |
| Prahalad 和 Hamel | 技术、整合、组织学习 | 核心竞争力是组织中的集体知识，尤其是如何协调多种多样的生产技术以及把众多的技术流进行整合 |
| Barton | 知识载体 | 使公司区别于其他公司，并对公司提供竞争优势的一种知识群，是一种行动能力，也是一种专有能力 |
| Stalk、Evans 和 Shulman | 价值链、技术 | 核心能力并不是核心竞争力的全部，而是企业顾客提供产品或服务的整个价值流上某一点的技术献技 |
| Synder 和 Ebeling | 价值链 | 真正的核心竞争力是价值增值活动，这些价值增值活动能以比竞争者更低的成本进行。正是这些独特的持续性的活动构成了公司真正的核心竞争力 |
| Prahalad | 技术、管理过程 | 多种知识、有关顾客的知识和直觉创造性的和谐整体 |
| Mayer、Utterback 和 Leherd | 产品平台 | 职能的集合体、产品的基础，通过产品平台与产品族，与企业绩效正相关 |
| Hamel、Prahalad 和 Coynel | 技能、知识 | 企业由于以往的投资和学习行为所累积的技能与知识的结合，它是具有企业特长性的专长，是使一项或者多项关键业务达到世界一流水平的能力 |
| Henderson 和 Cockburn | 元件能力、构架能力 | 元件能力（资源、知识技能、技术系统）及构架能力（合成能力、管理系统、价值标准、无形资产）的组合 |
| Gallon | "市场-界面"、结构、技术 | 一个组织竞争能力因素的协同体，反映职能部门的基础能力、战略业务单元的关键能力和公司层次的和谐能力 |
| Martin | 技术、技能 | 一种能用于许多产品的、具有关键性的技术或技能的能力，一旦一个企业掌握了一系列的核心能力，它就能使企业比其他竞争对手做得更好 |
| Coombas | 技术、组织能力 | 企业能力的一个特定组合，是使企业、市场与技术相互作用的特定经验的积累 |
| Foss | 组织资本、社会资本 | 核心竞争力既是组织资本又是社会资本，它们使企业组织的协调和有机结合成为可能 |
| Coynel 和 Clifford | 技能、知识、组合 | 核心竞争力是群体或团队中根深蒂固的、互相弥补的一系列技能和知识的组合，借助该能力，能够按世界一流水平实施一到多项核心流程 |

### 2. 国内企业核心竞争力研究

国内有些学者对核心竞争力各种不同的观点也进行了分类研究。例如，杜云月、蔡香梅把企业核心竞争力分为资源论、能力论、资产与机制融合论、消费者剩余论、体制与制度论和创新论六种类型。王秉安认为核心竞争力可理解为能力论、专长论、活动论、资源论和知识论五种类型。王毅将企业核心能力归结为整合观、网络观、协调观、组合观、知识载体观、元件构架观、平台观、技术能力观。国内学者研究核心竞争力时都试图给它赋予一个新的定义，如表 1.5 所示[50]。

表 1.5 国内企业核心竞争力定义研究

| 研究学者 | 企业核心竞争力定义 |
|---|---|
| 陈清泰 | 一个企业不断地创造新产品和提供新服务以适应市场的能力 |
| 陈佳贵 | 企业在生产经营过程中的积累性知识和能力,尤其是关于如何协调不同生产技能和整合多种技术的知识和能力 |
| 刘世锦 | 使企业可以获得长期稳定的高于平均利润水平的收益的竞争力 |
| 管益忻 | 以企业核心价值观为主导的,旨在为顾客提供更大"消费者剩余"的整个企业核心能力的体系 |
| 芮明杰 | 企业独具的,使企业能在一系列产品和服务取得领先地位所必须依赖的关键性能力 |
| 黄津孚 | 企业赖以生存发展的核心资源和核心能力 |
| 白津夫 | 企业资源有效整合形成的独具的支持企业持续竞争优势的能力 |
| 虞群娥和蒙宇 | 企业内部借助一种高效机制,充分有效地调动各种资源并使其协调运行,通过提升输送到顾客手中产品的认知使用价值从而实现企业在市场上超越同业对手,获得竞争优势 |

国内学者关于核心竞争力特性的研究比较有代表性的观点如表 1.6 所示。

表 1.6 国内企业核心竞争力特征研究

| 研究学者 | 核心竞争力主要特征 |
|---|---|
| 李建明 | 三个特性:消费者价值,竞争者差异,延伸性 |
| 杨浩和戴月明 | 三个特性:对顾客所重视的价值必定有超乎寻常的贡献,是公司拥有独特竞争优势的基础,是公司开发潜在市场的利器 |
| 郭斌 | 四个特性:企业独特性,企业竞争优势的重要来源,途径依赖性,不仅是由技术因素决定而且与企业的组织因素密切相关 |
| 芮明杰 | 五个特点:不可占性,支撑企业的关键,提供顾客特殊利益,有助于企业开拓未来商机,经过较长的时期形成 |

国内对于企业核心竞争力的认知维度层面部分与西方相似,但根据国内企业的模式,也有企业核心竞争力其他认知维度的考量,主要集中在技能技术、企业文化、产品和营销上,如表 1.7 所示。

表 1.7 国内学者关于核心竞争力的主要观点

| 代表人物 | 认识维度 | 主要观点 |
|---|---|---|
| 陈清泰 | 产品、管理、创新 | 一个企业不断创造新产品、提供新服务以适应市场的能力,不断创新管理的能力,不断创新营销手段的能力 |
| 吴敬琏 | 技能、资产、机制 | 企业获得长期稳定的竞争优势的基础,是将技能、资产和运作机制有机融合的企业自组织能力,是企业推行内部管理性战略和外部交易性战略的结果 |
| 周星和张文涛 | 产品、技术、营销 | 企业开发独特产品、发展独特技术和发明独特营销手段的能力 |
| 陈杞国和王秉安 | 产品、技术、管理 | 由核心产品、核心技术和核心能力构成,它使企业能在竞争中取得可持续生存与发展的核心性能 |
| 管益忻 | 顾客价值 | 以企业核心价值观为主导的,旨在为顾客提供更大(更多、更好)的消费者剩余的企业核心能力的体系。核心竞争力的本质内涵是消费者 |

| 代表人物 | 认识维度 | 主要观点 |
|---|---|---|
| 李悠成 | 技术、技能、知识 | 一种无形资产，它在本质上是企业通过对各种技术、技能和知识进行整合而获得的 |
| 范徵 | 知识、整合 | 核心竞争力本质上是企业知识资本的协同整合，企业知识资本管理的根本目的是提升 |
| 史东明 | 核心价值观、企业文化 | 核心竞争力是分布企业组织的能量，通过核心能力表现出来，而其赢得竞争的能力核心是企业文化与价值观 |
| 林志扬 | 技术、产品平台 | 企业所拥有的可以应用于多种产品的关键技术和能力，以及把这种技术和能力应用于多种产品的能力 |

# 1.3　数据中心基础

数据中心（data center）是数据集中而形成的集成应用环境，是数据计算、网络传输、存储的中心，数据中心已成为支撑企业日常业务运作的最重要的基础设施。本节主要介绍数据中心发展历程、模块结构、分类分级和资源虚拟化。

## 1.3.1　数据中心发展历程

数据中心是信息世界的核心基础设施，最早出现在 20 世纪 60 年代初，并且随着科技的进步和社会的发展，数据中心的功能内涵也在不断演进，业界大致上将数据中心的发展分为四个阶段[52]。

第一阶段是 20 世纪 60 年代初期～70 年代初期。当时的数据中心主要用于存放大型主机，多个用户通过终端和网络连接到主机上来共享计算资源。此时数据中心规模仅限于 1 台或数台大型主机。

第二阶段是 20 世纪 70 年代初期～90 年代中期。在这段时间里，计算机技术和网络技术快速发展，数据中心已经能够承担一定的核心计算任务。一些基于客户端/服务器模式的行业应用系统开始在数据中心运行，如企业资源计划（Enterprise Resource Planning，ERP）、物料需求计划Ⅱ（Material Requirement Planning Ⅱ，MRPⅡ）等。此时的数据中心规模一般不超过数百台服务器。

第三阶段是 20 世纪 90 年代中期～21 世纪初期。Internet 技术的蓬勃发展掀起了开发信息系统的热潮。与此同时，门户网站系统也开始盛行。一些大型机构和企业，如政府、银行、电信等，纷纷着手建设自己的数据中心。而一些经济实力较弱的企业，则将信息系统和服务器托管在公共的数据中心。因此当时的数据中心也称为"信息中心"或"服务器托管中心"。此时数据中心已能够容纳数千甚至上万台规模的服务器，并且出现了 UPS 以及制冷装置等一系列配套的非 IT 基础设施。

第四阶段是 21 世纪初期至今。在这段时间里，包括电子商务、社交网络、在线视频等在内的一大批新兴互联网应用服务纷纷涌现，并迅速走进了人们的生活，成为现代生活中不可缺少的一部分。这种新兴的、以信息为中心的、面向海量用户的应用服务形式，需要大量的服务器设备、存储设备、网络设备等作为 IT 运营支撑。云计算技术的提出和发展，更是将数据中心的地位提升到了一个前所未有的高度。在云环境下的数据中心又可以称为云数据中心，云数据中心动辄装备十万台以上的 PC 或服务器，并向世界各地的用户提供云化服务。此时，数据中心的发展进入鼎盛时期。

2005 年建于美国马里兰州厄巴纳的联邦国民抵押贷款协会厄巴纳技术中心是第一个得到国际公认的绿色数据中心，该大楼建筑面积 23000m²，其中有一半的面积为数据中心。该建筑获得了美国绿色建筑委员会颁发的能源与环境设计先导（Leadership in Energy and Environmental Design，LEED）认证。

世界上第一个绿色数据中心建成至今已 11 年，绿色数据中心的理念正在广泛地传播并被越来越多的人接受。在这过程中国际上的一些机构组织、产品厂商和行业媒体起到了极大的推动作用。比较有影响的有如下几个。

（1）美国环境保护局：在 2007 年 8 月 2 日，美国环境保护署能量之星计划，发布了向国会提交的《关于服务器和数据中心能量效率报告》。该报告中评价了 2007～2017 年美国在数据中心和服务器的能源使用及能耗费用的现状与趋势。报告中概述了提高能量效率的已有的和可能的机会，为联邦政府提供了关于数据中心和服务器费用的详细信息以及改进效率、降低费用的机会。同时建议国家通过利用信息和奖励计划广泛地推动能源效率活动，并颁布"能源之星 4.0"标准。

（2）绿色网络组织：是一个为促进和提高数据中心的能量效率、构建计算生态系统的非营利联盟组织。该组织曾经发布了多篇研究报告和技术白皮书。其中具有较大影响力的有《数据中心电能效率的衡量方法 PUE 和 DCE》，定义了 PUE 为数据中心基础设施的电能总量与 IT 设备的电能总量的比值，数据中心能效（Data Center Efficiency，DCE）为数据中心的 IT 设备的电能总量与基础设施的电能总量的比值，从而量化表征了数据中心能效，为能效评估提供了可比较的依据（PUE 为 1.3～3.0）。报告也同时指出了目前大部分数据中心的能耗只有 30%用在 IT 设备方面，其余的被基础设施等耗费掉了。

（3）正常运行时研究机构：是一个提供数据中心的分类等级标准、基准测试标准探讨，对最佳实践进行培训指导的非营利联盟组织，曾经发布多篇研究报告和技术白皮书。其中，具有较大影响力的有《数据处理计算机系统电信设备 2005—2010 年的热密度趋势报告》，通过对历史数据统计归类，揭示了数据中心中 IT 设备热密度的现状以及快速的增长趋势。从而在数据中心中，在单位面积上 IT 性能提高的同时也引起了单位面积上功耗量和制冷量的提高。热密度是指单位面积上的设备发热量。

数据中心的能耗问题受到了越来越多的关注，人们开始展开数据中心绿色节能方案的研究，开始从各个方面提出绿色数据中心的方案。

## 1.3.2　数据中心模块结构

数据中心在维基百科中的定义为"一整套复杂的设备，它不仅包括计算机系统和其他与之配套的设备（如通信和存储系统），还包含冗余的数据通信连接、环境控制设备、监控设备以及各种安全装置"。按其功能划分[53]，数据中心可分成以下几个模块：IT 设备、供电系统、冷却系统、其他部分。

### 1. IT 设备

数据中心的基础核心设施，包括服务器、交换机和存储设备等。服务器数量在 IT 设备中占绝大多数，也是最重要的，因为成千上万的服务器随时需要处理大量的数据密集型业务。交换机在数据中心中起着桥梁的作用，使得整个数据中心的服务器得以互连。数据中心的海量数据则存储在高效、可靠的存储设备中。

### 2. 供电系统

采用 UPS 来给数据中心提供不间断的电力，以满足数据中心 7 天（每周）×24 小时（每天）的工作需求。同时，还有一个柴油发电机组组成的备用电源，维持在相同的电压，当市电电源发生故障时立即激活柴油发电机组。

### 3. 冷却系统

由于数据中心拥有大量密集的 IT 设备，其产生的热量往往是不能靠其自身的散热系统来降温的，而过高的温度将给数据中心带来毁灭性的影响。因此，额外的冷却系统是不可或缺的。CRAC（Computer Room Air Conditioning）装置是最常见的冷却设备，一些新型的数据中心还引入了自然冷源进行降温处理。

### 4. 其他部分

主要是照明系统，为数据中心的管理者提供必要的光照服务。

## 1.3.3　数据中心分类分级

根据其服务对象的不同，数据中心可以分为两大类，分别是企业数据中心和 IDC。

（1）企业数据中心（Corporate Data Center，CDC）：企业所拥有的数据中心。企业数据中心主要是为企业自身以及与企业相关的客户提供基础和专业服务，能够为企业内部和客户与企业之间提供数据处理和数据访问等基本功能。企业数据中心的运维一般由企业自身或者合作方进行，数据中心的设备主要有服务器、交换机、路由器、存储设备等。

（2）IDC：互联网服务提供商所有，通常具有很大的规模和超强的数据处理能力，一般由多个地理位置分散的数据中心组成。通常，互联网服务提供商在互联网上为客户提供各种有偿信息服务。IDC 比企业数据中心更大、更专业，更适合作为云计算的基础设施。

长久以来，行业使用划级进行总体规划和可用性数据中心的性能评价。这样，设计师可以设计一个清晰的意图，以帮助决策者理解投资回报。美国 Uptime Institute 的提高分类系统的水平已被广泛采用，成为设计师规划数据中心的重要参考[54]。在这个系统中，根据可用性的情况不同，数据中心分为四个等级（tier）。

第一级称为"基础级"。该级别的数据中心没有冗余设备（包括计算和存储），所有设备由一套线路系统（包括电力和网络）相连通。由于没有冗余措施，该级别数据中心时常会产生单点故障，导致系统中断运行。其可用性为99.671%。

第二级称为"冗余部件级"。该级别数据中心具有冗余设备，但是所有设备仍由一套线路相连通。由于仍然是单回路的电力线路，该级别数据中心仍然会有单点故障出现，并且对基础设施进行维护和升级时需要关闭相关设备。其可用性比第一级数据中心略高，为99.741%。

第三级称为"可并行维护级"。该级别数据中心不仅具有冗余设备，而且所有用电设备都配置有双电源，此外拥有多套线路系统。该级别数据中心可用性比前两级有了明显改善，日常设备维护、升级均不会使系统运行中断。其可用性为99.982%。

第四级称为"容错级"。该级别数据中心具有多重的、独立的、物理上相互隔离的冗余设备。所有用电设备都配置有双电源，并且要求拥有动态分布的多套线路系统来连通计算和存储设备。该级别数据中心的可用性已提升到99.995%，任何活动均不会引起系统运行中断，基础设施甚至能够容忍至少一次最糟糕的情况发生而不影响数据中心运行，如设备故障。

显而易见的是，数据中心更高的等级意味着其所提供的可靠性保障越强。如今的数据中心在不断地升级改造时，都是以实现第四等级为最终目标的。基于云计算的数据中心更是在一开始设计时就把第四等级作为建设的标准。

## 1.3.4　数据中心资源虚拟化

### 1. 虚拟化定义

虚拟化并不是一个新的概念，早在20世纪60年代，IBM为了充分发挥其大型机的性能，即在其产品上实现了虚拟化的商用。但是到目前为止，IBM 的虚拟化技术PowerVM 和 zVM 都只是为其 p 系列服务器和 z 系列服务器服务。而真正使虚拟化技术广为人知的却是 VMware 公司于20世纪90年代引入的基于 x86 体系结构的系统虚拟化技术。

随着计算机技术的不断发展，直至今日，"虚拟化"已变为一个范围很广并且不断变化的概念，除了系统虚拟化和服务器虚拟化技术，还有内存虚拟化、存储虚拟化、网络虚拟化等多种不同的虚拟化技术，因此很难为虚拟化给出一个清晰而准确的定义。在这里主要介绍两个业内对"虚拟化"的定义，第一个来自维基百科，第二个来自 IBM。

（1）虚拟化是表示计算机资源的抽象方法，通过虚拟化可以用与访问抽象前资源一致的方法访问抽象后的资源。这种资源的抽象方法并不受实现方式、地理位置或底层资源的物理配置的限制。

（2）虚拟化是资源的逻辑表示，它并不受物理限制的约束。

虽然表述方式不同，但实际上两个定义都包含了以下几方面的含义：①虚拟化的对象是各种各样的资源；②经过虚拟化后的逻辑资源对用户隐藏了不必要的细节；③用户可以在虚拟环境中实现其在真实环境中的部分或者全部功能。

### 2. 服务器资源虚拟化

目前业界流行的虚拟化技术应用范围并不仅仅局限于服务器，其他基础设施，如网络、存储系统、用户桌面、应用程序都有相对应的虚拟化解决方案。但由于本书研究仅涉及服务器虚拟化技术，因此其他虚拟化技术则不再一一介绍。

服务器虚拟化是基于系统虚拟化技术实现的。系统虚拟化是指使用虚拟化技术在一台物理机上虚拟出一台或多台 VM，并为其上每个 VM 提供一套独立的、虚拟的硬件环境，包括虚拟的处理器、内存、I/O 及网络接口等，同时为 VM 提供良好的隔离性和安全性。

业界在描述服务器虚拟化时常常会提到以下几个概念：VMM、Hypervisor、VM、虚拟镜像以及虚拟器件。其中，VMM 主要负责对 VM 提供底层服务器的硬件资源抽象，为客户 OS 提供运行环境；Hypervisor 负责 VM 的托管，它直接运行在硬件之上，因此其实现直接受底层体系结构的约束。VM 是指通过虚拟化软件模拟的、具有完整硬件功能的、运行在一个隔离环境中的逻辑计算机系统，其内部封装有客户 OS 和应用（为了文字简洁，如不特别说明，后面的内容均采用"应用"代表"VM 中封装的应用或服务"）。虚拟镜像是 VM 的存储实体，它通常是一个或者多个文件，包括了 VM 的配置信息和磁盘数据。虚拟器件指的是能够直接发布，用户只需进行简单配置即可在虚拟化环境中运行使用的 VM。

一般来说，服务器虚拟化的实现方式有两种，分别是宿主模式和原生模式。在宿主模式中，VMM 是运行在宿主 OS 上的中间件程序，利用宿主 OS 的功能来实现硬件资源的抽象和 VM 的管理。这种模式的虚拟化实现较容易，但是由于 VM 的资源的操作需要通过宿主 OS 来完成，因此其性能通常较低。这种模式的典型实现有 VMware Workstation 和 Microsoft Virtual PC。

在原生模式中，不再有宿主 OS，而是 Hypervisor 直接运行在硬件之上，并提供指令集和设备访问接口，以提供对 VM 的支持。这种模式具有较好的性能，但是实现起来比较复杂。其典型实现有 Citrix Xen、VMware ESX 和 Microsoft Hyper-V。还有些文献在两种实现方式之外加入了一种混合模式，即同时具备宿主模式和原生模式的特征。目前业界已经逐渐不再采用宿主模式，而仅使用原生模式。

服务器虚拟化带来的好处有很多，主要包括以下几方面。

1）降低了运营成本

首先服务器虚拟化使得服务器资源的利用率提升，减少了对 IT 基础设施的投入。

其次，各大服务器虚拟化厂商都提供了强大的虚拟化环境管理工具，减少了人工干预，提高了管理效率，降低了人力维护成本。

2）提高了应用兼容性

由于上层的应用程序由不同的厂商开发，所采用的硬件平台、操作系统、中间件等均不相同，所以在传统数据中心中，兼容性问题非常突出。而 VM 系统提供的封装和隔离特性使得应用所在的平台与底层实际硬件环境分离，使得同一版本的应用可以发布到不同架构的平台上。

3）加速了应用部署

在传统模式下，为一个即将发布的应用配置运行环境是非常烦琐的一件事，如安装操作系统、中间件系统、数据库系统、应用服务器，以及对以上系统进行个性化配置，这往往需要耗费十几个小时甚至数天。并且这种模式下，很容易出现错误。采用服务器虚拟化后，部署应用就变得很简单，因为所有应用都是一个 VM 实例，只需要设置参数、复制 VM，最后启动即可。

4）提高服务的可用性

服务可用性指的是服务持续、可靠运行的能力。服务的高可用性要求将日常维护操作对服务的影响降到最低，即使发生故障也能在短时间内恢复。传统数据中心主要采用容灾备份等技术来保证，在服务器虚拟化后，系统可以随时对运行中的 VM 进行快照并备份为 VM 镜像文件，在需要的时候进行动态迁移或者进行系统恢复。

5）提升资源利用率

根据著名咨询公司 Gartner 的研究报告，当前全世界数据中心的服务器资源利用率不超过 20%，大量的闲置资源被浪费。采用虚拟化技术后，系统可以将原来的多个服务器整合到一台服务器上，提高服务器资源利用率。

6）动态资源调度

当前的主流虚拟化平台都提供了 VM 实时迁移功能，可以在不中断系统运行的情况下将 VM 从一台服务器迁移到另一台服务器。这对系统管理员来说，数据中心就不再是一台台彼此隔离的服务器，而是一个统一的资源池。管理员就可以灵活地根据实际的资源使用情况调整分配给 VM 的资源。

7）节能降耗

在传统模式下，一个应用运行在一台服务器上，关闭服务器就等于关闭了应用。而服务器虚拟化解除了这种绑定，在负载较低时，可以将多个 VM 迁移到较少的几台服务器上，并将闲置出来的服务器和相应的其他基础设施关闭，以节省电能的消耗，达到节能降耗的目的。

# 参 考 文 献

[ 1 ] 邬贺铨. 十二届全国人大常委会专题讲座第七讲《现代信息科技的发展与产业变革》[EB/OL]. http: //www. npc. gov. cn/npc/xinwen/2013-11/12/content_1813242. htm[2013-10-25].

[ 2 ] 邢志强, 赵秀恒. 信息化对经济增长影响的量化分析[J]. 运筹与管理, 2002, 11(2): 95-99.

[ 3 ] 朱捷. 绿色数据中心核心竞争力构建研究[D]. 杭州: 浙江工业大学硕士学位论文, 2014.

[ 4 ] 刘厉兵, 汪洋. 信息产业对经济增长引擎作用的实证研究[J]. 中国信息界, 2010, 137-138: 29-31.

[ 5 ] 颜珍. 信息化对区域经济增长的影响[D]. 长沙: 湖南大学硕士学位论文, 2014.

[ 6 ] 蒋贵凰, 王伟华. 信息化对城市经济发展的作用分析[J]. 人民论坛, 2011, 11: 116-117.

[ 7 ] 艾瑞咨询. 2014 年中国网络经济营收规模达到 8706.2 亿元[EB/OL]. http: //www. ebrun. com/ 20150330/129442. Shtml[2015-3-28].

[ 8 ] 艾瑞咨询. 2015 年中国网络经济营收规模统计分析[EB/OL]. http: //www. askci. com/news/chanye/ 2015/02/02/93042mt66_all. Shtml[2016-5-17].

[ 9 ] 志斌. 国家十三五规划纲要(全文)[EB/OL]. http: //www. yjbys. com/news/424757. html[2016-3-22].

[10] 国发(2013)31 号文件. 国务院关于印发"宽带中国"战略及实施方案的通知[EB/OL]. 国务院, 2013.

[11] 刘大勇. 区域信息化与区域经济发展的关系研究[J]. 科学·经济·社会, 2004, 22(3): 31-33.

[12] 王熙. 工信部发布我国数据中心规划建设情况报告[R]. 通信世界网, 2014.

[13] 冯磊. 数据中心发绿芽[J]. 信息系统工程, 2007, 6(6): 84-86.

[14] 王娟琳, 封红旗, 丁宪成. 绿色数据中心资源整合研究与实践[J]. 信息技术, 2013, 12(5): 51-55.

[15] 钟景华. 新一代绿色数据中心的规划与设计[M]. 北京: 电子工业出版社, 2010.

[16] Sehmidt R R, Cruz E E, Iyengar M K. Challenges of data center thermal management[J]. IBM Journal of Research and Development, 2007, 25(4): 15-17.

[17] Pan Y, Yin R, Huang Z. Energy modeling of two office buildings with data center for green building design[J]. Energy and Buildings, 2008, 40(7): 1145-1152.

[18] 李成章. 现代信息网络机房对节能降耗的技术需求[J]. 电源世界, 2008, 7(26): 56.

[19] Kang S M, Leblebici Y. CMOS Digital Integrated Circuits[M]. New York: McGraw-Hill Education, 2003.

[20] Benini L, Bogliolo A, De Micheli G. A survey of design techniques for system-level dynamic power management[J]. IEEE Transactions on Very Large Scale Integration (VLSI) Systems, 2000, 8(3): 299-316.

[21] Yao F, Demers A, Shenker S. A scheduling model for reduced CPU energy[C]. Proceedings of 36th Annual Symposium on Foundations of Computer Science, 1995: 374-382.

[22] Pillai P, Shin K G. Real-time dynamic voltage scaling for low-power embedded operating systems[C].

ACM SIGOPS Operating Systems Review, 2001, 35(5): 89-102.

[23] Martin S M, Flautner K, Mudge T, et al. Combined dynamic voltage scaling and adaptive body biasing for lower power microprocessors under dynamic workloads[C]. Proceedings of the 2002 IEEE/ACM International Conference on Computer-Aided Design, 2002: 721-725.

[24] Jejurikar R, Pereira C, Gupta R. Leakage aware dynamic voltage scaling for real-time embedded systems[C]. Proceedings of the 41st Annual Design Automation Conference, 2004: 275-280.

[25] Yan L, Luo J, Jha N K. Joint dynamic voltage scaling and adaptive body biasing for heterogeneous distributed real-time embedded systems[J]. IEEE Transactions on Computer-Aided Design of Integrated Circuits and Systems, 2005, 24(7): 1030-1041.

[26] Aydin H, Yang Q. Energy-aware partitioning for multiprocessor real-time systems[C]. Parallel and Distributed Processing Symposium, 2003: 9.

[27] Zhu D, Melhem R, Childers B R. Scheduling with dynamic voltage/speed adjustment using slack reclamation in multiprocessor real-time systems[J]. IEEE Transactions on Parallel and Distributed Systems, 2003, 14(7): 686-700.

[28] 钟虓, 齐勇, 侯迪, 等. 基于 DVS 的多核实时系统节能调度[J]. 电子学报, 2006, 34(S1): 2481-2484.

[29] 敬思远, 余堃, 钟毅. 用于多核嵌入式环境的硬实时任务感功调度算法[J]. 计算机应用, 2011, 31(11): 2936-2939.

[30] Pinheiro E, Bianchini R, Carrera E V, et al. Load balancing and unbalancing for power and performance in cluster-based systems[C]. Workshop on Compilers and Operating Systems for Low Power, 2001, 180: 182-195.

[31] Chase J S, Anderson D C, Thakar P N, et al. Managing energy and server resources in hosting centers[J]. ACM SIGOPS Operating Systems Review, 2001, 35(5): 103-116.

[32] Elnozahy E N M, Kistler M, Rajamony R. Energy-efficient server clusters[C]. International Workshop on Power-Aware Computer Systems, 2002: 179-197.

[33] Meisner D, Gold B T, Wenisch T F. PowerNap: Eliminating server idle power[C]. ACM Sigplan Notices, 2009, 44(3): 205-216.

[34] Stoess J, Lang C, Bellosa F. Energy management for hypervisor-based virtual machines[C]. USENIX Annual Technical Conference, 2007: 1-14.

[35] Kim K H, Beloglazov A, Buyya R. Power-aware provisioning of cloud resources for real-time services[C]. Proceedings of the 7th International Workshop on Middleware for Grids, Clouds and e-Science, 2009: 1.

[36] Younge A J, Von Laszewski G, Wang L, et al. Efficient resource management for cloud computing environments[C]. International Green Computing Conference, 2010: 357-364.

[37] Kusic D, Kephart J O, Hanson J E, et al. Power and performance management of virtualized computing environments via lookahead control[J]. Cluster Computing, 2009, 12(1): 1-15.

[38] Verma A, Ahuja P, Neogi A. pMapper: Power and migration cost aware application placement in virtualized systems[C]. ACM/IFIP/USENIX International Conference on Distributed Systems Platforms and Open Distributed Processing, 2008: 243-264.

[39] Gurumurthi S, Sivasubramaniam A, Kandemir M, et al. DRPM: Dynamic speed control for power management in server class disks[C]. Proceedings of 30th Annual International Symposium on Computer Architecture, 2003: 169-179.

[40] Colarelli D, Grunwald D. Massive arrays of idle disks for storage archives[C]. Proceedings of the 2002 ACM/IEEE Conference on Supercomputing, 2002: 1-11.

[41] Pinheiro E, Bianchini R. Energy conservation techniques for disk array-based servers[C]. ACM International Conference on Supercomputing 25th Anniversary Volume, 2014: 369-379.

[42] Weddle C, Oldham M, Qian J, et al. PARAID: A gear-shifting power-aware RAID[J]. ACM Transactions on Storage (TOS), 2007, 3(3): 13.

[43] Kim J, Rotem D. Using replication for energy conservation in RAID systems[C]. PDPTA, 2010: 703-709.

[44] Chou J, Kim J, Rotem D. Energy-aware scheduling in disk storage systems[C]. The 31st International Conference on Distributed Computing Systems (ICDCS). 2011: 423-433.

[45] Zhu Q, Chen Z, Tan L, et al. Hibernator: Helping disk arrays sleep through the winter[C]. ACM SIGOPS Operating Systems Review, 2005, 39(5): 177-190.

[46] Zhu Q, Shankar A, Zhou Y. PB-LRU: A self-tuning power aware storage cache replacement algorithm for conserving disk energy[C]. Proceedings of the 18th Annual International Conference on Supercomputing, 2004: 79-88.

[47] Zhu Q, Zhou Y. Power-aware storage cache management[J]. IEEE Transactions on Computers, 2005, 54(5): 587-602.

[48] Narayanan D, Donnelly A, Rowstron A. Write off-loading: Practical power management for enterprise storage[J]. ACM Transactions on Storage (TOS), 2008, 4(3): 10.

[49] Prahalad C K, Hamel G. Chapter 3-The core competence of the corporation[J]. Knowledge & Strategy, 1999, 68(3): 41-59.

[50] 党传升. 高水平行业特色型大学核心竞争力评价与培育研究[D]. 北京: 北京邮电大学博士学位论文, 2012.

[51] 徐蓉蓉. 携程网核心竞争力的研究[D]. 上海: 上海外国语大学硕士学位论文, 2014.

[52] 朱伟雄, 王德安, 蔡建华. 新一代数据中心建设理论与实践[M]. 北京: 人民邮电出版社, 2010.

[53] 顾大伟. 数据中心建设与管理指南[M]. 北京: 电子工业出版社, 2010.

[54] 虚拟化与云计算小组. 云计算宝典: 技术与实践[M]. 北京: 电子工业出版社, 2011.

# 第2章 绿色数据中心规划

本章对绿色数据中心的基本概念、发展趋势、总体规划、IT 设备规划、机房规划和管理规划进行研究，根据未来的发展趋势提出基于虚拟化架构的模块化规划方法，探讨大型绿色数据中心的规划目标与原则，并以此制定大型绿色数据中心的规划框架，最后建立相应的规划设计步骤，并给出规划实例。

## 2.1 总 体 规 划

### 2.1.1 绿色数据中心基础

数据中心是聚集了大量服务器、存储设备、网络设备等设备的场所，是企业的业务系统与数据资源进行集中、集成、共享、分析的场地、工具、流程等的有机组合。

绿色数据中心目前还没有一个统一的定义，一般是指一个符合绿色节能要求的数据中心。基于数据中心的快速增长和整合需求的发展趋势，一个大型绿色数据中心将是一个基于虚拟化架构的、模块化的、绿色节能的数据中心。

从数据中心的发展趋势来看，全球数据中心将会有四大主流趋势[1]。

（1）快速增长。现在的企业对计算能力的需求越来越大，服务器和存储的数量也将会越来越大。服务器和存储的高速增长，对部门造成越来越大的压力，同时也给数据中心在环境控制、电源与制冷、空间管理等方面造成了更大的压力。

（2）系统整合。由于现在成本越来越高、复杂性越来越大、资源利用率过低等，为了使数据便于备份、保护和控制，并符合法律法规的要求，目前数据中心将会尝试将资源进行整合和集中，整合以后也会带来管理和维护上的便利。

（3）高可用性。业务连续性的要求，数据的重要性，对企业系统的高可用性已经提升到很高的级别。越来越多的企业将通过重新利用现有数据中心，或构建新设施整合现有数据中心的方式，来建立辅助数据中心，以便获得灾难恢复能力，保证业务连续性。

（4）运作效率。多数公司均致力于提高数据中心的管理和运作效率，以削减成本、提高效率，使支出与业务需求和服务要求更加协调一致。

从数据中心的快速增长趋势来看，将来数据中心的设备数量将会越来越多，能耗也将会越来越大。但是如果数据中心在开始规划的时候，就对以后的电源和制冷系统等一步到位实施，这样在很长时间内将会有很多的能耗是白白消耗的，不能达到节能的效果。如果数据中心规划设计时可以考虑到以模块化方式设计，可以随着数据中心的设备的实际增长，对电源和制冷系统也逐渐增加，就可以减少很多能耗浪费，达到绿色节能效果。

对于数据中心的系统整合发展趋势，需要用虚拟化技术来规划。通过虚拟化技术，可以把资源利用率低的多台服务器整合到一台服务器上，从而节省数据中心的空间，大大减少数据中心的能耗，也带来了管理和维护的便利。随着数据中心应用虚拟化技术的深化，将来还有可能出现更少的服务器来支撑数据中心，正常运转的服务器的数量也可能有减少。对于这样的变化，绿色数据中心就需要是一个模块化的、柔性的数据中心，能够根据这些变化，快速调整电源和制冷系统的供给。

对于数据中心的运作效率要求，将来的绿色数据中心将需要达到智能化要求，通过系统管理软件的实施，带来管理的便利。

绿色数据中心的建设是一个全面、整体的过程，要取得好的节能效果，需要把"绿色"贯彻到数据中心的规划、建设、维护的整个过程中，每个环节都不能忽视。本章将围绕虚拟化架构、模块化来规划设计一个绿色节能的大型绿色数据中心。

## 2.1.2  规划目标和原则

### 1. 规划目标

大型绿色数据中心的规划目标将是建设一个绿色节能的大型绿色数据中心，一个基于虚拟化架构、模块化设计、绿色节能的大型数据中心。

基于这个目标，在规划绿色数据中心时，将会以虚拟化技术来设计服务器的架构，将多台资源利用率低的服务器整合到一台服务器上，减少服务器数量，达到系统整合的目的，带来系统管理和维护的便利，降低数据中心的能耗。

模块化设计主要为满足当前最合适的规模，不过度设计，浪费能耗，并能以模块化方式增加来满足将来的增长需求。

在规划中要考虑节能规划，对机房建设、气流组织、制冷系统规划和电源规划等尽量考虑节能设计，达到绿色节能效果。

### 2. 规划原则

大型绿色数据中心的规划，一般遵循以下几条原则。

1）系统可扩展

数据中心机房的模块化设计必须支持未来增长的需要，满足数据中心业务发展需求，机房环境系统的设计必须满足供配电、综合布线、机房空间、承重、空调等方面的扩充要求。

2）系统高可用

数据的重要性，企业 IT 系统需要提供高可用性，能够提供 7 天（每周）×24 小时

（每天）不间断服务，不仅应用系统需要高可用性，而且机房工程的配电、UPS 系统、制冷系统、综合布线等机房系统都需要能够支持高可用性。

3）绿色环保节能设计

设计采用环保材料，并以绿色节能为标准，在各个环节设计中尽量考虑绿色节能的设计方案，降低能耗，达到绿色节能的目标。

4）系统可管理

由于数据中心具有一定复杂性，随着业务的不断发展，管理的任务必定会日益繁重。所以在数据中心设计建立一套全面、完善的机房监控和管理系统，应具有智能化、可管理的功能，实现先进的集中管理监控、实时监控、监测整个计算机机房的运行状况，实现多种报警方式，简化机房管理人员的维护工作，从而为中心机房安全、可靠地运行提供最有力的保障，并能够为 IT 设备提供 IT 生命周期管理。

### 2.1.3　规划框架和步骤

本章规划的框架将基于虚拟化的、模块化的绿色数据中心，从数据中心的机房建设、IT 设备以及系统管理等方面进行规划研究。图 2.1 是大型绿色数据中心规划的框架图，大型绿色数据中心将是一个基于虚拟化架构、模块化、绿色节能的数据中心，本章将从模块化机房系统、基于虚拟化架构的 IT 设备和系统管理等三个部分来规划[2]。因数据中心建设涉及的专业非常多，本章将针对对绿色节能影响较大的部分进行研究分析。

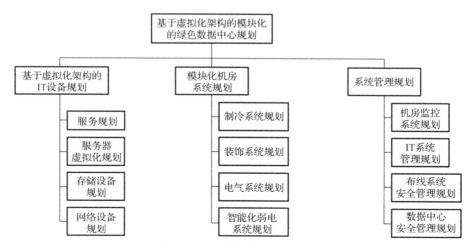

图 2.1　绿色数据中心规划框架

1. 基于虚拟化架构的 IT 设备规划

规划一个基于虚拟化架构的，能支持模块化的 IT 设备是建设大型绿色数据中心的基础。下面主要从服务器、服务器虚拟化、存储系统、网络设备方面进行分析。

服务器规划：选用高效、节能的服务器是非常有效的。

服务器虚拟化规划：服务器虚拟化是绿色数据中心非常重要的一个环节，可以有效减少服务器的数量，节约空间，降低数据中心的能耗。

存储系统规划：存储虚拟化、自动精简配置卷、重复数据删除技术等都有助于提高大型绿色数据中心的存储利用率，减少存储容量，并能够以模块化方式增长。

网络设备规划：有效规划网络架构，选用节能的网络设备。

### 2. 模块化机房系统规划

规划一个能够支持模块化增长的绿色节能的数据中心机房，从机房的装修装饰、制冷系统、UPS 系统、照明系统等各方面都能够支持模块化增长的数据中心。

制冷系统规划：采用机房专用空调有助于数据中心机房的制冷系统的稳定。采用冷热通道技术、冷热通道围栏技术和新风制冷系统都有利于降低数据中心的能耗。一个模块化的制冷系统将是绿色数据中心的重要组成部分。

电气系统规划：高效的 UPS 和电源系统有助于减少能量转换过程中的能量损失，并且模块化的 UPS 架构将能有效地降低数据中心的能耗，规划一个绿色节能的照明系统。

装饰系统规划：将对数据中心机房的装饰进行分析，规划设计一个隔热效果好的，有利于制冷的，并能够模块化增长的数据中心机房。

智能化弱电系统规划：随着数据中心的模块化增长而增加的综合布线系统。

### 3. 系统管理规划

机房监控内容主要包括供配电系统、UPS 监控子系统、空调监控子系统、温湿度监控子系统、漏水检测子系统、消防监测、门禁以及视频监控子系统等。

IT 设备系统管理：键盘显示器鼠标（Keyboard Video Mouse，KVM）系统、IT 设备的系统检测，事件管理、状态轮询、资产报表、远程系统配置、调用、电子邮件事件通知等功能系统部署以及软件分发等系统管理软件。

机房监控系统管理规划：可监控数据中心各部分的功耗情况。

布线系统安全管理规划：按照 TIAIEIA-942 标准对物理链路的安全性进行控制。

数据中心安全管理规划：构建进行有效身份验证并追踪人员在数据中心内和附近活动的安全系统。

规划一个好的系统管理，将能帮助绿色数据中心实现智能化，提高服务和维修级别。

如图 2.2 所示，据 EYP 对数据中心机房的能耗调研分析，各种用电设备在数据中心机房所产生的功耗中各自所占比例大小如下[3]。

由服务器设备、存储设备和网络通信设备等所构成的设备系统是数据中心机房中能耗最大的。由它们所产生的功耗约占数据中心机房所需总功耗的 50%。其中服务器设备所占的总功耗为 40%左右。另外的 10%功耗基本上由存储设备和网络通信设备均分。

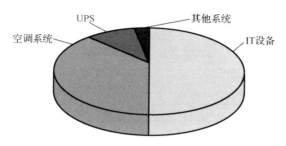

图 2.2　数据中心能耗分布

数据中心机房中的空调系统的功耗是数据中心机房总能耗中排第二位的。由它所产生的功耗约占数据中心机房所需总功耗的 37%。

位于数据中心机房中的由输入变压器和 ATS 开关所组成的 UPS 输入供电系统，以及由 UPS 及其相应的输入和输出配电柜所组成的 UPS 供电系统在数据中心总能耗中排在第三位，它们的功耗约占数据中心机房所需总功耗的 10%。

照明及其他系统的能耗占 3%。

从数据中心能耗分布可看出，IT 设备、空调系统和 UPS 占据数据中心能耗的绝大部分，因此规划大型绿色数据中心时，IT 设备、空调系统和 UPS 是重点考虑的部分。另外规划一个基于虚拟化架构的、模块化的绿色节能数据中心时，IT 设备的虚拟化、模块化的绿色节能，空调系统和 UPS 的模块化节能都是影响规划的主要部分。因此本章将重点讨论 IT 系统、空调系统和 UPS。

4. 大型绿色数据中心规划步骤

如图 2.3 所示，大型绿色数据中心的规划可以按以下步骤进行。

（1）需要根据实际的业务需求和将来的需求规划，确定需要的基本服务器、存储设备和网络设备等 IT 设备的类型及数量，是否可以满足需求。

（2）根据所需服务器和应用程序的情况，进行虚拟化评估，评估哪些服务器不能进行虚拟化，哪些服务器可以虚拟化，可以虚拟化到多少台虚拟化服务器上；再规划服务器、存储设备、网络设备和网络拓扑结构。

（3）根据已确定的所需设备，规划所需的 UPS 和制冷系统，并依据模块化设计的原则，为将来数据中心的扩容打下基础，并以此规划机房所需的其他部分，如机房装饰系统、智能化弱电系统等，也需考虑到模块化设计原则，以绿色节能为目标。

（4）根据所需的 IT 设备和机房设备，规划机房系统监控、IT 设备系统监控和系统管理，提高服务水平，达到智能化的目标。

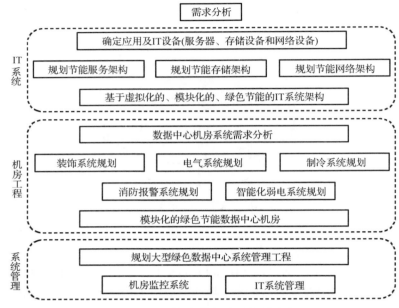

图 2.3　大型绿色数据中心规划步骤

## 2.2　IT 设备规划

数据中心的设备选型首先应该根据业务的需求来确定所需的服务器、存储设备和网络设备等类型及数量，并选用绿色节能的服务器、存储设备及网络设备。通过虚拟化来规划数据中心，可减少服务器数量，降低能耗，提高服务水平，是建设绿色数据中心的一个关键环节。

### 2.2.1　IT 设备规划分析

大型绿色数据中心是一个基于虚拟化架构的、模块化的、可扩展的、绿色节能的数据中心。大型绿色数据中心的设备首先应该以虚拟化为架构，通过虚拟化整合服务器，把多台资源利用率低的服务器整合到一台服务器上，这样就可以有效地减少服务器数量，节约空间，同时也不会降低应用的效率。

大型绿色数据中心的 IT 设备也应该是模块化、可扩展的，可以按照实际的需求购买服务器和存储设备，可以让新购买的服务器和存储设备加入原有的架构中，从而达到线性增长，而不是跳跃式增长。以这种方式增长可以节约很多购买 IT 设备的费用，避免一次到位的购买，也就可以减少很多不必要的能耗。

IT 设备规划流程如图 2.4 所示。

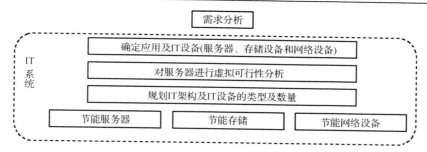

图 2.4　IT 设备规划流程

　　首先根据目前的情况和未来的需求,确定数据中心的基础架构和 IT 设备的基本类型及数量。

　　对服务器进行虚拟化评估,确定有哪些服务器不能整合到虚拟化平台,哪些服务器可以整合到虚拟化平台,需要多少台虚拟化服务器。

　　对存储设备进行规划分析,可以用虚拟化架构规划存储平台,便于将来添加存储到已有架构中,达到线性增长。可以利用自动精简配置来部署存储,提高存储的利用率,减少存储空间,从而减少能耗。对于数据中心里很多的相同的数据,可通过重复数据删除技术来减少存储空间,减少能耗。

　　对网络设备,通过减少网络层次和节能的网络设备来搭建数据中心的网络平台。

## 2.2.2　服务器规划

　　随着全球信息化、数字化进程逐步加快,服务器应用正呈直线上升趋势。数据中心里也有着越来越多的服务器、存储、网络交换机等设备来支撑业务的发展。因此对于大型绿色数据中心的主要组成部分服务器做好规划有着重要的意义。

　　2007 年 11 月原信息产业部公布了《节能降耗电子信息技术、产品与应用方案推荐目录(第一批)》,推荐了曙光公司的刀片服务器自适应节能系统、浪潮公司的服务器节能技术、联想公司的微型计算机节能技术等相关节能技术,这是节能服务器首次纳入国家节能规范体系,标志着我国在推进服务器节能工作方面取得重大进展。

　　目前在数据中心中,与能耗浪费有关的主要问题有以下几方面。

　　数据中心中还有很多老旧的服务器,因为原来在上面的应用被淘汰了,或应用已迁移到新的服务器上等造成这些服务器已没有实际有用的应用在运行,而因为没有进行有效的管理,这些服务器还在正常开机运行,造成了能耗的浪费。

　　传统的服务器都朝着提高服务器的性能方面发展,在提高服务器性能的同时,也造成服务器的功耗越来越大,这些服务器大多没有考虑到节能因素。

　　因此在进行大型绿色数据中心的服务器规划时,需要考虑的主要有以下几个问题。

　　对于数据中心服务器要进行资产整理,对于那些老旧的服务器,如果是确实已不再需要的服务器，就应该关机，这样能够节约能耗。如果还有应用在上面运行，而且系统是遗留的系统，可考虑迁移到虚拟化服务器上。

在大型绿色数据中心的服务器规划时应考虑采用绿色节能的服务器，选择那些针对能耗方面进行了优化的节能服务器。

刀片服务器由于在一定的空间里集成多台服务器、以太网交换机、光纤交换机，众多设备可以共用一套电源，这样会比传统的同样数量的服务器、交换机更节能。但是刀片服务器由于集成度提高了，同时也带来了局部的热点散热问题，这是在规划数据中心服务器时需要考虑的地方。

1. 绿色节能服务器规划

2006 年第二季度，中国电子商务协会（China Electronic Commerce Association，CECA）国家信息化测评中心以历年信息化 500 强企业和参与 500 强调查的国家重点大型企业为样本，开展了中国信息化 500 强企业计算节能调查。CECA 国家信息化测评中心的调查结果表明，节能型计算产品的应用成为未来企业信息化建设的又一趋势，目前已经有10.92% 的企业明确表示将在下一步建设中采用节能型计算产品，还有 62.19% 的企业表示未来将考虑应用，综合二者，有 70% 以上的企业表示出对节能型计算产品的偏爱。

目前很多服务器厂家已在朝着节能方向发展，有越来越多的节能新技术应用于服务器上。在采用新技术提高整体性能的同时，也采用许多新技术来达到对服务器的节能效果。

在一个数据中心中服务器往往是数量最多的，而且在耗电量方面也往往是最大的，因此计算机的选型对绿色数据中心尤为重要，计算机耗电量大的组成部分主要有CPU、内存、硬盘、风扇、电源等。

从戴尔公司对服务器能耗的研究数据[4]（图 2.5）可以看出在一台服务器中，CPU的能耗将占到整台服务器的 32%，电源模块将占 21%，硬盘占总能耗的 13%，内存占总能耗的 6%，芯片组占总能耗的 4%。下面将从这些部分来分析大型绿色数据中心中需要的绿色节能服务器。

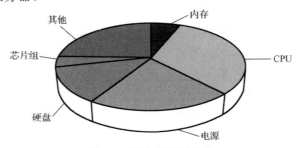

图 2.5　服务器能耗分布

从服务器能耗最主要的来源、服务器 CPU 的设计趋势看，过去通过提高晶体管密度和时钟频率来提高性能，同时也使 CPU 的功耗越来越大；后来单纯提高晶体管密度和降低制程面临瓶颈，2003 年以后 AMD 和 Intel 开始朝着多核的方向转变，注重芯片和服务器系统的实际效能,重视服务器系统和 CPU 的能耗效能比,在提升效能的同时,也同时强调了节能的趋势。CPU 厂商也在对 CPU 架构进行改变,以降低 CPU 的能耗。Intel 公司采用具有宽位动态执行、高级数字媒体增强、智能功率特性、智能内存访问以及高级智能高速缓存等五大创新的酷睿微架构,这种采用新架构的 CPU 会令 Intel 的新一代 CPU 产品在功耗上面有很大降低。AMD 则以其直连架构使 CPU 的主频降低,以此降低 CPU 的功耗。

另外,芯片厂商的产品还对芯片上的各个模块进行了智能化的用电控制,这也成为目前芯片设计中广泛采用的一种技术。具体来说就是,芯片中如果哪一部分暂时不会用到,芯片就自动把它的电压降低,就好比房间没有人就把灯关掉一样。

在服务器里另一重要部分内存和芯片组方面,也都由更高效的芯片组和低电压内存,来减少电力消耗。

服务器需要有高效率的电源,来高效地进行从交流电到直流电的转换,这也意味着更少的电源转换损失。

在硬盘方面,硬盘厂商也在节能方面做出了很大的努力,都开始生产 2.5in[①]的小型硬盘,2.5in 的串行连接 SCSI(Serial Attached SCSI,SAS)硬盘只消耗相当于上一代 3.5in 硬盘一半的电力。

在服务器内部的散热风扇里,采用温度感应的风扇技术系统根据散热需求来控制风扇转速,风扇的低速运行只消耗风扇全速运转时所需的 25% 的电力。

采用节能方式设计的服务器的性能提升 25% 左右,总体能耗降低 20%。每年每台服务器可节省数千元。若应用于大型数据中心则每年可节省数百万元以上。

例如,Dell 推出了 Energy Smart 节能系列的服务器,能将高能效硬件与操作系统电源管理相结合,配备了优化能效的配置能通过如低压 CPU、高效内存、2.5in 硬盘、高效电源和能量优化基本输入输出系统(Basic Input Output System,BIOS)设置等特点减少能耗,并通过将操作系统电源管理功能设置成在 15 分钟非活动状态后将系统置于低功耗模式下,Dell Energy Smart 设置有助于部分优化能源节约,从而大幅度节约能源。Dell 研究表明,Power Edge Energy Smart 的系统配置比类似配置的服务器每瓦性能高出 21%,同时每台服务器每年还能节省最多 200 美元的电费。

从以上分析可以看到,采用绿色节能服务器能够对大型数据中心的节能带来很大帮助。

2. 刀片服务器规划

业界公认服务器的能源成本将超过其购买成本,服务器绿化也成为目前 IT 业发展迫在眉睫的重要议题之一。刀片服务器的绿化更具有特殊的意义,刀片服务器最大的特色是计算密度高、节约空间,同时便于集中管理、易于扩展和提供不间断的服务,因此受到了企业的广泛欢迎。

---

① 1in=2.54cm。

　　刀片服务器以其模块化和标准化设计，数据中心的安装、维护和扩展都很方便。与传统的数据中心相比，它更适合于高密度设计的 IT 设备，更高效节能。刀片服务器也在一个机箱中集成了多台刀片模块，在部署相同数量的服务器时，刀片服务器比机架式服务器更节约空间。同时，多个刀片服务器使用共同冗余电源和冗余设施，电源转换和输送上的损耗、送风部件的耗电得以分摊到多个刀片服务器上，因此采用刀片服务器更节能。

　　刀片服务器中心机箱将以太网交换机模块和存储区域网络（Storage Area Netware，SAN）交换机模块进行集成，多个刀片服务器共用机箱内集成的、冗余的 I/O 连接设施，大大简化了刀片服务器与外部网络和存储网络的连接，外部网络交换机和存储网络交换机的数量也得以减少，可节省能源消耗。

　　另外刀片厂商也对刀片服务器改进了很多智能节能技术，可以进行刀片、散热风扇和电源等部件的智能监控，随时根据工作负载进行调整，根据温度智能调整风扇的转速效率高达 90%的高效电源；同时在温度过高的情况下，会自动降低 CPU 频率，而不会完全停机或导致故障，从而达到节省能源、降低功耗的效果。

　　以一个案例来对比刀片服务器和普通机架式服务器，某企业需要对以前的 70 多台服务器进行整合，从规划中可以整合到新的 32 台服务器上。可以分析采用 32 台刀片服务器和 32 台 1U①机架式服务器。

　　如果采用 32 台 1U 机架式服务器，需要花费 32U 空间。采用 32 台机架式服务器却要 96A（使用 220V 电压）。每台服务器需要 500W 功耗，则 32 台机架式服务器将需要 32×500W=16000W。

　　如果采用刀片服务器，10U 高度的机箱可容纳 16 个刀片模块。需要购买两个机箱，满配 32 个刀片模块，空间只需要 20U。32 个刀片服务器最大耗电量为 41.2A（使用 220V 电压）。每个刀片机箱需要 2200W×2 功耗，则 32 个刀片服务器将需要 2200W×2×2=8800W。

　　可以看到，由于刀片服务器上每个刀片模组共用电源、散热、网络模块等功能，并对节能有优化，相较于使用一般机架式服务器可以节省空间与电力成本。

　　3. 服务器的虚拟化技术

　　目前数据中心由于服务器数量很多，消耗了很大一部分的能耗。数据中心的服务器存在的问题如下。

　　（1）成本高：服务器硬件成本高，运营和维护成本高，包括数据中心空间、机柜、网线、耗电量、冷气空调和人力成本等。

　　（2）可用性低：因为每个服务器都是单机，如果都配置为双机模式成本更高。系统维护和升级或者扩容时需要停机进行，造成应用中断。

---

① 1U=1.75in。

（3）可管理性低：服务器数量太多难以管理，新服务器和应用的部署时间长，大大降低服务器重建和应用加载时间。硬件维护需要数天的变更管理准备和数小时的维护窗口。

（4）兼容性差：系统和应用迁移到新的硬件不能和旧系统兼容。

因此要建设大型绿色数据中心就需要对服务器进行有效、合理的整合，采用服务器虚拟化进行数据中心服务器整合是一个非常有效的方案。采用服务器虚拟化的数据中心就可以达到模块化、可扩展的绿色节能的数据中心。

运用服务器虚拟化后，可以把原有的多台资源利用率低的服务器整合到一台虚拟化服务器中，可以有效地减少服务器的数量，从而减少很多由于服务器产生的能耗。那些旧服务器上运行遗留的系统，也可以迁移到虚拟化服务器上，带来了维护和管理的便利性。也要保证这些应用迁移到虚拟化服务器上而不会影响原来应用的正常运行。

如果采用新的虚拟化服务器，可以方便把服务器加到原有的虚拟化池中，达到模块化的效果，也可以容易地对虚拟化池通过添加新的虚拟化服务器进行扩展。

*1）虚拟化技术的发展*

虚拟化技术源于大型机，早在 20 世纪 60 年代，IBM 公司就发明了一种操作系统虚拟机技术，允许在一台主机上运行多个操作系统，让用户尽可能地充分利用昂贵的大型机资源。随着技术发展和市场竞争的需要，大型机上的技术开始向小型机或 UNIX 服务器移植。IBM、HP 和 Sun 后来都将虚拟化技术引入各自的高端服务器系统中[5]。

Intel 的 Vanderpool 外部架构规范（External Architecture Specification，EAS）及 ADM 的 Padifica 技术规范实现了分区功能，即基于该技术平台实现在独立分区中高效运行多个操作系统和应用程序，使一个计算机系统像多个"虚拟"系统一样运行[6]。

虚拟化技术得到快速的发展，在应用和方案上都达到数据中心级的功能，越来越多的企业将虚拟化技术用于生产环境，在数据中心中，虚拟化已经成为系统整合、管理便利、绿色节能的重要利器[7]。

*2）虚拟化技术的优势*

在一个虚拟架构中，用户可以把资源看成专属于他们的，而管理员则可在企业范围内管理和优化整个资源。虚拟架构可以通过提高效率、灵活性和响应能力来降低企业的花费。管理一个虚拟架构可以让 IT 部门更快地连接和管理资源，以满足商业所需[8]。

虚拟化架构可以帮助企业达成以下目标[5]。

（1）节约成本：通过整合多个物理服务器到一个物理服务器，降低大约 40%的软件硬件成本；提高了物理服务器的资源利用率，评价利用率可以从 5%～15%提高到 60%～80%；降低 70%～80%的运营成本，由于减少了物理服务器的数量，降低了数据中心空间、机柜、网线、电力需求，节约了冷气空调和人力成本。

（2）提高运营效率：通过虚拟化技术，部署系统的时间从小时级降低到分钟级，以前硬件维护需要数天/周的变更管理准备和 1～3 小时维护窗口，现在可以进行零宕机硬件维护和升级。

（3）提高服务水平：将所有服务器作为大的资源统一进行管理，并自动进行动态资源调配无中断的按需扩容。

（4）旧硬件和操作系统的投资保护：不再担心旧系统的兼容性、维护和升级等一系列问题。

3）虚拟化规划

在数据中心中需要实施虚拟化架构时，可通过虚拟化评估服务，以帮助决策是否可以进行虚拟化，哪些系统可以迁移到虚拟化平台，以及虚拟化的架构等。

虚拟化规划首先需要了解用户的应用，这种应用是否能够以一种可虚拟化的方式部署？它是否支持集群？是否可以将不同的服务器整合到一台虚拟化服务器上？这些方面的问题可得出应用是否适合迁移到虚拟化服务器上。

对于硬件的问题，例如，对 CPU、内存、硬盘等是否有特殊要求；对于网络方面有什么样的需求；是否需要 SAN 等方面问题，可以得出虚拟化服务器的配置情况。

对容灾方面的问题，例如，这些基本应用是否需要冗余站点间进行实时复制，随时响应任意站点的请求；是否有高可用性方面的需求等，可确定虚拟化容灾的架构。

另外，可以对现有应用进行一段时间的数据采集，通过对数据进行分析，能更准确地对应用进行虚拟化的规划。

根据数据中心的实际情况，对于数据中心中的应用，通过配置多台高性能的服务器，同时每台服务器上都安装配置虚拟化软件，用于在单个高性能物理服务器实体上，利用服务器强大的处理能力，生成多个虚拟服务器，而每一个虚拟服务器，从功能、性能和操作方式上，等同于传统的单台物理服务器，在每个虚拟服务器上，再安装配置所需操作系统，进而再安装应用软件，这样以前的每个物理服务器就变身成为服务器上的虚拟机，从而大大提高资源利用率，降低成本，增强了系统和应用的可用性，提高系统的灵活性和快速响应，完美地实现了服务器虚拟架构的整合。

通过实施虚拟化，可以在 $N$ 台高配置的四路双核服务器上创建 $N×10$ 倍以上的虚拟服务器，来完成传统方式需要 $N×10$ 台的低配置的双路双核服务器才能完成的工作，在降低成本的同时，还大大减少了环境的复杂性，降低了对机房能耗的需求，同时具有更灵活稳定的管理特性。

## 2.2.3　存储设备规划

对于存储设备的节能，可以从三方面着手：提高存储设备的利用率、减少存储设备的容量、降低磁盘的能耗。

1. 存储设备规划分析

目前数据中心中存储方面的主要问题如下。

（1）存储的利用率不高。大多数数据中心中有 30%～50%的空间都是闲置的，这也意味着相对应数量的硬盘是闲置的，在开机运转，而没有用到。闲置的硬盘也意味着有相应的能耗是白白浪费的。

（2）重复数据多。很多相同的文件由于由不同的服务器管理，或者在同一个服务器的不同目录下，被复制多份。这些重复的数据也造成大量的空间浪费，同样意味着相应的能耗被浪费。

对于一个大型绿色数据中心，要解决以上问题，可以按照以下的步骤进行。

先进行存储分析，看已规划好的存储空间中，存储的利用率达到多少，是否有很多已分配的空间还没有很有效地利用起来，造成存储空间的浪费。要减少存储空间的浪费，提高存储的利用率，可以采用自动精简配置技术，分配给服务器虚拟化的磁盘空间，而实际的使用空间只有在需要使用时才分配,这样就能有效地减少存储空间，降低能耗。

然后可以分析有多少重复的数据，有哪些重复的数据可以通过重复数据删除技术来减少存储空间。通过重复数据删除技术，能有效地减少存储空间，降低能耗。

在大型数据中心中很多的存储内容，也可能存在不同厂家的存储设备上，而这些存储空间也往往不能分配使用完全，形成很多的存储孤岛。可以考虑使用存储虚拟化技术，消除存储孤岛，提高存储利用率。

还可以分析有多少数据是不太经常使用的，这些不太经常使用的数据是否得到合理的规划，对这些数据可以考虑存放到转速低的硬盘如 SATA 硬盘，或出库到磁带上。

2. 存储虚拟化技术

存储虚拟化是将实际的物理存储实体与存储的逻辑表示分离开来，应用服务器只与分配给它们的逻辑卷（或称虚卷）打交道，而不用关心其数据是在哪个物理存储实体上。

虚拟存储是介于物理存储设备和用户之间的一个中间层，这个中间层屏蔽了物理存储设备，呈现给用户的是逻辑设备。用户对物理设备的管理和使用是通过虚拟存储层映射，对逻辑设备进行管理和使用完成的。用户所看到的是存储空间，不是具体的物理存储设备，用户所管理的存储空间也不是具体的物理存储设备。

根据存储虚拟化的实现方式的不同，可以划分为三个层次：基于主机的虚拟化、基于存储设备的虚拟化和基于网络的虚拟化[2]。

基于主机的虚拟化也称为基于系统卷管理器的虚拟化，其实现一般是通过逻辑卷管理，逻辑卷管理为从物理存储映射到逻辑上的卷提供了一个虚拟层。基于主机的虚拟化是在操作系统级别上完成虚拟化工作，因而不需要任何硬件支持，也不影响现有存储系统的基本架构，该方法最容易实现，成本最低。但是基于主机的虚拟化的缺点主要有：它受到软件和硬件环境的制约，虚拟化软件必须能够嵌入不同的操作平台中，兼容性是一个很大的问题，虚拟化功能是由多个服务器通过分布式操作实现的，如果任何一个服务器有不恰当的数据存取操作，就很有可能造成整个数据资源的完整性受到破坏。

基于存储设备的虚拟化，也称为基于存储控制器的虚拟化，它是将虚拟化层放在存储设备上的控制器等来实现的。这类存储子系统与前端主机基本无关，对系统性能的影响很小，容易管理，同时它对用户或管理人员都是透明的。基于存储设备的方案是基于存储设备的虚拟化，从性能上来说是最优的，它能够充分考虑存储设备的物理特性，并且将应用服务器从虚拟化存储的实现工作中彻底解放出来。但是基于存储设备的虚拟化也只有在同构的存储环境中才能更好地发挥作用。

基于网络的虚拟化根据其实现的位置不同，可以分为基于路由器的虚拟化、基于交换机的虚拟化和基于元数据服务器的虚拟化。

基于路由器的虚拟化方式是一种比较新的结构，它是随着存储路由技术的出现而发展起来的，是将虚拟层放在存储网络的路由器上。存储路由器是一种智能设备，具备交换机的交换功能，同时它具有不同协议的转换功能，使得不同协议的存储网络能够连接到一起。其优势在于虚拟化层不需要在应用服务器上增加软件模块，减少了系统的复杂性，全局数据视图存放在多个路由器上，可避免瓶颈，能够将旧的存储设备作为虚拟存储池的一部分，允许在虚拟存储池中同时使用不同的通道协议。与基于交换机的虚拟化类似，这种结构的虚拟化能够有效提高系统性能，减少应用服务器的负载，可扩展性更好。在存储网络环境中，采用多个路由器，分布式地存放元数据和全局逻辑视图，还解决了单点失效和瓶颈问题。

基于交换机的虚拟化方式将虚拟化层直接做到交换机上，通过改造或添加交换机的中间件，用同一个设备完成交换功能和虚拟化功能。这种具有虚拟化功能的交换设备称为域控制器。这种方法的优势在于交换功能和虚拟化的紧密结合能大大提高系统性能，如果在域控制器上使用大容量的缓存和优良的缓存管理算法，效果会更加明显。

同时，这种结构不需要在应用服务器上运行虚拟化软件，减少了应用服务器的负载。另外，这种结构使得系统的可扩展性大大提高了。

基于元数据服务器的虚拟化方法是一种代理的虚拟化方法。这种虚拟化方法在存储网络中连入一台专用的服务器用于实现虚拟化功能。这台专用的服务器称为元数据服务器或者元数据控制器。在这种虚拟化方法中，应用服务器上驻留一个小的虚拟化代理软件模块用于维护本地的数据视图和 I/O 重定向。元数据服务器则负责管理存储网络环境中的虚拟化数据管理工作。元数据服务器维护着整个存储网络的虚拟化视图，位于应用服务器的虚拟化软件模块称为虚拟代理，它的作用是重定向。当应用服务器所需要的数据不在本地的数据视图中时，虚拟代理将把命令发往元数据服务器，后者则把所需的数据视图和元数据返回给应用服务器。

虚拟化存储带来的几个优势如下。

（1）简化存储容量的管理。虚拟存储简化了管理，用户可将注意力集中在存储系统的容量和安全模式的需求上，而不必关心存储系统的硬件容量、类型或者其他物理磁盘的特性，提高存储资源的利用率，最大限度地满足用户对存储资源的空间需求。

（2）存储整合。虚拟存储能把不同类型、不同特性的异构存储资源整合成一个统一的存储空间加以利用，屏蔽了具体物理设备，实现了对存储资源的充分利用和有效规划，可以有效地消除存储孤岛，提高存储利用率。

（3）提高存储的访问速度。将用户的请求合理地分散分配到多个物理设备上，进行负载均衡，提高系统的访问带宽。虚拟磁盘的存储空间采用了条带化方法进行划分，能够有效提高虚拟磁盘的性能。

因此，存储虚拟化不仅简化了存储管理的复杂性，降低了存储管理和运行成本，还提高了存储效率，降低了存储投资的费用。

3. 重复数据删除技术

重复数据删除最大的优势在于能够大大减少数据存储与备份所需要的空间，节约用户数据存储所需要的存储空间，因而能够节约数据存储所需要的能源损耗[9]。

重复数据删除技术是一种数据缩减技术，通过一定的算法来减少分布在存储系统中的相同文件或者数据块，从而减少存储容量。重复数据删除技术的基本原理是将数据进行分块筛选，找出相同的数据块，删除相同的数据块，并以指向唯一实例的指针取代。通过重复数据删除技术，数据可以达到 $10:1 \sim 50:1$ 的缩减比，甚至达到更高比例。

重复数据删除技术有基于软件的重复数据删除和基于硬件的重复数据删除技术。基于软件的重复数据删除是消除数据源的冗余，而基于硬件的重复数据删除是消除存储系统本身的数据。相比之下，基于硬件的重复数据删除能够得到更高的压缩级别，并且需要的维护更少。

实现重复数据删除技术的方法分为两种，即 In-line 和 Post-processing。In-line 是在备份之前就进行重复数据的删除。In-line 由于在备份之前就进行重复数据的检查删除工作，可以帮助用户降低末端存储设备的占用率。Post-processing 是指备份到存储设备之后再进行重复数据的删除工作，对后端存储设备的容量占用较多。

目前重复数据删除采用了三种基本方法。

第一种方法是基于散列的方法，它采用 SHA-1、MD5 或者类似算法，把来自备份软件的数据流分成数据块，然后为每个数据块生成一个散列。如果新数据块的散列与设备散列索引中的某个散列匹配，说明该数据已被备份，那么设备只要更新索引表，表明新位置上也有该数据。

第二种方法是能够识别内容的重复数据删除，它依赖可识别所要记录的数据格式的设备。它能利用内嵌在备份数据中的文件系统元数据来识别文件，然后与数据存储库中的其他版本文件进行逐字节的比较，并且对该版本与存储的第一个版本相比之后，为出现变化的那部分数据创建增量文件。这种方法避免了可能出现的散列冲突，但是需要使用得到支持的备份软件，以便该设备能够提取元数据。

第三种方法是像基于散列的产品那样会把数据分成多个块，但采用专有的算法来确定特定的数据块是不是彼此类似。然后对类似数据块中的数据进行逐字节的比较，确定该数据块是不是已备份。

在数据中心部署重复数据删除技术，可以有效缩减数据空间，提高存储利用率，达到节约能耗的效果。

## 2.2.4　网络设备规划

### 1．一般规划原则

由于数据中心中网络设备数量众多，网络设备的能耗问题也开始引起人们的关注。对于网络设备的节能方面的问题如下。

传统的网络架构都是以三层架构：接入层、汇聚层、核心层设计，这样架构设计下的网络设备数量较多，能耗也大。由于对应端口的服务器关机，而交换机的端口依然在供电，这样也造成能耗的损失。

因此在进行网络设备规划时，可以考虑进行网络架构优化，将传统的三层网络结构（接入层、汇聚层、核心层）简化为两层网络结构（接入层和核心层），通过使用更少的交换机，从而达到节省更多电能的效果[10]。

另外可考虑选用智能化的节能交换机产品，可自动将没有数据交换的端口进入省电模式。在数据中心中有众多的服务器，经常会有服务器因各种原因关机。即便服务器处于关机状态，一般交换机仍然持续消耗电力资源。交换机端口如果没有电缆连接或者没有数据传输，交换机依然会向那个空闲端口进行供电，使得该端口一直处于工作状态，这种情况既浪费了电力资源，又减少了交换机端口的工作寿命。

网络交换机节能技术可以自动检测连接计算机的开关情况。如果网络上的服务器已关机，交换机上连接的相应端口就已处在空闲状态，没有连接其他网络设备或没有数据交换，绿色交换机会将相对应的端口自动切换到待机模式或睡眠模式，从而减少能源消耗并降低产品运行时所产生的热能，同时还可延长设备的生命周期。使用交换机绿色节能技术，对于交换机有更低的功耗、更小的发热量，也延长了机器的使用寿命，同时也使得机器的整个生命周期得到增加。

交换机、路由器的性能和稳定性决定整个网络传输带宽和网络性能，关系着网络的安全性和稳定性。作为绿色数据中心的重要组成部分，要求不间断地提供服务，因此对网络设备的要求比较高。绿色数据中心中的网络设备进行规划时，一般遵循以下原则[11]。

### 1）实用性和集成性

在购买网络设备时，应当购买自己所需要的设备。太高的性能和太大的扩展能力都将被闲置。当然除了满足现有需求，还应当在技术、性能和扩展性等方面适当超前，以适应未来发展的需要。通常情况下，网络交换机的扩展能力和性能应当略大于未来几年内网络应用和扩展的需要。绿色数据中心包含的设备很多，设计者和规划者必须能将各种先进的软硬件设备有效集成在一起，使各个组成部分能充分发挥作用，协调一致地高效进行工作。

2）稳定性和可扩充性

对交换机稳定的要求要高于对性能的要求。如果网络性能一般，但是可以提供安全、稳定的服务，那么网络运行就总是正常的，用户也会觉得是值得信赖的。如果交换机网络带宽很高，性能非常强劲，服务访问特别流畅，但经常发生故障，导致服务器无法访问，Internet 无法浏览，无论是谁都会对这样的交换机失去信心。当在网络上运行重要的应用时，网络瘫痪还将导致正常业务的中断和重要数据的丢失。

网络设备的拓扑应该具有可扩展性，即网络连接必须在系统结构、系统容量与处理能力、物理连接、产品支持等方面具有扩充与升级换代的可能，采用的产品要遵循通用的工业标准，以便不同类型的设备能方便灵活地连接入网并满足系统规模扩充的要求。为了使所实现系统能够在应用发生变化的情况下保护原有开发投资，在规划系统时，应将系统按功能做成模块化的，可根据需要增加和删减功能模块。在网络设备的规划过程中，决定性的因素还有很多，需要结合实际需求综合考虑。

3）标准性和开放性

只有支持标准性和开放性的系统，才能支持与其他开放型系统一起协同工作，在网络中采用的硬件设备和软件产品应支持国际工业标准或事实上的标准，以便能和不同厂家的开放型产品在同一网络中同时共存；通信中应采用标准的通信协议以使不同的操作系统与不同的网络系统及不同的网络之间顺利进行通信。

4）维护性和管理性

对于数据中心运营商而言，运营管理的成功与否是数据中心是否成功的标志，而网络设备的可管理性是数据中心运营管理成功的基础。

整个信息网络系统中的互连设备，应是使用方便、操作简单易学，并便于维护的。对复杂和庞大的网络，要求有强有力的网络管理手段，以便合理地管理网络资源，监视网络状态和控制网络的运行。因此，网络所选网络设备应支持简单网络管理协议（Simple Network Management Protocol，SNMP）、远端网络监控（Remote Network Monitoring，RMON）等协议，管理员通过网管工作站就能方便地进行网络管理、维护甚至修复。

在设计和实现计算机应用系统时，必须充分考虑整个系统的便于维护性，以使系统万一发生故障时能提供有效手段及时进行恢复，尽量减少损失。

5）最佳性价比

在网络交换机产品中，美国的产品以其性能强劲、运行稳定、功能丰富而著称，只是价格过于昂贵，中国产品虽然在一些参数上略逊一筹，但是拥有绝对的价格优势，而且像华为的产品具有中文管理界面，方便日常管理。如果在组建局域网时偏重于性能，应该选择 Cisco、3Com 等产品，若较注重价格，则建议选择大众产品。

2. 典型网络设备规划

在信息化技术飞速发展和互联网技术深入整个社会的方方面面的当今世界，网络设备对于各个企业、机构、政府部门等都是至关重要的硬件基础设施。

除了教育机构需要大量网络设备，一些大型的机构、企业和政府部门随着业务需求的增长，同样也需要构建自身的网络设备绿色数据中心，以测试生产或采购的网络设备是否达到相应的性能指标，以及能否适应相应的网络环境。这类的网络设备绿色数据中心为企业机构提供了足够的测试支持，能够及时在设备投入使用前发现问题，但同时其投资与建设的成本相对较高，对规划建设的要求较高。可以通过合理的规划建设有效地降低成本[12]，提高绿色数据中心效能。

1）教育机构网络设备规划

（1）网络设备的选用。对于教学用的绿色数据中心网络设备，其成本不宜过高，对于网络设备的配置应遵循价格合理、功能适中的原则。所采用的网络设备的性能和功能应该能够达到大部分企业一般性应用的水平，选用市场上使用较为广泛的产品，使得教学环境尽量接近于企业的实际生产应用环境。设备类型上应该有二层交换机、三层交换机、模块化路由器、工业用访问接入点（Access Point，AP）、防火墙、边界网关以及远程控制平台等。设备数量上应根据不同的教学目标与教学规模合理配置，需要注意的是设备的数量不宜过多，在保证设备数量满足教学的前提下，尽量减少设备成本投入。

（2）网络设备的安装与布置。多种网络设备可以采用不同的安装布置方式，例如，集中某一类特定设备在一组或多组机柜（架）中构成这类设备的实验平台，也可以将各类设备混合组成几组，每组包含若干类设备，这样一组可以提供多种设备交互连接的综合实验平台。综合以往的教学经验，多种设备的综合实验平台可以有效提高设备的利用率，并可以方便地组成各类网络环境，使得学生能更加接近实际生产工作环境，有利于提高学生的实践操作能力。在设备的安装和布置上应围绕着便捷与安全这两方面进行。机柜的设置要方便学生插拔线路连接设备，同时要保证机柜内部的整洁有序。根据实际教学的需要配置不同设备在机柜内的顺序，以利于各类实验的展开，防止出现因顺序不合理导致的连接困难的情况。机柜与实验室内的电源布置一定要保证有足够的安全措施，如漏电、短路保护系统，电源、开关的保护罩等，防止学生因意外触碰等原因发生安全事故。

2）企业网络设备规划

企业的网络设备实验室的设备构成主要是被测试的设备和测试仪表，设备数量较多且设备的更迭较快，所以要求其设备的规划要合理，采用模块化方式以适应不同设备的添加和移除。需要有集中式的线路连接系统方便各个不同模块之间的相互连接，避免多路线缆交叠。由于大部分企业的网络设备实验室受空间的限制，往往存在着大密度布置网络设备的情况。但是在这种情况下必须保证设备之间有足够的安全距离，符合基本的安全要求，保证设备通风散热顺畅，确保设备连续工作的稳定性。

## 2.3　机　房　规　划

本节主要阐述大型绿色数据中心的机房工程规划研究，对机房工程装修装饰、制冷系统、UPS 及照明系统的规划研究，并以模块化方法规划整个机房工程，最大化节约能耗，并便于将来数据中心的扩容需求。

### 2.3.1　机房规划框架

数据中心机房是支持服务器、存储设备和网络设备正常运转的地方。数据中心机房一般包括主机房、基本工作间（包括办公室、缓冲间、走廊、更衣室等）、第一类辅助间（包括维修室、仪器室、备件室资料室等）、第二类辅助间（包括低压配电、UPS 电源室、蓄电池室、精密空调系统用房等）、第三类辅助间（包括储藏室、一般休息室等）。

数据中心机房工程按功能划分，一般包括机房区、办公区、辅助区的装修装饰工程供电系统工程（包括 UPS、供配电、防雷接地、机房照明、备用电源等）；精密空调及通风；消防报警及自动灭火；智能化弱电工程（视频监控、门禁系统、环境和漏水检测、综合布线等）。

要建立一个绿色节能的数据中心，就需要对数据中心机房有一个良好的规划框架，如图 2.6 所示，大型绿色数据中心机房工程规划主要有：首先根据服务器、存储设备、网络设备的型号及数量，规划所需的 UPS 及制冷系统；根据这些设备，规划布置机房面积与设备的间距，并规划各功能间机房布局要符合有关国家标准和规范。

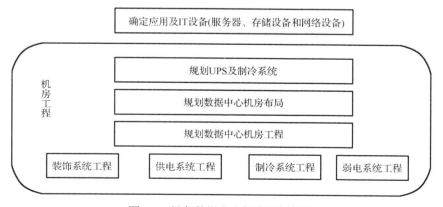

图 2.6　绿色数据中心机房规划框架

在数据中心机房里，UPS 和制冷系统是能耗的大户，需要对 UPS 和制冷系统进行合理的规划，才能更好地达到绿色节能的效果。

对 UPS 需要采用模块化规划，随着 IT 设备的增加，逐步增加 UPS，避免一步到位，过度投资，造成 UPS 的低负荷运行，浪费能耗。

制冷系统需要对机房气流组织进行合理规划，有效地制冷，避免冷热气流混合，降低制冷效果。

对于其他的机房工程，需考虑能够支持机房的模块式增长，需要考虑隔热效果好，合理规划布线系统，避免阻碍气流顺畅，影响制冷效果。

## 2.3.2　制冷系统规划

数据中心机房安装有大量的服务器、存储设备、交换机、路由器等对环境温湿度、洁净度要求较高的精密设备，对环境要求较高；而且这些设备在运行的同时也会产生大量的热量，需要及时地排放出去。

数据中心机房制冷系统规划存在的问题主要有以下几个。

（1）选用家用舒适空调，没选用机房专用精密空调，不能很好地保持数据中心机房的恒温、恒湿的要求。

（2）设备摆放布局不合理，为达到降温的目的，过度冷却，浪费能耗。

（3）没有规划好冷热气流组织，造成冷热空气混合，降低了制冷效果，增加了制冷设备负载。

（4）为达到大型数据中心的绿色节能效果，需对大型数据中心的制冷系统进行合理规划。

（5）选用机房专用精密空调系统，考虑采用模块化系统，可随规模的增加而逐渐增加模块。

（6）机柜采用面对面、背靠背方式摆放，采用冷热通道方式制冷。从邻近两机柜的正面地下排出冷风，从机柜的背面排走热风，并尽量不让冷热空气混合，提高制冷效率，达到节能效果。

1.　规划标准与规范

在空调制冷系统规划设计中，可参考的标准及规范主要有如下几个。

《通信建筑工程设计规范》　YD 5003—2014。

《电子信息系统机房设计规范》　GB 50174—2008。

《建筑设计防火规范》　GB 50016—2014。

《工业建筑供暖通风与空气调节设计规范》　GB 50019—2015。

根据《电子信息系统机房设计规范》要求，在开机时计算机机房内的温度、相对湿度要求如表 2.1 所示。

表 2.1　开机时计算机机房内的温度、相对湿度要求表

| 项目 | A 级 | | B 级 |
| --- | --- | --- | --- |
| | 夏季 | 冬季 | 全年 |
| 温度 | 21～25℃ | 18～22℃ | 18～28℃ |
| 相对湿度 | 45%～65% | | 40%～70% |
| 温度变化率 | <5℃/h，不结露 | | <10℃/h，不结露 |

在停机时计算机机房内的温度、相对湿度要求如表 2.2 所示。

表 2.2　停机时计算机机房内的温度、相对湿度要求

| 项目 | A 级 | B 级 |
| --- | --- | --- |
| 温度 | 5～35℃ | 5～35℃ |
| 相对湿度 | 40%～70% | 20%～80% |
| 温度变化率 | <5℃/h，不结露 | <10℃/h，不结露 |

## 2. 空调系统选型及特点

在数据中心机房中用于制冷系统的空调应该选用机房专用精密空调[13]，不能使用家用舒适空调，具体可以从以下方面分析。

（1）机房专用空调就是为机房设备提供恒温、恒湿的运行环境的，设计要求是大风量、小焓差、高显热比；而民用空调都是直接服务于人的，设计要求是小风量、大焓差、低显热比。

（2）机房专用空调的风量会很大。机房中空气的循环次数会达到 30 次左右，即每两分钟对机房的空气处理一遍，因为机房的高热量需要大风量循环。而民用空调的风量则会很小，不能够带走设备的高热量。

机房专用空调的出风温度比民用空调要高。机房专用空调的高出风温度可以避免凝露，而民用空调的出风温度低，有时会在设备上造成凝露，危害设备的正常运行。另外，民用空调没有加湿功能，只能除湿，但是专用空调可以根据机房的具体需要给予适当的加湿。

（3）机房的热负荷变化的幅度较大，通常要在 10%～20%变动，机房空调系统必须能够适应这种负荷的变化，以使元器件工作在所要求的环境条件之中，保证电路性能的可靠性。而民用空调很难适应这种需求。

（4）高精度的区别。因为技术上的控制手段不同，机房专用空调温湿度控制需要达到高精度，以及更高的洁净度等。在北方地区可以适合各种低温运行，低于−30℃时，仍旧可以通过一些选件正常地为机房制冷控温。机房的特点冬天、夏天没有本质的区别，冬天机房同样需要制冷。而民用空调在−30℃的环境下基本没有办法实现正常工作。

因此数据中心机房空调的任务是为保证计算机系统能够连续、稳定、可靠地运行，

需要排出机房内设备及其他热源所散发的热量，维持机房内恒温、恒湿状态，控制机房的空气含尘量，并要求大风量、小焓差、高显热比。要求机房空调系统具有送风、回风、加热、加湿、制冷、减湿和空气净化的能力。由此可见，机房专用空调所担负的这一特殊任务，使其与一般建筑用舒适型空调有很大的不同。

### 3. 气流组织规划

在大型数据中心中，计算机密度大，总的冷负荷大、余热量大、发热源集中，因此需要有合理的气流组织的分配和分布，有效地将机房内的余热消除，保证计算机设备对环境温湿度、洁净度、送风速度的需要[6]。

程控机房内的空调气流组织形式一般分成下送上回风和上送侧回风两类。

下送上回风方式是将低温空气直接从底部送到通信设备内，气流在设备内由下至上吸收通信设备的热量后，从机房顶部到空调机组顶部，再由空调机组送出的低温空气迅速制冷设备，利用热力环流能有效利用冷空气制冷效率。热空气密度小、轻，会上升，而冷空气密度大、重，会下降，冷空气可以填补热空气上升留下的空缺，从而形成气流的循环运动，达到很好的制冷效果。

上送侧回风方式是采用全室空调送回风方式，由顶部或侧上方送风的气流先与室内空气混合，然后进入设备或机柜里，在机房顶部安装散流器或孔板风口送风，工作气流小而均匀。

对比两种气流组织方式，下送风方式的气流组织方式具有室内热力分层特性，由于热和污染源形成的自然热射流因密度低于周围气流而上升，沿程不断卷吸周围的空气移向上方，如热射流流量在顶部处大于送风量，根据连续性原理，将有部分热污气流下降回返，在上部形成一个热污空气层，分层高度所在平面将室内分成上下两个区域，上部空气的温度和污染物浓度高于下部，只要保证分层高度在人体工作区以上，就可以确保人体工作区的空气品质，而上部空间的污染物浓度和温度可以高于工作区，从而达到节能和提高空气品质的效果[14]。

而在上送风方式中，多数机柜的制冷进风口在下部或前方，排风口在机柜顶部。顶部的送风冷气流就会先与机柜上升的热气流混合，进风温度偏高，再进入制冷设备，就会造成机柜内温度偏高，从而影响了机柜的制冷效果。

因此上送风方式比较适合小型数据中心，而在大型数据中心中，下送风方式更能达到绿色节能的效果。

### 4. 冷热通道技术

在机房制冷方面，冷热通道技术是一项非常有效的技术。在设备的气流导向设计中，一般都是采用前面进风，后面出风方式。因此在众多机柜摆放的数据中心，可将机柜采用"背靠背、面对面"摆放，这样在两排机柜的面对面通道中间布置冷风出口，形成一个"冷通道"，冷空气流经设备后形成的热空气，排放到两排机柜背面中的"热通道"中，通过热通道上方布置的回风口回到空调系统，使整个机房气流、能量流流动通畅，提高了机房精密空调的利用率，进一步提高制冷效果。

在应用冷热通道技术时，架空地板的高度尺寸应保证冷气流充分地通过架空地板风道。冷气流均匀分配，使得在开孔地板和其他气流出口下的静压大于动压。在冷热通道制冷时，需理清地板下的电缆、管路、桥架，减少风阻，才能达到最大化制冷效果。

数据中心的开孔地板应布置在冷气流通道上。每块地板上开孔的孔径和数量以及它们占整个地板面积的百分比影响架空地板下气流压力的分布。如果数据设备入口处气流过大，会产生伯努利效应，影响制冷效果。冷气流通道的宽度尺寸应满足使冷气流通过架空地板后保持理想的速度进入机架。高速送风气流直接吹入接近架空地板侧的服务器进风口，会消耗机架的冷气流，另外冷气流通道中央的高速送风气流将会卷吸来自通道的进入服务器的气流从而上升到顶部，即绕过服务器而直接旁通，不能发挥制冷作用。

天花吊顶的高度尺寸应保证热气流在服务器上方自然分层，这样热气流能够被吸入回风口，而不是再次循环至服务器的吸入口。

按照数据处理设备发热量，将最大电力负荷的数据设备安置在最高静压处，即最大的冷气流送风量处。典型的方案是将最大发热量的设备安装在数据中心机房空调机组的最远段，那里通常有静压的最大值。原理就是将发热量大的数据设备和发热量小的设备邻近布置，减少再循环的影响，使得较高温度的回风与较低温度的回风混合后形成较低的回风温度。

紧闭耦合冷却（Closely Couple Cooling，CCC）的设计理念是把制冷设备与要降温的设备放得很近。这种方法可以实现针对性的降温效果和热区的控制，而且比传统的方法更加节省电能。例如，对高密度、高热量的刀片系统可采用机柜内制冷方式，在每个机柜中安装气流分配单元和气流强排单元，把冷空气由气流分配单元直接导入机柜中，而不是在整个房间里浪费太多的能源。这种情况下，气流分配单元可以均匀地将冷空气送入高密度、高热量的机柜，从而确保分配到机柜顶部和底部的冷空气保持一致。气流强排单元从地板下吸入冷气流，通过风扇将气流从底部吹向顶部，热气流排出依靠计算机设备自身风扇。风扇把机柜中的热空气强排出去，排风管系统将热空气送入天花板，避免冷热空气在机房内混合，从而确保适当的冷空气送到机柜内。

在热通道中，处理不好就容易形成"热点"，对"热点"问题的解决方法是对机房中高热密度的区域进行单独处理，从而达到消除局部"热点"的目的。制冷终端部署在冷通道上方，从热通道吸收机架散发的热空气，经过制冷之后向冷通道释放，达到高效制冷的目的。机架顶垂直放在机架的上部，直接吸收来自机架内部或者来自热通道的热空气，经过制冷之后释放到冷通道。

但是随着服务器密度的不断增加，效率却有所降低。冷热通道系统看上去非常精密，但实际上却难以管理。高达 40% 的空气都是未被利用的，热空气笼罩在机架顶部。

冷热通道围栏系统通过采用乙烯基塑料隔板这样的物理屏障将冷空气流和热空

气流隔绝开来。将冷热通道围栏系统和风扇设备结合到一起可以节省不少能源。将冷空气与热空气隔绝能够更好地调节机架顶部到底部的空气温度。这种温度的均衡使得数据中心专家可以更安全地提高温度。

通过以上分析可以看出，通过冷热通道技术对热通道"热点"的有效处理，并通过冷热通道围栏把冷热通道有效地隔离开来，防止冷热气流的混合，能够更有效地提高制冷效率，从而达到节能效果。

### 5. 新风节能技术

由于数据中心机房全年不停地运转，常年都是满负荷工作。由于考虑隔热、隔湿和洁净度要求，数据中心机房基本上是全封闭的，机房建筑结构的保温性也很好。因此在冬季，即使室外温度已经很低，数据中心机房还是需要供冷。为满足要求，机房内的空调机必须全年 7 天（每周）×24 小时（每天）运行，这样就造成数据中心机房能耗巨大。

目前可考虑新风节能技术，利用春、秋、冬季的室外的新风作为一种天然的冷源，将室外的新风直接引入过滤后送入机房内充当冷源调节环境温度。将新风节能技术运用到大部分机房后，其节能的效果非常明显，这样做既节能又环保，这是绿色数据中心的关键所在[16]。

新风节能技术的主要过程如下。

首先是在数据中心机房专用空调运行时给回风加速，缩短空调压缩机的运行时间，减少电能消耗。

其次是在室外温度达到或低于通信机房的温度需求时，通过新风节能系统引入新风调节通信机房内的温度，并且同时减少或停止机房专用空调的运行，从而达到降低用电负荷，节省电损耗的目的。

然后在引新风系统中加装空气过滤器和节能加湿器，使引入的新风符合数据中心机房洁净度和湿度要求。

在系统的一侧安装了节气阀，来自动调节气体的流进和流出。当室外空气温度低于设定温度点时，节气阀打开让室外气体经过空气过滤器流进制冷系统。相反，当室外空气温度上升到设定温度点之上的时候，节气阀关闭并启动空调设备。

另外，将新风系统与数据中心机房环境温度湿度监控系统、精密空调控制系统联网，实现数据中心机房专用空调与引新风系统联动，完成引新风系统自动温湿度和风量控制。

通过这样一个新风节能技术，达到的节能效果将是非常明显的，在国内可节约35%～45%的费用。

当室外温度低于-30℃时，在将空气放入室内制冷数据中心设备之前，要对空气进行加热，还可以考虑使用服务器产生的热来完成这项工作，而不需要消耗额外的能源。

从以上分析可以看到，通过导入新冷风作为冷源，能够在达到制冷效果的同时节约能耗。

6. 制冷系统总体规划

数据中心机房一般包括主机房、基本工作间、第一类辅助间、第二类辅助间和第三类辅助间。主机房的各个房间应该集中布置，采用机房专用空调系统，机房专用空调机组宜布置在相邻的房间。基本工作间、第一类辅助间、第二类辅助间和第三类辅助间采用舒适性空调系统。

改善数据中心机房的围护结构的热工性能，增强自身的隔热、防热能力，降低室外气候对室内环境的影响，以及上下楼层间的温差影响，减少机房空调负担。

机房专用空调采用模块化空调机组，可随着数据中心设备的扩容，而增加空调机组模块，提高制冷容量。

机柜采用面对面、背靠背方式摆放，采用冷热通道方式制冷。从邻近两机柜的正面地下排出冷风，从机柜的背面排走热风，并通过冷热通道围栏技术，减少冷热空气混合，提高制冷效率，达到节能效果。

在冬天可使用外面的冷风，用新风系统来帮助制冷，将新冷风引进，通过过滤去除杂质，再利用设备排出的热风来加热新冷风，达到可用的温度，再进入冷风系统来达到制冷效果，可减轻机房空调负担，达到节能效果。

使用高架地板下的空间作为机房空调送风静压箱，降低地板下线缆的风阻，保持气流顺畅，提高制冷效率。

线缆的走线可采用上走线方式，采用三层走线，强电线路在上层，铜缆线路在中间层，光纤线路在下层。这样便于减少风阻，也使机房模块化扩展后，布线和走线都容易部署。

## 2.3.3　电气系统规划

数据中心的电气系统包括供配电系统、照明系统和防雷接地系统。因供配电系统中的 UPS 是给数据中心的计算机系统提供不间断电源的，在数据中心系统中有非常重要的地位，本节将主要讨论模块化的 UPS。

1. 供配电系统规划分析

在数据中心的机房用电，对于一级负荷，如计算机机房、网络机房、消防和安防控制室等，需要有确切的保障措施。特别是对于重要的服务器机房、网络机房、存储机房等，由于系统的重要性，需要有 UPS 的支持。因此电源保障和供电系统在数据中心机房建设中显得格外重要。

一个完善的供配电系统是保证计算机设备、场地设备和辅助用电设备正常运行的基本条件。高品质的机房供电系统能保证无断电故障，高容错可在线维护，不影响负载运行，有防雷、防火、防水等功能[7]。

因大型绿色数据中心中，服务器、存储设备和网络设备等由于业务系统的重要性，服务器和存储设备等是不允许断电的，这就需要 UPS 的支持。而从数据中心的发展趋势来看，随着时间的推移，服务器、存储设备和网络设备将会不断地增加，对 UPS 的容量需求也会不断增加，因此 UPS 是大型绿色数据中心的供配电系统，需要重点规划，需要规划模块化的 UPS。UPS 的能耗大约占整个数据中心的总能耗的 10%，因此 UPS 的节能规划对绿色数据中心的建设是非常重要的。

因此在大型绿色数据中心的供配电系统中，主要需考虑 UPS 的规划，需要采用模块化冗余并机系统，才能达到在节约成本和能耗的同时，也能够保证供配电的高可用性。

数据中心的 UPS 节能方面的主要问题有：许多数据中心在购买 UPS 时，热衷于追求 UPS 的绝对效率，并且想一劳永逸，盲目大规模装备 UPS。在实际应用中，许多数据中心的 UPS 运行负载率一般也就在 20%左右，UPS 的供电效率一般也只有 50%～60%。供电效率低就意味着很多电能在转换过程中变成热能浪费了，而运行负载低，意味着很大一部分在运行的负载是浪费的。

在进行大型绿色数据中心的供配电系统规划时，就需要考虑模块化设计，考虑模块化 UPS 冗余并机系统。

首先根据设备的情况及其将来的需求规划，计算所需 UPS 的电源功率。

其次根据需要的 UPS 功率、规划的 UPS 架构，选用供电效率高的模块化 UPS，采用 N+X 的模块化 UPS 并联冗余架构，能够保证容量和可靠性，也可以提高 UPS 的负载率。并可以按需配置 UPS 容量，减少容量的闲置，提高 UPS 利用率，节约能耗。

随着数据中心的扩容，可逐步添加 UPS 模块，达到容量 UPS 的增加，来支持 IT 设备的正常运行。并可增加配电箱或配电柜，来支持逐渐增加的设备和使用空间对用电的需求。对于电源线的布线系统，建议采用上走线方式，在数据中心扩容时，方便施工和系统散热。

### 2. UPS 基本规划要求

数据中心的供电为保证服务器、存储设备和网络设备能够持续地正常运转，必须满足一定的条件。数据中心的机房供电系统根据计算机的性能、用途和运行方式等情况，可以划分为 A、B、C 三级，根据《电子信息系统机房设计规范》的要求，具体的要求可见表 2.3。

表 2.3　数据中心计算机机房供电系统要求

| 项目 | A | B | C |
|---|---|---|---|
| 稳态电压偏移范围/% | −5～+5 | −10～+10 | −15～+10 |
| 稳态频率偏移范围/Hz | ±0.2 | ±0.5 | ±1 |
| 电压波形畸变率/% | 5 | 7 | 10 |
| 允许断电持续时间/ms | 0～4 | 4～200 | 200～500 |

对于较重要的大型数据中心机房，需要按 A 级设计方案。

　　依据计算机的用途和性质以及负荷分级的规定，可以采取相应的供电技术：对于一级负荷采用一类供电，必须保证两个以上独立电源供电的质量，采用两条专用干线引进，建立不停电系统；对于二级负荷采用二类供电，建立带备用的供电系统；对于三级负荷采用三类供电，按一般用户供电考虑。数据中心机房比较重要，一般按照一级负荷供电要求设计。

　　我国的低压供电系统采用的是三相四线制，相电压为 220V，线电压为 380V。数据中心供电系统一般要求三相五线制，即三根相线、一根零线、一根地线，地线单独接地，不与零线共地。

　　机房的供电方式一般有直接供电、隔离供电、交流稳压器供电、发电机组供电和 UPS 供电。由于计算机的重要性，一般数据中心机房都采用 UPS 供电方式。供电方式具有供电不间断性，能最大限度地提供稳定电压，隔离外电网的干扰。

　　数据中心一般需要单独设置电源管理间，用负荷防火要求的隔墙与弱电设备隔离，避免电源管理间噪声、蓄电池酸碱液泄漏和电气火灾等事故传播到计算机设备间。

### 3. 电源模块化并联冗余

　　为满足数据中心的绿色节能效果，UPS 需要能够满足绿色节能要求。数据中心的 UPS 以模块化方式供电，能够随着数据中心的规模扩大而渐进增加 UPS 的容量，提供 UPS 利用率，同时以并联方式供电，能够为数据中心提供冗余供电，提高供电的可用性[15]。下面就几种电源连接方式进行探讨。

　　UPS 串联冗余是一种比较早期、简单而成熟的技术，广泛应用于各个领域。UPS 串联冗余的连接方式是以两台具有独立旁路的在线式 UPS 单机首尾相连接，其中备机 UPS 的逆变器输出直接接到主机的旁路输入端，在连接线路中除了电源线的连接，没有其他信号的连接。在运行中一旦主机逆变器故障，能够快速切换到旁路，由备机的逆变器输出供电，从而保证负载不停电。这种连接方式的 UPS 都是具有整流器和旁路双重输入端的在线式 UPS，由逆变器保持和旁路的同步。这种串联冗余方式的缺点在于主机静态开关发生故障时，将可能中断整个系统供电，出现瓶颈故障，在市电故障、市电超限时，因为 UPS 封锁旁路，所以主、备机无法切换，造成热备份失效维修困难，当主机发生故障切换到备机供电时，用户负载不能停机，无法关闭 UPS 进行维修，主机 100% 地给负载供电，备机的负载为零，备机长期处于备用状态，空载耗电，电池也长期处于浮充状态，影响电池寿命。

　　并联冗余技术是近年来发展起来的采用更复杂技术的一种冗余方式，各 UPS 单机在系统中具有同等的地位，共同分担负荷，其中任意一台单机出现故障，其他单机能自动均担多出来的负荷，而故障单机将自动从负载母线上脱开，不存在切换问题。并联冗余解决了串联冗余主备 UPS 老化不一致的问题，并能实现增容功能。要实现并联冗余必须解决各 UPS 逆变器输出电压一致；各 UPS 逆变器输出波形保持同相位、同频率；UPS 故障时能快速脱机，在输出电压同步的情况下，总的负载电流要在各个 UPS 间均衡分配，达到负载均分的目的等问题。

传统并联方式是两台 UPS 共用一组静态旁路开关，同时增加并机板或并机柜来控制两台 UPS 的同步，从而保证两台 UPS 的一致输出。模拟反馈电路的 UPS 由于其输出参数和特性随温度、元件参数及器件的老化而漂移，各 UPS 一致性较差，故这种类型的 UPS 无法直接并联。为将这种类型的 UPS 并联使用，提高供电系统的可靠性，确保各 UPS 并联之间输出参量的一致性，达到同步运行的目的，需要增加一个并联柜，即在原基础上增加一些检测环节。并需要将原有的各静态线路开关拆除，共用一组静态开关，以达到并联 UPS 切换的一致性。

传统并联方式存在的缺点主要有：并联 UPS 需要参与并联的 UPS 的工作特性的一致性非常好，而大容量 UPS 要做到两台的一致性非常好将是非常困难的，只能通过并联控制板来控制两台 UPS，并协调工作。这样，当两台机的一致性较差时，就容易发生并联失败；当其中一台出现故障时，全部负载切换至另一台的过程中会有较大的冲击电流，很容易造成器件损坏并机板或并机柜，是整个 UPS 并联系统的单点故障点，一旦它们出现故障，则整个系统必将瘫痪。这种方式仅有一组静态开关，没有冗余备份，当静态开关本身出现问题时，整个供电系统就不能够正常输出，造成输出中断。

模块式并联冗余 UPS 是新一代数字化的并联技术产品，由可扩容的标准机柜和标准的 UPS 模块组成，每个模块就是一台完整的 UPS，拥有自己独立的 CPU、整流器、逆变器、充电器以及免维护电池。整个 UPS 中任何一个模块或机柜中的任一个部分的单点故障或其他故障都会被隔离，从而不影响整个系统的工作性能。而机柜则起支撑、输入输出接线、显示及与计算机通信的作用，不参与 UPS 的控制和工作。整个系统没有一个中央控制单元，系统内部设计有完善的投票机制，整个系统的工作特性由"少数服从多数原则"决定。

模块式 UPS 中，其中一个模块的故障，使整个 UPS 容量减少很小，平均每个模块需分担的负载量增加很少，所以不会引起大的电流冲击。系统采用热插拔电路和接插件技术，可以根据负载情况进行组件的热插拔，以方便进行系统扩容和组件的维修，并可在不停机的情况下添加或减少组件。模块式并联冗余 UPS 与传统并联方式相比实现了真正意义上的冗余并联，有一个模块故障退出时，并不影响其他模块的并联运行。它以可靠性高、危险性分散、功能扩展容易等良好的特性在众多领域中已得到了广泛的应用。

在数据中心机房的不间断供电系统中，为了确保重要负载不会因为 UPS、电池、内部模块系统等的故障造成断电等，采用 N+1 型模块化冗余 UPS 并机供电系统是消除这些故障的最佳供电方案。这种先进的并机方案大大优于 UPS 的单机运行以及热备份运行等方式。并可在初始采购适当容量的 UPS，并随着数据中心规模的扩大，而逐步增加模块化 UPS 并联到原有的 UPS 中，减少成本，并能达到节能效果。

4. 模块化供配电系统规划

在大型绿色数据中心的模块化供配电系统规划时，首先需要根据供电类型，确定不同的供电方案。根据设备的用途和性质以及负荷分级的规定，采用相应的供电方式，对于一级负荷采用一类供电，需保证两个以上独立的电源点供电，采用两条专用干线引进，两路独立电源在末端互连，建立不停电系统，并保证供电质量；对于二级负荷采用二类供电，建立备用的供电系统；对于三级负荷采用三类供电，按一般用户供电考虑。

其次需要根据供电的容量需求，确定各供电部分的用电总功率大小或总电流，通常供电总功率应留不少于 25%的余量。

然后需要确定各机柜、分机、设备等要求的工作电流。

因数据中心中的 IT 设备需要 UPS 供电，并随时间推移而逐渐增加，为保证节约能耗，可采用模块化 UPS 并机冗余系统。可随着 IT 设备数量的增加，对用电容量进行增加，通过添加 UPS 模块而增加 UPS 总容量，达到节能的效果。

5. 照明系统规划

机房照明是一门电气和装修艺术相结合的科学艺术，是机房建设的重要组成部分。机房照明设计应达到照度、均匀度、眩光限制标准的要求，需要考虑 5 项照明准则：照明水平、视野内亮度分布、免受眩光干扰、光照度的空间分布、颜色呈现和显色性[16]。

机房照明包括正常照明、应急照明。正常照明由市电供电，应急照明采取市电加 UPS 双路供电、末端切换，当市电发生故障时，可自动切换到 UPS 供电。机房正常照明灯具选用三管格栅荧光灯具。

机房区域应急照明灯具采用三管格栅灯具中的一管，根据各个数据机房的面积，应急照明照度不低于正常照明的 10%。机房各主要出入口和走道设计安装出口指示灯，自带蓄电池（应急时间>90min），照度不低于 1lx，双路供电。

随着模块化机房的增加，照明系统可以很容易地随着扩展。对于供电线路采用上走线方式会便于照明系统的安装。

大型绿色数据中心的照明系统规划需要采用的绿色节能方案如下。

数据中心的绿色照明系统建议采用高效节能荧光灯、节能型电感镇流器、运动传感器和日光明暗传感器。与使用常规照明的类似设施相比，这些措施将帮助照明用电减少 70%。

机房如果有多个进出口，需要在进出口处都安装开/关灯开关，便于能及时关闭不需要的电灯，以便节能。

6. 防雷接地系统规划

机房电气接地有交流工作接地、安全工作接地、直流工作接地和防雷接地等四种接地系统。一般情况下，可将交流工作接地和安全工作接地合二为一，与直流工作接地、防雷接地分别用三根引线引到大楼的地面总等电位连接箱，再引至避雷地桩形成综合接地网。

安全工作接地：电气保护接地采用 TN-S 系统时，电气设备不带电的金属外露部分与电力网的接地点采用直接电气连接。应进行保护接地的物体主要包括变压器、高压开关柜、配电柜、控制屏等的金属框架或外壳固定式、携带式及移动式用电器具的金属外壳电力线路的金属保护管或桥架、接线盒外壳、铠装电缆外皮等。

交流工作接地：交流工作接地又称功率接地，是控制系统中交流电源及交流大电流电路的接地，是低压电力系统中交流电力变压器接地。主要作用在于通过低阻抗导体把所有设备连接在一起，并把这个系统接到接地装置上，所有设备具有同样的电位，且此电位是接地电位。即使在故障状态下，任何两个暴露的非带电的金属之间或非带电金属与地之间，都不存在不安全的电位差，设备接地为故障电流提供了一条安全的低阻抗返回通路，可以让过电流装置快速切除故障，使损坏减至最小。同时，又保证电路的干扰信号泄漏到大地中，不致干扰灵敏的信号电路或测量回路。

抗静电接地：是为了消除计算系统运行过程中产生的静电电荷而设的一种接地。由于机房内的湿度一般不低于 50%，且机房内大都采用抗静电活动地板，产生静电的可能性较小，可采用线径不少于 6mm 的铜芯线一端与地板金属支架相连接，另一端接至机房内等电位接地铜带，使地板及室内设备产生的静电电荷迅速入地，确保设备正常运行。

等电位接地：在主机房抗静电地板下方，用 30mm×3mm 的铜带沿墙壁四周铺设一个等电位接地网，采用 BVR1×50mm$^2$ 单股多芯软铜线与机房内配电柜的 PE 母排连接。机房内所有动力设备、计算机设备等其他设备外壳均与等电位接地网相连接。

## 2.3.4　装饰系统规划

数据中心机房是放置计算机系统的场地，计算机在运行过程中会产生大量的热量，就需要机房中有合适的制冷设施来保证机房的温度。温度过高或过低都会使电子器件发生变化或老化，湿度过高会使金属生锈，湿度过低会产生静电。因此数据中心机房需要保持一定的环境条件，才能保证计算机设备的正常运行。根据《电子信息系统机房设计规范》要求，计算机系统对温度和湿度的要求可分为 A 级和 B 级，具体的要求如表 2.4 所示。

表 2.4　计算机系统对温度和湿度的要求

| 项目 | A 级 | | B 级 |
| --- | --- | --- | --- |
| | 夏季 | 冬季 | 全年 |
| 湿度 | 23±2℃ | 20±2℃ | 18～28℃ |
| 相对湿度 | 45%～65% | | 40%～70% |
| 温度变化率 | <5℃/h，不结露 | | <10℃/h，不结露 |

　　色彩设计：机房的色彩不仅可以美化环境，改善环境气氛，更可以满足工作人员生理和心理平衡的需要。鉴于色彩的生理和心理效果能直接影响人们的生活、工作和学习，所以在机房色彩的设计上，应首先从功能上进行考虑，整体色彩应该稳定、淡雅，以免刺激人们的视觉。

　　设备摆放：应符合国家相应标准，机柜可采用面对面，背靠背的摆放方式，形成冷热通道，便于空气流动和制冷。

　　吊顶：吊顶是装饰工程的重要组成部分，吊顶材料应不起尘、不吸尘，具有一定的吸音、防水、防腐蚀功能，应拆装方便、自重轻。吊顶上可方便地安装各类灯具、各类送回风口、摄像头、各类探测头等设备。可遮盖吊顶内强、弱电金属管槽，各类管线等，并可作为精密空调的静压风库。

　　地板：在数据中心机房需要铺设防静电地板，能使静电荷通泄至地，保护计算机设备。可将各类线缆铺设在地板下的槽位里，并将地板下空间作为空调系统的静压风库，冷热通道设计的风口处需要铺设风口地板。

　　隔断：数据中心机房的隔断应满足防火规范，自重轻，有一定的可变性，不起尘，防水，易清洁，防静电等。数据中心机房一般可用不锈钢钢化玻璃隔断。

　　墙、柱面：数据中心机房的墙面应满足防火规范，自重轻，有一定的可变性，不起尘，防水，易清洁，防静电等。

　　门窗：数据中心机房宜无窗设计，可保温、防尘、节约能源。机房门可起到防尘、防潮、防火作用，方便设备进出，宜与墙相协调。

　　1. 模块化机房规划分析

　　在绿色节能方面，机房工程目前还存在一些问题。

　　（1）为追求数据中心的美观，有的数据中心采用玻璃幕墙，或者有较多的玻璃窗，这样容易造成太阳光直接照射进数据中心，减弱制冷效果，增加制冷负担。

　　（2）数据中心有些在大楼中间，上、下层是办公室，而大楼的中央空调一般是在正常工作时间运行。在大楼的中央空调不运行的时间，机房和上下紧邻的楼层会产生明显的温差，这样会损失大量的冷量。

　　（3）机柜的服务器和网络设备的连线没有整理好，以及地板下的连线没有很好地规划，增加了送风阻力，影响制冷效果。

　　（4）在照明方面，没能及时关闭电灯，没有采用节能产品，增加了照明的能耗等。

　　因此在规划机房工程时，就需要考虑到绿色节能设计。

　　在选择机房场地时，主机房的房间尽量减少外墙和外窗，如不可避免，尽量将机房设在北侧，也可将有外窗一侧设置内部通道或者将外窗封闭。机房的外墙、相邻的非空调房间或温差较大的空调房间的内墙、楼板、顶棚应采用保温材料做绝热措施，避免在机房的另一侧产生结露现象。

　　在机房装修装饰工程方面，要在机房初建时就尽量减少固定风阻，如地板下送风风阻。减小送风风阻的方法如增加高架地板高度，地板架高高度；规范地板下线缆铺设工艺、保证机柜上部净高以及回风通路畅通，强弱电线槽采用与送风方向平行，这样可以尽量减少风阻。机房采用无窗设计，如一定需要窗，机房外窗宜采用双层玻璃密封窗，并设窗帘以避免阳光的直射。当采用单层密封窗时，其玻璃应为中空玻璃。

2. 模块化装饰系统规划

数据中心的机房在装修时，已采用模块化的防静电活动地板和模块化的吊顶材料，因此数据中心机房的装修装饰系统基本符合模块化设计。当数据中心需要扩容时，可通过模块化的防静电活动地板、吊顶等进行模块化增长，并相应配置供配电的线路、制冷系统和照明系统等。对机房的布线采用上走线方式，便于机房的施工。

在机房未使用部分和正使用部分，应使用隔断将两边隔开，防止使用中的机房冷气排放到未使用的机房部分，降低了制冷效果。当数据中心扩容时，可随空间的增加，移动隔断，隔开机房未使用部分和正使用部分。

对于大型绿色数据中心机房的绿色节能的效果，还需考虑的相关措施如下。

为保证机房内电子设备安全稳定地工作，在机房使用机房专用空调，按 A 级机房标准，开机时机房内温度夏季在 21～25℃、冬季在 18～22℃；湿度在 45%～65%，空调常年 24 小时运行，以保证机房内的恒温、恒湿。而大楼的中央空调，一般只在正常工作时间运行，即 8 小时工作。在大楼的中央空调不运行的时间，机房和上下紧邻的楼层会产生明显温差。这样会损失大量的冷量。因此将机房的顶板下和楼地板上进行保温处理。将机房区内彩涂钢板下进行封堵，防止地板下空调送风直接吹入彩涂钢板内壁。

为了节约能源，需要在机房初建时就尽量减少固定风阻，如地板下送风风阻。减小送风风阻的方法有：增加高架地板高度，地板架高高度规范；地板下线缆铺设工艺、保证机柜上部净高以及回风通路畅通，强弱电线槽采用与送风方向平行，这样可以尽量减少风阻。

在布线方面需要做好规划，可以在地板下通过铺设金属线槽来布线，也可以采用上走线方式，相比之下上走线方式是一种比较理想的走线方式。上走线方式可采用三线分离的设计，将强电、弱电和信息化线路统统分离。采用上走线方式，所有线缆通过架设在机柜顶部的轨道，就可以实现轻松连接，由于双绞线、光纤、电力线主要从机房上面走，地板下走的线则是各种各样的管道和光纤，这也大大方便了后期线路的维修和维护工作。

机房外窗宜采用双层玻璃密封窗，并设窗帘以避免阳光的直射。当采用单层密封窗时，其玻璃应为中空玻璃。

## 2.3.5　弱电系统规划

大型绿色数据中心的智能化弱电系统包括综合布线系统、闭路监视系统和门禁系统等，因这部分系统对数据中心的能耗影响较小，故不进行过多的展开。

1. 综合布线系统规划

综合布线系统是一套用于建筑物内或建筑群之间，为计算机、通信设施与监控系统预先设置的信息传输通道。可以将语音、数据、图像等设备彼此相连，同时能使上述设备与外部通信数据网络相连接。综合布线系统采用星形拓扑结构，模块化设计，便于模块化扩展与更新[17]。

综合布线的硬件包括传输介质、适配器、配线架、光电转换设备、标准信息插座等设备。优点在于标准化、模块化设计，便于扩充、管理和维护。

综合布线组成包括水平子系统、主干子系统、工作区子系统、设备间子系统、管理子系统和建筑群子系统。

在数据中心规划时，主要面临的问题有数据中心由于设备众多，信息点数量多，造成使用的线缆数量众多，如果对这些线缆的管理和规划不当，将形成风阻，不利于散热，同时也会造成管理和维护的不便。

大型绿色数据中心规划时，因数据中心的服务器、存储设备和网络设备众多，为便于数据中心的模块化扩展，在机房内可采用两层布线架构：水平子系统和干线子系统。将楼层配线架（Floor Distributor，FD）放置在机房信息点密集的地方，经过交换机后，再通过主干连接到网络室，这样可减少线缆的数量，减少风阻，利于散热。

线缆的走线可采用上走线方式，采用三层走线，强电线路在上层，铜缆线路在中间层，光纤线缆在下层。这样便于机房模块化扩展后，布线和走线都可以容易地部署。

2. 闭路监视系统规划

数据中心的闭路监控系统是安全技术防范系统中的一个重要组成部分，通过遥控摄像机和辅助设备（镜头和云台）等直接观看被监视场所的情况，可以在人们无法直接观察的场合，实时、形象、真实地反映被监控对象的画面，便于人们同时对数据中心进行监控，同时还可与防盗报警系统联动，加强防范能力。

监控系统主要由前端、传输线路、终端三个主要部分组成，实现对图像的采集、显示、分配、切换、控制、记录和重放等基本功能。前端部分包括摄像机、音频探测器及配套设施，信号传输部分包括控制信号、视频信号和电源。中心控制设备包括视频处理显示记录设备和视频信号控制切换设备。具体包括以下部分：嵌入式数字硬盘录像机、矩阵切换控制器、键盘等。

监控中心采用计算机视频监控和辅助彩色绘图软件的用户界面、监视器的电视墙等，对所有摄像机进行完整的矩阵切换编程和控制，并进行 24 小时全面监控，通过键盘对前端所有摄像机进行控制。

对于模块化的大型绿色数据中心规划，主要面临的问题在于：数据中心机房的 IT 设备区，由于采用机柜式布局，有很多机柜间走道，标准的机柜有 2.2m，这样容易形成监控死角；特别是随着数据中心机房的模块化增加，机柜数量增加，原有的系统更有可能形成死角了。

在大型绿色数据中心规划时就需要特别解决当机房模块化增加而机柜增加时的监控死角问题。这时需要增加前端摄像机，在每个过道都设置摄像机监控，才能消除死角。

### 3. 门禁系统规划

门禁系统，又称为出入口控制系统，主要功能在于实现对什么人在什么时候进出哪个区域的门进行控制[18]。一套现代化的、功能齐全的门禁系统，不仅作为进出口管理使用，而且还有助于内部的有序化管理。它将时刻自动记录人员的出入情况，限制内部人员的出入区域、出入时间，保护机房设备的使用安全，带有巡更和防入侵报警功能。

作为一个现代化的大型数据中心，为了保证机房内部的设备安全和数据保密，在各机房主要出入口和配电间、监控室等重要房间入口各设置一套门禁系统，以严格控制各个出入口人流、物流进出情况，确保机房内设备等资源的安全。全采用进、出门均刷卡的方式，实时记录人员进出情况。

门禁系统的主要流程为首先通过管理软件，在控制器内设置人员的出入权限，然后设置参数，通过线路下载到现场控制器，控制器按设置的权限对门进行出入控制。

整个系统由 UPS 供电，且与消防联动。在灾害发生时，供电系统自动关闭，电控锁会自动开启，保证受控门的通畅（也可设计成为断电关闭），并可在系统中发生非正常事件时，进行报警。

# 2.4　管　理　规　划

本节主要阐述大型绿色数据中心的系统管理规划，对数据中心机房的各设施实现监控，并对 IT 设备的运行状况进行监控。对于数据中心中众多的服务器实现 IT 生命周期管理，简化 IT 管理，提高服务水平，实现管理的智能化。

## 2.4.1　机房监控系统管理规划

机房监控系统是监控为计算机提供正常运行环境的设备，当机房环境设备出现故障时，能够及时响应，不会影响计算机系统的正常运行。

机房环境集中监控的内容主要包括：供配电子系统、UPS 监控子系统、空调监控子系统、温湿度监控子系统、漏水检测子系统、消防监测、门禁及视频监控子系统等。

监控设备内容包括：机房动力系统（主要配电设备检测、UPS、精密空调、新风机等）、环境系统（漏水系统、温湿度、照明等）。

机房监控系统可监测设备的重要运行数据和参数数据等，可对数据进行分析、存储、历史记录，并提供报表功能，可实时检查设备的运行状态，当有设备故障发生时，记录设备故障情况，并对发生的各种故障情况给出处理信息、报警提示，可实现多种快速有效的报警方式，如多媒体语音、屏幕报警、电话报警、短信报警、邮件报警、声光报警等，并提供报警记录存储、查询、打印功能，方便事后进行故障分析和诊断及责任人员分析。

1. 相关法规和标准

《智能建筑设计标准》GB 50314—2015。
《民用建筑电气设计规范》JGJ 16—2008。
《商业建筑通信布线标准》EIA/TIA 568。
《工业电视系统工程设计规范》GB 50115—2009。
《电气装置安装工程接地装置施工及验收规范》GB 50169—2006。
《民用闭路监视电视系统工程技术规范》GB 50198—2011。
《安全防范工程程序与要求》GA/T 75—1994。
《综合布线系统工程设计规范》GB/T 50311—2007。
《安全防范系统通用图形符号》GA/T 74—2000。
《视频安防监控系统工程设计规范》GB 50395—2007。
《建筑物防雷设计规范》GB 50057—2010。

2. UPS 监控子系统

因为 UPS 是数据中心机房供电的核心设备，一旦 UPS 宕机，整个机房将瘫痪，因此 UPS 监控子系统有必要实时监控 UPS 的所有状态和参数，一般对 UPS 的监控一律采用只监视、不控制的模式，避免因监控系统失误带来的断电风险[19]。

UPS 监控子系统可实现实时显示并保存 UPS 通信协议所提供的远程监测的运行参数和各部件状态，实时判断 UPS 的部件是否发生报警，当 UPS 的某部件发生故障或超限时，监控系统立刻弹出相应的报警界面窗口，监控系统立刻弹出相应的报警页面窗口；同时监控主机可通过多种方式报警，如发出多媒体声音报警、自动拨打预设电话、短信报警等方式，通知值班人员或相应的主管人员。

由于大型绿色数据中心是模块化的节能系统，对 UPS 监控子系统需要实现的功能是：对于能耗需要进行监控，能够实时显示，并知道哪些设备耗电量大，以便将来进行优化；对于模块化 UPS，当有新的 UPS 模块加入现有的 UPS 中时，UPS 监控系统也应能立刻监测到，并对新 UPS 模块进行监控。

3. 空调监控子系统

数据中心的特点是设备密集、发热量大，因此空调系统对数据中心起着非常大的作用，空调监控子系统需要对数据中心的精密空调实施集中监测与控制[20]。可监控温度、湿度、温度设定值、湿度设定值、加湿器加湿状态、空调运行状态、风机运转状态、压缩机运行状态、加热器加热状态、压缩机高压报警、风机过载、气流故障、除湿器溢水、加热器故障、过滤器堵塞、制冷失效、压缩机低压报警、加湿电源故障、压缩机高压报警等参数，并可实现空调的远程开机、关机，空调的温度、湿度的远程设定与控制。

### 4. 配电监控子系统

配电监控子系统对数据中心机房的配电柜的运行状况进行监视，对机房市电输入柜的主回路的三相电量参数（电压、电流、三相有功功率、频率、功率因数、无功功率、视在功率、有功电度、无功电度等）实施监控，对机房配电柜的配电开关工作状态实施监测。

可实时显示并保存该配电柜内的主回路各监测参数的数值、各机房机柜电源断路器等开关工作状态。对电压、电流设置监控的上限值与下限值，当监测的事件发生时（如电压或电流超过设定的允许值、开关断开或闭合等），监控主系统可立刻弹出相应的报警页面窗口，同时可实现多种报警方式，如监控主机发出的多媒体声音报警、实现电话语音报警、实现短信报警，通知值班人员或相应的主管人员。

### 5. 漏水监控子系统

数据中心机房都是电气设备，一旦发生漏水，后果将非常严重，可能会造成计算机短路，中断系统，危害极大，因此需要对机房进行漏水情况监控。

漏水监控子系统需要针对机房漏水情况进行实时监控，对机房内的空调和机房四周其他地方的漏水实施监测与报警。当漏水系统感应到漏水事件发生时，将信号回传到控制器内，并将信号传到监控主机上，系统即刻响应，弹出相应的报警窗口；同时采取多种报警方式通知相关人员前来现场处理。

### 6. 温湿度监控子系统

数据中心机房的温湿度对设备的正常运行有着非常重要的作用，因此数据中心机房需要使用温湿度监控子系统实现对机房室内湿温度的精确监测，由湿度、温度传感器采集各机房内的实时温度信号和实时湿度信号。

温湿度监控子系统可实时显示并记录每个温湿度传感器所检测到的室内温度与湿度的数值，显示一段时间的温湿度变化情况曲线图。

监控系统可设定每个温湿度传感器的温度与湿度的上限与下限值，当任意一个温湿度传感器检测到的数据超过设定的上限或下限时，监控系统立刻弹出相应的报警界面窗口，并通过多种报警方式通知值班人员或相应的主管人员。

## 2.4.2　IT 设备系统管理规划

对于数据中心的核心部分服务器、存储设备和网络设备实现远程控制，对状态的实时监控和报警是非常重要的。另外，对众多的服务器进行系统部署、软件升级、补丁分发、远程控制也是非常重要的，通过远程实现这些功能，将对绿色数据中心有很大的帮助。

1. IT 设备系统管理规划分析

IT 设备的系统管理主要包括对服务器、存储设备和网络设备等 IT 设备实现系统状态的监控；对众多的服务器系统，可通过 KVM 系统连接到众多服务器，并实现远程操作；对服务器系统可实现系统部署、软件升级、补丁分发、资产管理等 IT 生命周期管理。

对于模块化的大型绿色数据中心规划，需要解决的问题主要有以下几个。

（1）对于新增加的服务器，是否可以进入现有的 KVM 系统，实现通过同一套 KVM 管理目前的所有机器。

（2）对于新增加的服务器，是否可以很快地远程部署操作系统，并安装应用软件，当有新的补丁发布时，可以进行远程补丁安装。

（3）对于数据中心的 IT 设备是否有资产清点能力，当服务器或存储已不需要时，可以清理，以便关机，节约能耗。

2. KVM 子系统规划

KVM 是英文键盘（keyboard）、显示器（video）、鼠标（mouse）的缩写。KVM 系统就是用一套或数套显示器、键盘、鼠标在多个不同操作系统的多台主机之间切换，实现一个用户使用一套键盘、鼠标、显示器去访问和操作一台以上主机的功能。

子系统的核心思想是：通过恰当的键盘、鼠标和显示器的配置，实现系统和网络的高可管理性，提高管理人员的工作效率，节约机房面积，降低网络服务器系统的总体拥有成本（Total Cost of Ownership，TCO）。

KVM 系统最核心的部件是 KVM 切换器，主要有模拟 KVM 切换器和数字 KVM 切换器，模拟 KVM 系统是以模拟信号方式传送，优点是有良好的视频操作效果、真色、高分辨率、操作无任何滞后感，不需要占用 IP 和网络资源；缺点是传输距离受限制，超过距离（300m）后无法操作。数字 KVM 系统的优点是所有用户通过 IP 网络操作，可远程访问，控制距离不受限制，缺点是视频效果受网络质量的影响，无法做到高分辨率，有滞后感，并且网络带宽大小会影响到滞后感；占用 IP 资源，每个设备需占用一个 IP；也会面临 IP 网络的安全问题。数据中心可根据实际情况选用模拟或数字 KVM 系统。另外有模拟与数字混合 KVM 系统和串口切换器（可针对网络交换机等设备的串口通信）。

规划 KVM 系统时，需要考虑到 KVM 的扩展性，当有新的服务器添加进来时，可以很容易地把服务器连接到 KVM 系统的接口，并连接进入现有的 KVM 系统，实现对新服务器的远程控制。

### 3. IT 设备系统监控规划

对于服务器来说，一般服务器厂家都提供系统监控软件，可对服务器提供系统监测、事件管理、状态轮询、资产报表、远程系统配置、调用、电子邮件事件通知等功能。

通过使用服务器的系统监控工具，系统管理员可以在任何时间单独管理某一台服务器。系统管理员可以通过管理界面显示系统状态、报告资产情况以及阵列信息，并根据系统日志分析系统的状况变化，提供 Firmware 和 BIOS 的版本信息，在线执行检测工具对系统进行维护和调试。不需要任何其他的特殊软件，系统管理员就可以方便地通过符合业界标准的浏览器访问系统管理程序，实现本地或远程管理系统。

服务器系统监控软件也提供以组方式管理服务器的功能，用于监控网络中所有的服务器。管理系统可以自动查找所有的服务器，并支持监控每台服务器的健康状况。

服务器系统监控软件一般还提供事件管理的功能，并通过电子邮件的方式报告系统出现的故障，并提供以组方式对服务器执行开机、关机、刷新 BIOS 等操作。管理应用程序支持多种网络协议，如 SNMP（Simple Network Management Protocol）、DMI（Desktop Management Interface）、CIM（Common Information Model）以及 HTTP（Hyper Text Transfer Protocol）等，这些协议可以在 Windows 2000、Linux、NetWare 多种网络操作系统上运行。

企业级客户所拥有的环境大多规模较大、设备比较繁杂，可能包含数百台各个时期的服务器，因此他们需要增强管理能力。常用的企业级管理工具有 Computer Associates Unicenter TNG、Tivoli Enterprise Console 以及 HP Open View Network Node Manager 等。服务器系统管理软件的接口可以与这些管理软件结合使用，并允许系统管理员在不同的网络管理平台上监控和管理这些服务器。

另外服务器也可配置远程管理卡，可提供对服务器的远程管理，可以允许管理员通过网络或其他方式来远程控制那些不易直接到达现场管理的设备。这时，服务器甚至可以不用安装键盘或显示器。

在常规的操作中，控制终端重定向功能可以让系统管理员通过远程管理卡实施远程控制，或实现远程访问。系统管理员可以借助远程访问的功能和诊断工具访问那些没有响应的服务器，查看开机引导的日志信息以确定系统没有响应的原因，并可以远程发出控制指令，让系统重新引导。

远程的在线诊断功能可以帮助系统管理员检测服务器的故障，通过检测工具可以对外部设备互连（Peripheral Component Interconnect，PCI）总线、CPU、内存、COM 端口、打印端口、网卡、CMOS、光驱等多种设备进行详尽的检测。通常管理员可以运行其中一个或多个检测功能，并直接获得检测结果；也可以设定诊断的计划表，在设定的时间里自动进行系统诊断，这样可以避免在系统工作比较繁忙的时候影响系统的性能。

从可用性和性能角度来分析，服务器在其系统的生命周期内，经常需要进行 BIOS、

Firmware 和驱动程序的升级。管理员可以下载最新版本的软件，并通过运行升级服务程序完成系统的升级操作，在下一次服务器启动的时候，新版本的 Firmware 和 BIOS 会被启用。通过使用这些管理工具，管理员可以非常便捷地进行系统的驱动升级等工作，对服务器上的其他组件进行 Firmware 的升级等。

对于存储设备和网络设备，都可以通过自己的管理界面来查看设备的状态和日志。也可以通过 SNMP，发送 SNMPtrap 到管理工作站上。

对于大型数据中心，可以通过一个统一的大型系统管理工具，如 HP Openview、IBMTivoli、Altiris 等来对服务器、存储设备及网络设备进行统一监控管理。当这些 IT 设备有报警或错误事件发生时，可通过 SNMP 发送报警。通过一个统一的管理界面就可以管理所有的 IT 设备。

4. 服务器系统管理规划

在一个大型数据中心中，对 IT 设备来说，仅有系统监控，监控服务器、存储设备、网络设备等的状态及报警是不够的。管理大规模的服务器，对服务器进行全面 IT 生命周期的管理，需要进行资产管理、系统部署与升级、软件分发、远程控制、备份与恢复等各方面的管理。

资产管理模块可以对所有的服务器进行及时、准确的统计，并能尽可能地了解到所有服务器的硬件配置信息和软件信息，及时地掌握资产状况，并提供资产评估，为将来的系统升级提供准确的依据。

软件分发模块可以对软件进行远程安装，节约软件部署时间，减轻 IT 的管理负担，节约 IT 管理成本，并可支持软件分发计划，在指定时间内进行软件分发和安装。

补丁管理模块可以对操作系统和应用软件的补丁进行管理和升级安装，从而提高系统的稳定性和安全性，可以支持基于策略和目标的补丁分发。

系统部署模块可以对大规模新服务器快速地安装操作系统，并在服务器的系统宕机，需要重新安装时，可以快速地进行系统安装。可以节约部署成本，提高 IT 管理水平。

由于数据中心将会有新增加的服务器，可以通过系统部署软件实现快速远程部署操作系统，通过软件分发模块实现远程安装应用软件，通过补丁管理模块实现当有新的补丁发布时，可以进行远程补丁安装，并通过资产管理模块对数据中心的 IT 设备进行资产管理，当服务器或存储已不需要时，可以清理，以便关机，节约能耗。

## 2.4.3　布线系统安全管理规划

按照 TIA/EIA 942 标准[21]对物理链路的安全性进行控制，主要有以下两个方面。

1. 对于工作区信息插座部分，使用模块锁

插座模块安全锁提供了一种既简单又安全的方法，它可以限制对信息口的访问，同时防止对插座的破坏。安全锁可以在以下时间节约时间和资金：停工期、备份数据、

更换硬件和修理基础设施时。创新设计的安全锁可以卡入 RJ45 插座（见图 2.7），并通过专用的钥匙开锁，确保网络和数据的安全。另外，由于模块锁自带防尘功能，信息插座可选用不带防尘盖的普通型号，减少了投资成本。

图 2.7　物理层安全锁扣

### 2. 对于配线区和设备区，使用 RJ45 模块插头安全锁

RJ45 模块是布线系统中连接器的一种，连接器由插头和插座组成。这两种元件组成的连接器连接于导线之间，以实现导线的电气连续性。RJ45 模块就是连接器中最重要的一种插座。

RJ45 模块的核心是模块化插孔。镀金的导线或插座孔可维持与模块化插头弹片间稳定而可靠的电连接。由于弹片与插孔间的摩擦作用，电接触随插头的插入而得到进一步加强。插孔主体设计采用了整体锁定机制，这样当模块化插头（如 RJ45 插头）插入时，插头和插孔的界面处可产生最大的拉拔强度。RJ45 模块上的接线块通过线槽来连接双绞线，锁定弹片可以在面板等信息出口装置上固定 RJ45 模块。图 2.8 分别是 RJ45 模块的正视图、侧视图、立体图。

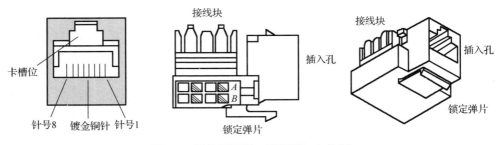

图 2.8　模块正视图、侧视图、立体图

在一些新型的设计中，多媒体应用的模块接口看起来甚至与标准的数据/语音模块接口没有太大的区别，这种趋于统一模块化的设计方向带来的好处是各模块使用同样大小的空间及安装配件，如图 2.9 所示。目前无论国际还是国内一个应用发展的趋势是语音、数据、视频综合应用（Voice-Data-Video，VDV）的集成。而新型设计的模块从用户使用方便性方面就已做出了很大努力。

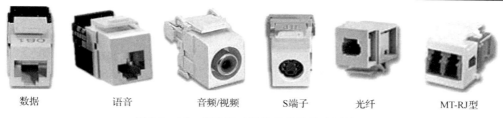

| 数据 | 语音 | 音频/视频 | S端子 | 光纤 | MT-RJ型 |

图 2.9　同一安装尺寸设计的模块化应用接口

不同厂家的 RJ45 模块均有其独到的设计，最具代表性的是 DataGate 内置防尘盖模块[22]。内置防尘盖系列插座具有一个弹簧承载的内置防尘盖，在插入和拔出跳线插头时，防尘盖可以自动缩进和弹出。此外，其独有的弹簧支撑的"门"保证了跳线插头绝不会只插入一部分，影响稳定的数据传输。带防尘盖的传统插座通常都要求使用两只手才能打开防尘盖，插入跳线，而 Molex 企业布线网络内置防尘盖插座则允许使用一只手插入跳线，使其使用起来更加简便。另外，在每次连接/断开时，"门"会擦净引脚，可以全面防止尘土和杂质进入连接器，使插座获得最大的保护和保证可靠的资信传输能力。Molex 内置防尘盖的插座外观紧凑（高 21mm×宽 21mm×厚 26mm），在每个工作站上实现了最大密度。在一个标准尺寸的长方形墙上面板中，可以容纳最多 6 个插座；在一个配有防尘盖的标准尺寸的正方形墙上面板中，可以容纳最多 4 个插座。其密度相当于传统插座的两倍。

插头安全锁是一种创新的安全连接解决方案。它可以减少网络中断的时间，减少数据安全的破坏和由于偷窃造成的硬件损失。万能的设计使它适用于现有绝大部分的跳线、面板、配线架、IP 摄像头和其他 IP 设备。它同样适用于 VoIP（Voice over Internet Protocol）的电话机，可帮助防止未授权的迁移，从而保证 E911 协议的连续。创新设计的安全锁可以卡入 RJ45 插头，并通过专用的钥匙开锁，确保网络和数据的安全。

## 2.4.4　数据中心安全管理规划

物理安全（即限制人员接近设备）对于保持数据中心的高效性来说非常关键。随着生物鉴别、远程安全数据管理等新技术越来越普及，传统的"通行卡-门卫"的安全措施逐渐被淘汰，取而代之的是能够进行有效身份验证并追踪人员在数据中心内和附近活动的安全系统[23]。在购买设备前，IT 管理员都必须仔细评估他们的特别安全需求，并为他们的设备选择最合适、最经济的安全措施。

数据中心安全管理规划的第一步，是画一张物理设施的地图，标明需要使用不同进入规则或安全级别的区域和进入点，这些区域可能有同心或并列的边界。例如，计算机区可能会显示为一个大区域（如楼宇周界）中的一个方块，而并列边界的例子包括会客区、办公室和公共区域。同心的区域可能具有不同的或逐渐严格的进入要求，提供越来越高的保护性，这称为"安全等级"。根据安全等级，靠里的区域除了受本身进入要求的保护，还要受到其他外部区域的保护。另外，闯入任何一个外部区域后，都可能会遇到下一个内部区域的进入限制。

安全规划图画好后，下一步是要制定访问规定。人员对安全区域的访问权限，主要基于其身份、目的和是否有必要进入等因素，还有各组织自己制定的其他标准。鉴别人员身份的办法主要分为三大类，以下按安全性和成本由低到高的顺序排列。

### 1. 你有什么

它是指你穿戴或拿着的东西，如一把钥匙、一张卡、一个可以挂在或附着在钥匙圈上的标记。它可以像把黄铜钥匙一样是个"哑巴"，也可以像能和读卡器交换信息的智能卡一样"聪明"。这是安全性最低的鉴别方法，因为无法保证它不被其他人使用：他人可以共享、盗用，或者丢失后被拾获。

### 2. 你知道什么

它可以是密码、代码或某个过程（例如，打开密码锁、在读卡器处刷卡或键入密码进入计算机系统）。密码/代码代表着一种安全难题：如果为了方便记忆，则密码就很容易被猜到；如果难记，当然也会难猜，因此密码可能会被写下来记录，这样安全性又降低了。这比第一种方式可靠，但是密码和代码仍可以共享，而且如果写下来，还有被他人发现的风险。

### 3. 你是谁

它是指通过辨别独一无二的物理特征来进行鉴别：这是人们互相识别的一种自然方式，几乎完全可信。现在已经研究出了一系列的人类特征的生物扫描技术，包括指纹、掌印、虹膜和脸。生物测定设备总体来说很可靠，如果识别完成，一旦设备认出你来，那么几乎可以确定，那就是你。这种办法的最不安全之处不在于错误识别或被冒名顶替者欺骗，而是合法用户没有被识别出的可能，即错误拒绝。

最后一步是选择最佳安全方案。典型的安全方案是采用从最外层（最不敏感）到最内层（最敏感）区域逐渐增加可靠性（以及成本）的方法。例如，进入大楼可能需要刷卡并输入 PIN 码；而进入计算机室需要在小键盘输入密码并进行生物扫描。在入口处使用组合方式可以增加该处的可靠性；对每一个重要级别使用不同的方式可以增加内层的安全性，因为每一层都有其自身的保护方式和必须先进入的外层的保护。

实施以上三种鉴别方式为基础的解决方案的技术已经存在，而且价格会越来越便宜。将对风险容限的评估与对访问要求和可用技术的分析相结合，即可设计出一套让保护性和成本真正达到平衡的有效的安全系统。

## 2.5　本　章　小　结

本章针对目前大型绿色数据中心规划方面研究的空白，在前人研究成果的基础上，通过对绿色数据中心规划的研究和思考，探讨了大型绿色数据中心的一般规划方法及步骤，并提出一个大型绿色数据中心将是一个虚拟化的、模块化的、绿色节能的数据中心。并对大型绿色数据中心所涉及规划的各个部分进行分析，提出规划设计，从而得出大型绿色数据中心的规划。

## 参 考 文 献

[ 1 ] 亚莉. 绿色数据中心渐行渐近[J]. 计算机世界, 2008, 4(28): 17.

[ 2 ] 郭栋. 大型绿色数据中心的规划研究[D]. 上海: 复旦大学硕士学位论文, 2008.

[ 3 ] 李成章. 现代信息网络机房对节能降耗的技术需求[J]. 电源世界, 2008, 7(26): 56.

[ 4 ] 朱毅. 戴尔要给数据中心"退烧"[J]. 政府采购信息报, 2008, 3(25): 8.

[ 5 ] 张振伦. 虚拟机的演化[J]. 软件世界, 2007, 13(15): 42-43.

[ 6 ] 陈鹏飞, 张吉礼, 高甫生. 程控机房新风供冷空调方式及节能分析[J]. 暖通空调, 2007, 37(10): 93-97.

[ 7 ] 王其英, 何春华. UPS 供电系统综合解决方案[M]. 北京: 电子工业出版社, 2005.

[ 8 ] Maier S, Herrseher D, Rothermel K. Experiences with node virtualization for scalable network emulation [J]. Computer Communications, 2007, 30(5): 943-956.

[ 9 ] 沈建苗. 重复数据删除: 消除冗余数据的良药[J]. 计算机世界, 2007, 5(28): B14.

[10] 唐广飞. 高性能路由器节能技术研究[D]. 长沙: 国防科学技术大学硕士学位论文, 2006.

[11] 张晶, 陈浩. 数据中心系统规划研究[J]. 电子世界, 2014, 6: 8-9.

[12] 白明宇, 杨壮. 网络设备实验室规划和建设的探讨[J]. 中国新通信, 2015, (23): 126.

[13] 连之伟, 马仁民. 下送风空调原理与设计[M]. 上海: 上海交通大学出版社, 2006: 254.

[14] Karki K C, Patankar S V. Airflow distribution through perforated tiles in raised-floor data centers [J]. Building and Environment, 2006, 41(6): 734-744.

[15] 王力坚. 高安全性和节能的模块化 UPS 系统[J]. 中国金融电脑, 2007, (7): 56-58.

[16] 肖辉. 电气照明技术[M]. 北京: 机械工业出版社, 2004.

[17] 邵民杰, 闵加. 数据中心机房接地技术探讨[J]. 智能建筑科技, 2009, (11): 27-30.

[18] 张晓波. 数据中心门禁系统的设计要求[J]. 建筑电气, 2009, 28(12): 10-14.

[19] 秦志宇. 大型数据中心 UPS 供电系统设计[J]. 智能建筑电气技术, 2009, 3(3): 36-38.

[20] 杨国荣. 数据通信中心空调系统设计初探[J]. 建筑电气, 2009, 28(12): 21-26.

[21] 徐殉. 数据中心设计标准 TIA/EIA942 解读[J]. 建筑电气, 2009, 28(11): 17-19.

[22] 向忠宏. 综合布线产品与案例[M]. 北京: 人民邮电出版社, 2003.

[23] 谭惠. 商业银行绿色数据中心的规划设计[D]. 杭州: 浙江大学专业硕士学位论文, 2009.

# 第3章 绿色数据中心能耗

本章以构建虚拟化的绿色数据中心作为出发点，首先阐述绿色数据中心能耗结构和节能措施，探讨其能耗成本优化与能耗监控相关技术，然后研究能耗监控系统设计与实现，最后通过虚拟化手段将数据中心的物理资源变成逻辑的资源集，并采用模块化的方式对物理资源进行封装部署，对模块化的数据中心设备进行动态调度管理，提高设备的整体利用率，从而节约整个数据中心的能耗成本。

## 3.1 引　　言

数据，已经作为必不可少的生产因素渗透到当今社会的每一个行业和业务领域。随着移动互联网和电子商务等信息应用的快速发展，人们的生活中每天都在疯狂地产生大量的新数据，并将人们带入了大数据时代。据统计，互联网每天新增加的数据需要 1.68 亿张 DVD 的空间；新产生的电子邮件多达 3000 多亿封；新增加的网络帖子达 200 多万个；全球的信息数据量已经由 TB 级快速发展为 PB、EB 甚至 ZB 级。据 IDC 研究表明，2008～2011 年全球数据增量分别为 0.49ZB、0.8ZB、1.2ZB 和 1.82ZB。据 IBM 研究表明，最近几年所产生的数据占据了整个人类数据总量的 90%以上。随着数据爆炸式的增长，到 2020 年，全球所产生的数据规模将达到今天的 44 倍。

数据中心聚集了大量的服务器、存储、制冷和供配电等设备。随着大数据时代的到来和企业信息化的不断深入，数据中心的投资和规模快速增长。2007～2011 年，我国数据中心市场总体的投资规模从 525 亿元增长到 972 亿元，以年均 16.3%的速度持续快速增长，到 2012 年投资总额达 1120 亿元。数据中心规模的继续扩大，必然带来数据中心能耗成本的持续上涨。据统计，目前全球的数据中心一年将耗去 2018 亿千瓦时的电力，占全球一年总发电量的 1.2%～1.8%。美国数据中心 2006 年消耗的电力约 61 亿千瓦时，占整个美国总电力的 1.5%。在国内，能耗成本通常占数据中心运营总成本的 60%以上。据统计，在数据中心的能耗结构中 IT 设备占 50%左右，空调设备占 40%左右。然而，数据中心大部分的能耗却是由低负载的设备所消耗的，服务器的平均利用率往往只有 30%左右，空调系统的冗余制冷量达 40%左右。数据中心基础设施无法在满足应用需求的同时最小化能耗开销，以获取最大化投资回报。研究显示，数据中心的碳排放也已经成为最大的温室气体排放源之一。2007 年所产生的碳排放为 8.6 亿吨，且每年还在随着数据中心规模和数量的增长而快速上升。预计到 2020 年，全球数据中心相关的碳排放也将达到 15.4 亿吨。但是，由于数据中心的能耗相对于其他建筑能耗有其自身的特殊性，耗能设备的种类繁多、专业性强，因此对数据中心的节能研究是一项多专业综合的系统工程。

## 3.1.1　能耗研究价值

全面掌握数据中心的能耗结构和能耗逻辑，是解决数据中心高能耗、低能效问题的必要前提。数据中心是一个复杂的系统工程，是企业 IT 的物理载体。数据中心的总能耗是数据中心内所有用电设备所消耗的电能之和，其中包括制冷设备、安防设备、UPS 设备、列头柜、服务器、存储设备以及照明等。因此，为了降低数据中心能耗和减少能耗浪费，需要对数据中心的设备构成进行分析，清楚什么设备在耗电，哪些系统的能耗所占比例大，哪些系统存在节能的空间，哪些设备的节能优化对整个数据中心的节能管理影响最大等，从而为数据中心节能管理提供理论基础。

建设可虚拟化管理的数据中心是未来数据中心发展的必然趋势。随着数据中心高热密度、高效能和云计算的发展，传统的数据中心在结构设计上已不能满足实际应用的需求，存在的问题主要体现在以下几方面。

（1）资源配置过度冗余：传统数据中心的设计目标是始终满足峰值性能，要求产品能够高性能工作几十年，使数据中心的实际使用率通常不足 30%。

（2）设施耦合与静态管理：传统数据中心的设备间都是紧密耦合的，数据中心对资源的分配管理不能根据负载的变化实时动态地调度，不能实现物理资源的共享，使数据中心资源利用效率很低，资源能耗浪费严重。

（3）孤岛式的体系结构，结构复杂及维护成本高，建设周期长等问题。针对传统数据中心的以上问题，不能孤立地从某一层次解决节能问题。例如，只是使用高效设备或简单地提高机房空间温度，不但不能使节能效果最大化，相反可能降低基础设施的功能。因此，利用虚拟化技术和模块化手段对数据中心进行灵活构建，可使数据中心的物理资源根据实际需求进行动态调整，以此提高数据中心的整体能效。

建立数据中心能效评价指标，是衡量数据中心运行效率和量化数据中心节能效果的必要前提。目前国内外还没有明确的标准评价数据中心的效率，也没有统一的能效测量实施细则和评估方法，因此也无法衡量不同数据中心的效率差异。针对数据中心能耗指标，不同的行业、媒体、研究机构都提出了节能指标，目前大多采用 PUE 作为度量方法，但目前还缺少对数据中心进行系统化评价的方法，因此，需要研究基于多方面影响因素的数据中心能效综合评价方法。

随着国际社会的节能环保意识进一步加强，人们将会越来越重视数据中心的节能建设。如何利用当前先进的计算机技术、智能控制技术和大数据融合技术对数据中心进行精细化管理，减少数据中心的能耗浪费，并提高数据中心的整体利用率，是建设绿色数据中心的重要一步。因此，在虚拟架构下对数据中心节能管理进行研究，可为建设绿色数据中心提供重要的理论基础，对于我国未来数据中心的健康发展和环保事业有着重要的价值和意义。

## 3.1.2　数据中心能耗分析

　　数据中心是一个高性能的计算机设备房，它聚集了大量的 IT 设备、供配电设备和制冷空调设备等，是信息通信技术实现的必要载体，负责执行数据的储存、管理、信息处理和交换等。为了保障 IT 设备的稳定运作，数据中心通常需要常年制冷，并提供安全可靠的电力供应等，致使电力成本占数据中心总运营成本的比例很大。在典型的数据中心中，IT 设备将超过 99% 的电能转化为热量，为了保障数据中心的运行环境，需要将 70% 的热量排出数据中心。随着服务器设备以每年 13% 的速度增长，数据存储的需求也以 56% 的年平均速度增长，最终使数据中心的能耗以 20% 的速度快速增长。通过对数据中心能耗进行分析，可明确数据中心的能耗分布，掌握各子系统的能耗状况，从而有针对性地进行能效优化。

　　数据中心的电能流向通常如图 3.1 所示。由流向图可知源于市电或柴油发电机的高压电能通过自动转换开关进入数据中心的低压配电系统，经过降压处理后再分配给不同的能耗子系统。为了保障 IT 设备的供电安全，通常在 IT 设备前端配置 UPS，并由列头柜将电能分配给不同的 IT 设备。

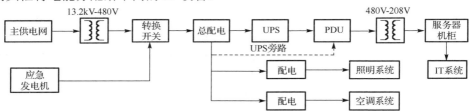

图 3.1　数据中心的电能流向图

　　在整个模型中，数据中心的能耗可分为 IT 系统能耗和基础设施能耗两大部分。IT 系统由计算机、通信设备、处理设备、控制设备及其相关的配套设施构成。基础设施包括供配电系统、UPS、空调制冷系统、消防、安防、照明等设备。经过统计，IT 设备的能耗占数据中心总能耗的 49% 左右，空调系统的能耗占数据中心总能耗的 38% 左右，UPS 等配电设备的能耗占数据中心总能耗的 8% 左右，其能耗分布如图 3.2 所示。

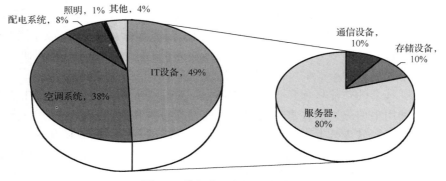

图 3.2　数据中心能耗分布统计

由上述统计结果可知，IT 设备和空调系统两部分的能耗占了数据中心总能耗的 87%左右。其中，服务器的能耗占 IT 设备总能耗的 80%。因此，本节将重点对服务器和空调制冷系统的能耗影响因素进行分析。

1. 服务器能耗影响因素

在同一个服务器中可以同时运行多个应用程序，而每个应用程序所消耗的服务器硬件资源并不相同，有些应用程序是纯粹的 CPU 密集型任务，有些应用程序则频繁地利用 CPU 访问内存或存储设备。

2. 空调制冷系统能耗影响因素

基于水冷的空调制冷系统能耗组件包括冷水主机、末端空调、水泵、冷却塔、机房冷负荷等。经过实验分析得知，数据中心空调制冷系统的能耗影响因素如表 3.1 所示。

表 3.1　数据中心空调制冷系统的能耗影响因素

| 能耗设备类型 | 影响因素 |
| --- | --- |
| 冷水主机 | 环境/冷却水温变化，负载工况变化；主机群控方式，冷冻水水温；不考虑湿度因素 |
| 末端空调 | 空调工作点的确定（流量、水温、送回风温度），风机形式；工况变化时风机工作点漂移，室内湿负荷；送风方式因素（地板下送风、风管送风、直接送风）；已考虑风量，冷量遗漏因素；考虑封闭冷通道与封闭热通道因素，微模块与常规机房引起的差异 |
| 水泵 | 水泵是否变频，是否变流量系统，负荷变化引起的流量和扬程的变化，水泵电机效率，工况变化引起工作点漂移按性能曲线取值 |
| 冷却塔 | 机组风机形式（是否变频），考虑室外湿球温度影响，负载工况因素，冷却塔风机工作点的变化，按风机性能曲线取值 |
| 机房冷负荷 | 机房类型（常规机房、微模块机房、热管背板技术），开放机房或通道封闭形式，送风形式（风管送风、地板下送风）、机房空调显热比，新风冷湿负荷，维护结构散热等 |

## 3.2　能　耗　结　构

研究国内外各大权威机构对数据中心能耗结构和组成的调查分析报告得出，一个典型的数据中心能耗主要由四大块组成[1]。

（1）IT 设备系统：占数据中心总能耗约 50%，包括服务器设备、存储设备和网络通信设备等。

（2）空调系统：占数据中心总能耗约 38%，其中空调制冷系统约占总能耗的 25%，空调送、回风系统约占总能耗的 13%。

（3）供配电系统：占数据中心总能耗约 10%，其中，UPS 供电系统约占总能耗的 8%，UPS 输入供电系统约占总能耗的 2%。

（4）辅助照明系统：占数据中心总能耗约 2%。

### 3.2.1　IT 设备能耗

　　IT 设备包括计算、存储、网络等不同类型的设备，承载在数据中心中运行的应用系统，为用户提供信息存储、处理和通信等服务。IT 设备的类型包括[2]：服务器设备，如刀片式、机架式或塔式服务器等；存储类设备，包括 SAN 交换机、磁盘阵列等存储设备，虚拟带库、磁带库等备份设备；网络类设备，包括路由器、交换机，以及负载均衡、虚拟专用网（Virtual Private Network，VPN）、防火墙等各种专用网络设备；IT 支撑类设备，包括用于运营维护的管理监控设备等。

　　数据中心的 IT 设备包含服务器、存储器、交换机等，其中服务器的数量最多，这些 IT 设备的用电特性基本类似。服务器上的电源和个人计算机电源一样，都是一种开关电源。服务器电源的铭牌一般不直接贴在服务器外壳上，而是贴在服务器电源模块外壳侧面。

　　在服务器铭牌上标有 INPUT（输入）和 OUTPUT（输出）。INPUT 标明服务器电源的额定输入电压为交流 220V，而 4A 为该电源模块的最大输入电流。因此，服务器电源的输入功率（消耗功率）不能直接用额定输入电压乘以最大输入电流来计算。

　　OUTPUT 250W MAX 标明该服务器电源的最大输出功率，对于数据中心设计者具有重要的设计意义，通常只在服务器电源铭牌上才能看到。美国国家电气标准（National Electrical Code，NEC）认为 IT 设备标示额定值至少超出实际运行负载 33%。

　　早期的服务器电源功率因数较低，通常在 0.8 左右，而近几年来随着节能减排的要求越来越高，加上电源技术的提升，大部分设备厂家生产的服务器电源都带有功率因数校正（Power Factor Correction，PFC）功能，使得服务器电源的功率因数提升到 0.95 以上，并趋向于 0.99～1.00。

　　IT 设备占数据中心总能耗的 50%左右。考虑能耗的级联效应，IT 设备的降耗也会引起前端配电和空调耗电量的减少，因此，IT 设备节能对数据中心的整体节能降耗具有重大的实际意义。

### 3.2.2　供配电系统能耗

　　数据中心供配电系统用于提供满足设备使用的电压和电流，并保证供电的安全性和可靠性。供配电系统通常由变压器、配电柜、发电机、UPS、高压直流（High Voltage Direct Current，HVDC）、电池、机柜配电单元等设备组成。

　　供配电系统能耗主要包括开关损耗、低压配电系统损耗、UPS 损耗、供电电缆损耗等。

### 3.2.3　空调系统能耗

　　数据中心空调系统是为保证 IT 设备运行所需温度、湿度环境而建立的配套设施，主要包括：机房室内机设备，包括恒温恒湿机房专用空调、列间空调、加湿器等；冷源设备，包括风冷空调室外机、冷水机组主机、冷却水塔、水聚、水处理器等；新风系统，包括送回风风机、加或除湿设备、风阀口等[3]。

数据中心机房环境对服务器等 IT 设备的正常运行起着决定性作用，《电子信息系统机房设计规范》GB 50174—2008 对机房开机时的环境要求如表 3.2 所示。

表 3.2 GB 50174—2008 对机房开机时的环境要求

| 项目 | 环境要求 | | | 备注 |
|---|---|---|---|---|
| | A 级 | B 级 | C 级 | |
| 主机房温度（开机时） | 23±1℃ | | 18～28℃ | 不结露 |
| 主机房相对湿度（开机时） | 40%～55% | | 35%～75% | |

为使数据中心达到上述要求，应采用机房专用空调，并确保其制冷量满足需求。数据中心空调系统包括夏季冷负荷、湿负荷。夏季冷负荷包括机房内设备的散热、建筑围护结构热量、通过外窗进入的太阳辐射热、人体散热、照明装置散热、新风负荷、伴随各种散湿过程产生的潜热等。湿负荷包括人体散湿、新风负荷等。

## 3.2.4 其他能耗

数据中心其他消耗电能的基础设施，包括照明设备、安防设备、灭火、防水、传感器设备等。

# 3.3 节 能 措 施

由 3.2 节分析数据中心能耗结构得出，要降低数据中心能耗，实现绿色节能减排，最重要的就是，降低 IT 设备、空调系统和 UPS 供配电系统的能耗，辅助照明系统同样也是不可忽视的因素。绿色数据中心的节能设计，在满足业务需要和安全运行的前提下，应集中在 IT 设备、机房空调系统、供配电系统和照明系统等四个方面进行节能措施和思路的探索[4]。

## 3.3.1 IT 设备节能

IT 设备主要是指服务器、存储器、网络等设备。作为数据中心的第一能耗大户，选用低能耗的 IT 设备是数据中心重要的节能手段。IT 设备能效比等于 IT 设备每秒的数据处流量除以 IT 设备的能耗[5]。

IT 设备能效比越高，即 IT 设备每消耗单位电能所能存储、处理和交换的数据量越大。较高的 IT 设备能效比，可以大幅降低机房配套的供电系统和空调系统的容量及能耗，从而带来节能、节省机房安装面积和节约投资的巨大好处。用户在选择服务器或存储设备时，不但需要了解设备在满载运行时的效率高低和能耗大小，还要了解这些设备在低负荷运行时的实际能耗和效率。目前，我国已将服务器的节能指标纳入国家节能规划体系中，标志着在推进服务器节能方面已进入一个崭新的阶段。

设备选用的节能措施，主要从设备选型、设备使用、设备部署与维护三个方面考虑。

### 1. 设备选型节能措施

首先应根据数据中心的建设标准，结合实际需求扩容、购置设备，宜选择扩展性强的、对工作环境温、湿度要求较宽松的设备，避免超前使用档次过高或配置过高的设备。其次，在同等性能条件下，设备选型时应优选散热能力强、体积小、重量轻、噪声低和易于标准机架安装的设备。技术层面上，推荐选择运用低功耗 CPU 处理器、虚拟化运算技术、高效电源、动态制冷、刀片式架构、电源智能管理功能及"动态休眠"等技术的 IT 设备[6]。设备应能根据系统运行要求和负载状态，动态调整系统各组件（CPU、硬盘、外设等）的工作和休眠状态，支持任务队列的同步智能调度，具有理想的降耗效果。建议设备整体休眠节能效果最低应达到 20%，优选具有国际/国家/行业节能等级认证的设备。

### 2. 设备使用节能措施

在满足数据中心业务安全性的前提下，应尽量提高 IT 设备的利用率，节省运行设备的数量。根据近期数据中心规模，合理配置维护终端、网管服务器和 KVM 设备等的数量。统筹考虑数据中心内的各类计算、存储和网络资源，采用松耦合架构配置各类资源，实现资源的共享和灵活调度，根据资源消耗比例灵活增加和减少某类资源的配置，做到按需配置，真正使资源配置达到最优化。在技术成熟的条件下，适时运用虚拟化和集群技术。

### 3. 设备部署与维护节能措施

为达到良好的 IT 设备节能降耗效果，建议设备部署与维护中遵循如下原则：机架设备的部署应满足机房整体布局和冷热分区的要求，机架用电量应与相应区域的制冷量相适应，设备的进排风方向应与机房气流组织要求的方向一致。合理规划设备部署，同区域内各机架的用电量应尽量均匀，避免出现局部热岛现象；同机架内尽量部署物理尺寸、用电量和进排风能力相近的设备，单机架耗电量建议不超过机房设计时的机架平均用电量；当机架用电量差别很大且难以调整时，机房制冷能力和制冷量的设计分布需考虑不同功耗的机架位置。机架宜按规划设计能力饱满使用，当机架无法一次装满时，宜从距离送风口较近的空间开始安装设备，设备之间的空隙处需安装挡风板，防止冷热风短路。

## 3.3.2　机房空调系统节能

数据中心机房内主要部署的是服务器、存储设备、网络设备等，该类设备对环境温湿度、洁净度要求较高，需采用机房专用空调系统[7]。在机房专用空调系统的选择上，应根据数据中心建设标准、建设规模、建筑条件、机房设备的使用特点、所在地区气象条件等，结合当地能源结构、价格政策和环保规定等因素，通过技术经济比较后确定。

1. 空调设备选型和配置原则

空调设备选型和配置时，一般应遵循下列 7 条原则。

（1）空调系统设计应根据当地气候条件采用节能措施，现有大型数据中心的建设宜采用冷冻水空调系统集中供冷的方式；寒冷地区采用水冷冷水机组，当室外温度达到要求时，可利用室外冷却塔免费制冷。

（2）数据中心的机房专用空调制冷设备，按冷源的供给方式可分为单元式空调制冷设备和中央冷源空调制冷设备，空调设备在额定制冷工况和条件下，其能效比应不低于《公共建筑节能设计标准》GB 50189—2015 中的规定，并优选数值高的设备。

（3）空调设备选型过程中，机房的热负荷是重要参数之一。根据《电子信息系统机房设计规范》GB 50174—2008 规定，数据中心机房的空调设备额定制冷量的计算，需综合考虑机房内设备的发热量、建筑维护结构热负荷、通过外窗进入的太阳辐射热、照明负荷、补充的新风负荷和维护人员的散热负荷等，并在确定的最大热负荷量的基础上留有 15%～20%的余量。

（4）在空调设备数量的配置上，宜每 4～5 台配置 1 台备用空调，并在每个机房至少配置 1 台备用空调。

（5）针对采用冷冻水空调的机房，可采用高温冷冻水设计。在同样的温差条件下，蒸发温度每升高 1℃，能效比可以提高 2%～3%。另外，提高蒸发温度还有利于利用自然冷源，对于同一个地区来说，蒸发温度越高，每年可利用自然冷源进行自然冷却的时间就越长。

（6）合理设置空调设备的回风温度。目前很多数据中心机房都将环境温度设定为 23±1℃，而随着 IT 设备的发展，其报警温度都是 32℃ 左右，根据这个数据，可将空调回风温度设置为 28～29℃，缩短压缩机运行时间，从而起到节能的作用。

（7）采用新技术，有效、充分地利用自然冷源的制冷能力。

2. 机房内气流组织优化

为优化机房内气流，应遵循下列 4 条原则。

（1）根据《电子信息系统机房设计规范》GB 50174—2008 和《数据中心电信基础设施标准》TIA-942，数据中心机房机架排列宜采用"面对面、背靠背"方式布置，形成"冷"和"热"通道。

（2）机房空调宜采用下送风、上回风方式，架空地板下不应布置各类线缆，以免影响送风效果；根据负荷功率密度，合理规划架空地板高度，确定地板下送风断面风速控制在 1.55～2.5m/s，一般数据中心机房架空地板高度不宜小于 400mm。

（3）机架和空调设备的距离应大于 1200mm，避免出现回风短路的情况；当空调设备送风距离大于 15m 时，需在机房两侧布置空调设备。

（4）在某些特殊情况下，必须采用上送风、下（侧）回风方式时，应采用风管送风方式，风管、送（回）风口的尺寸根据机房热负荷计算确定。

### 3.3.3　供配电系统节能

数据中心供配电系统提供满足 IT 设备使用的电压和电流，并保证供电的安全性、可靠性和连续性。供配电系统通常由高压配电系统、变压器、低压配电系统、UPS 系统、蓄电池系统、监控管理系统等组成，一个数据中心的供配电系统通常包括上百台，甚至上千台设备[8]。

供配电系统作为数据中心的第三耗能大户，在规划设计时应根据系统负荷容量、用电设备特点、供电线路距离及分布等因素，从设计、运行和管理等方面采用各种先进可行的节能技术、方法和措施。例如，采用新型供电技术提高电源转换效率，优化设计减少线路损耗，无功补偿及谐波治理等。

1. 供电设备选型

对供电设备进行选型时，建议选用采用新型节能技术的设备，减少供电设备自身能耗，提升系统整体节能效果。

例如，针对变压器，宜选用 SCB10 型干式变压器，或者是空载损耗更低的非晶合金干式变压器。针对 UPS 设备，在相同额定容量时，可选用高效率的高频 UPS（包括模块化 UPS）等。在满足 IT 设备安全可靠运行的条件下，还可以选用高压直流供电系统对 IT 设备进行供电，该方式由于省去了逆变环节，效率相对于传统塔式 UPS 大幅提高，模块化的整流模块也更易于维护。

在新型节能技术方面，宜选用具备"动态休眠"技术的供电产品设备，该技术可在系统负载较低的情况下，与动力监控系统相结合自动根据当前总负载的大小计算出需工作的整流模块或 UPS 模块数量，实现对供电系统整体效率的提升，减少能源在低负载下的浪费。

2. 合理进行设备配置

数据中心的负载一般都是分步增长的，在项目初期，机房设备的负载率一般都较低，导致供电系统各环节的效率常常低于设计效率[9]。因此，在规划设计数据中心时，首先应对数据中心的近远期负荷情况进行详细规划或准确预测，按实际需求逐批次建设供配电系统，使设备的实际负载率接近或达到产品规划设计的最佳负载率，利用率和使用效率达到最优，提高设备技术经济效益，减少设备自身能耗。

3. 合理设计布线路由

首先，需按系统终期负荷合理计算并选择电缆电线的截面。对于距离较长的供电线路，在满足敷设条件、载流量、电压降、热稳定及保护配合的条件下，可适当增大电缆电线的横截面积用以降低线路损耗。

其次，在布放线缆时，应对线缆路由进行合理规划和设计，尽量选择最短路径，减少线缆长度，减少不必要的浪费。

此外，还可以在数据中心规划设计时，合理布置电源机房，使电源设备尽可能地靠近负载，减少长距离供电而造成的线路损耗。

#### 4. 无功补偿及谐波治理

通过合理选择无功补偿方式、补偿点和补偿容量，能有效稳定供电系统的电压水平，提高设备运行功率因数，降低线路运行电流。在建设供配电系统时，应采用并联电容器装置补偿无功，其容量和分组应按照就地补偿和不发生谐振的原则进行配置，补偿后供电系统的负荷功率因数应满足当地供电部门的要求，无明确要求时，功率因数值不宜低于 0.9。

此外，交流供电系统内电流谐波总畸变率（Total Harmonic Current Distortion，THDi）大于 10%时[10]，应根据系统和负荷情况进行谐波治理，通过经济技术比较，合理配置有源滤波器。

### 3.3.4　照明系统节能

对数据中心照明系统进行节能降耗，根据建筑布局和照明场所情况，在满足《建筑照明设计标准》GB 50034—2013 规定的场所照度和照明功率密度的前提下，合理布置光源、选择照明方式、选择光源类型是照明系统节能降损的最有效的方法。具体措施如下。

#### 1. 照明灯管选型

机房内选用 T5 或 T8 系列三基色直管荧光灯、LED 等高效节能光源作为主要的光源，以电子镇流器取代电感镇流器，应用电子调光器、延时开关、光控开关、声控开关、感应式开关取代跷板式开关等，将大幅降低照明能耗和线损。以 T5 三基色直管荧光灯为例，与普通卤粉荧光灯相比，在同样照度的条件下，后者比前者的光效降低 30%，即新型节能光源节能达 30%。

#### 2. 照明灯具选型

在满足眩光限制和配光要求的条件下，还应选用效率高的灯具，这也是确定房间照度的因素之一。在同样照度的前提下，提高灯具效率可减少所需的灯具数量，最终达到节能效果。通常开敞式灯具效率不低于 75%，格栅灯具不低于 60%。

#### 3. 照明控制系统约束

照明控制系统应能对数据中心、各区域内灯具的开关进行方便、灵活的控制，控制方式可采用智能照明控制或墙壁开关分场景、分区域控制，还可加入红外、光控、声控等控制手段。采用照明控制后，可减少不必要的人为错误开灯，延长灯具使用寿命，实现节能降损。对开关进行分场景、分区域划分时，宜遵循如下原则：按机房列间分组；与侧窗平行分组；根据维护、值班、安防等不同场景需求自定义程序实现分组定时开启或关闭。

# 3.4　能耗成本优化

传统的控制与优化理论往往需要对系统进行精确建模，而且存在计算复杂度高等问题。因此，它能够很好地应用于小规模的系统，却很难适用于大规模的复杂网络系统。为了完成绿色数据中心高效率、低能耗成本等目标，迫切需要针对其特性建立相应的能耗成本控制模型和优化理论框架。

本节将概要地介绍本书所涉及的基本建模与优化理论。首先介绍 Markov 决策过程和强化学习，主要包括一般 Markov 决策模型、约束 Markov 决策模型以及 Q 学习；接着简要介绍大偏差原理，为后续的过载概率估计提供相关预备知识。这些理论主要基于文献[11]～[18]。

## 3.4.1　Markov 决策过程

当前强化学习领域的很多研究都是建立在 Markov 决策过程理论基础之上的，这个领域的一个最重要的成果是寻找最优策略的 Q 学习方法，该方法基于 Markov 决策过程的最优性方程，可以解决 Markov 决策过程中转移概率未知情况下最优策略的获取问题。

1. 一般 Markov 决策模型

Markov 决策过程是基于 Markov 过程理论的随机动态系统的最优决策过程。它具有 Markov 性，即系统未来的行动仅依赖于当前的状态，而与所有过去的状态无关。按照时间参数是连续还是离散，Markov 决策过程可以划分为连续时间 Markov 决策过程（Continuous Time Markov Decision Process，CTMDP）和离散时间 Markov 决策过程（Discrete Time Markov Decision Process，DTMDP）。本书仅介绍离散时间 Markov 决策过程。

一个离散时间的 Markov 决策过程可以用以下的五元组来定义，即

$$< S, A, p_{i,j}(\alpha), \gamma(i,\alpha), V >, \quad i, j \in S, \alpha \in A \tag{3.1}$$

其中，各元素的含义如下。

$S$ 是系统所有可能的状态所组成的非空有限的状态集，也称为系统的状态空间，其中每个元素 $s \in S$ 代表一个状态。

$A$ 是系统所有可用行动的集合，它是一个有限的非空集，也称为系统的行动空间，其中每个元素 $\alpha \in A$ 代表一个行动。

$p: S \times A \to \prod(S)$ 称为状态转移概率函数，将每一对"状态-行动"映射为 $S$ 上的一个概率分布。用记号 $p_{i,j}(\alpha)$ 表示当系统在决策时刻点 $n$ 处于状态 $i$，采取决策 $\alpha \in A$ 时，系统在一个决策时刻点 $n+1$ 时处于状态 $j$ 的概率，即 $p_{i,j}(\alpha) = P_\gamma(s_{n+1} = j | s_n = i, \alpha_n = \alpha)$。

$\gamma: S \times A \times S \to R$ 称为报酬函数，也称为性能函数，它是定义在 $i \in S$ 和 $\alpha \in A$ 上的实值函数。当系统在决策时刻点 $n$ 处于状态 $i$，采取决策 $\alpha \in A$ 时，系统于本阶段获得的报酬为 $\gamma(i,\alpha) \in R$，$R$ 为自然数空间。

$V$ 为准则函数，也称为目标函数。在 Markov 决策过程中常用的准则函数为有限阶段总报酬准则、折扣准则和平均准则等。

2. 约束 Markov 决策模型

在许多实际问题中，目标函数不但希望报酬达到最大，同时对消耗的费用有一定的约束。这就产生了把费用约束在一定范围内而追求报酬达到最大的带约束最优化问题。在折扣性能准则的基础上，考虑将单约束的 Markov 优化问题转化为不带约束的 Markov 优化问题。

不失一般性，考虑离散时间折扣准则带约束 Markov 决策（Constrained MDP，CMDP）模型为

$$<S, A, p_{i,j}(\alpha), \gamma(i,\alpha), c(i,\alpha), \omega, \lambda, V, \overline{C}>, \quad i,j \in S, \alpha \in A \qquad (3.2)$$

其中，$S$ 为状态空间，且该空间可数；行动空间 $A$ 是有限的非空集；$p_{i,j}(\alpha)$ 为状态转移概率函数；$\gamma(i,\alpha)$ 为报酬函数；$c(i,\alpha)$ 表示系统在状态 $i$ 采取行动 $\alpha \in A$ 时消耗的费用；$\omega$ 为给定的实数，表示期望折扣费用所允许的上限；$\lambda$ 为折扣因子，且 $\lambda \in (0,1)$。这样，给定策略 $\pi$ 时，无限阶段期望折扣总报酬与消费的总费用分别为

$$V_\gamma^\pi(s) = E\sum_{n=0}^{\infty} (\gamma)^n \cdot \gamma(S_n, \pi(S_n) \,|\, S_0 = i), \quad i \in S$$

$$\overline{C}_\gamma^\pi(s) = E\sum_{n=0}^{\infty} (\gamma)^n \cdot c(S_n, \pi(S_n) \,|\, S_0 = i), \quad i \in S$$

对于带约束的 Markov 优化问题，可以通过引入 Lagrange 乘子将原问题转化为不带约束的 Markov 优化问题，这样就能够使问题简化，便于求解。

## 3.4.2　大偏差原理

大偏差理论（Large Deviation Principle，LDP）是概率论的极限理论中一个重要分支，是大数定律的精密化。其理论起源于 Khintchine、Cramer 以及 Chemoff 的奠基性工作。经过 20 世纪 70～80 年代众多学者的开拓，尤其是 Densker 和 Varadhan 关于马氏过程的大偏差，以及 Freidlin 和 Wentzell 关于动力系统随机微扰大偏差两理论的创建和发展，大偏差理论迅速成为概率论的主流分支之一。在统计力学、偏微分方程、Markov 过程以及动力系统及其随机扰动等众多领域都有重要和深刻的应用，特别是近十年来，在信息通信领域越来越广泛的应用更凸显其重要性。大偏差理论主要研究罕见事件发生概率为指数型的估计，主要阐述了随机序列与其极限的偏离域的概率测度以某种速率趋近于零。

设 $\xi_i(\omega), i = 1,2,\cdots$ 是一个定义在 $(\Omega, F, P)$ 上的独立同分布的随机变量序列，且 $E(\xi_i(\omega)) = \mu$，$D(\xi_i(\omega)) = \sigma^2$，记它们的均值为

$$X_n(\omega) = \frac{1}{n}\sum_{i=1}^{n}\xi_i(\omega) \tag{3.3}$$

并满足弱大数定律 $P-\lim_{n\to\infty}X_n(\omega) = \mu$。同时，均方意义下 $E(X_n(\omega))$ 的收敛速度可按式（3.4）计算为

$$[(E(X_n(\omega)) - \mu)^2]^{\frac{1}{2}} = \left[\frac{1}{n}D(\xi_i(\omega))\right]^{\frac{1}{2}} = \frac{\sigma}{\sqrt{n}} = O\left(\frac{1}{\sqrt{n}}\right) \tag{3.4}$$

由式（3.4）可以看出 $\xi_i(\omega)$ 收敛到期望 $\mu$ 的速率为 $O\left(\frac{1}{\sqrt{n}}\right)$，这种收敛速率通常不能满足实际应用的需求。

设 $X$ 是一个非空正则 Hausdorff 拓扑空间（正则是指 $X$ 中的每一点 $x$ 都有一个由闭集组成的邻域基）。$I: X \to [0,\infty]$ 称为速率函数，又称为偏差函数或者作用泛函，若它是下半连续的（即 $\forall L \geqslant 0$，$[I \leqslant L]$ 是闭的），称 $I$ 为下紧或好速率函数。

若存在函数 $I(\cdot): X \to [0,+\infty]$，当满足以下 5 个条件时，则称 $P$ 在 $X$ 上满足速率函数为 $I$ 的大偏差原理。

（1）$I(\cdot) \neq \infty$。

（2）$I(\cdot)$ 是下半连续的。

（3）对任意常数 $l < \infty$，集 $x: I(x) \leqslant l$ 为 $X$ 中的紧集。

（4）对任意闭集 $C \subset X$，满足

$$\lim_{n\to+\infty}\sup\frac{1}{n}\lg^{P(F)} \leqslant -\inf_{x\in C}I(x) \tag{3.5}$$

（5）对任意开集 $G \subset X$，满足

$$\lim_{n\to+\infty}\inf\frac{1}{n}\lg^{P(G)} \leqslant -\inf_{x\in G}I(x) \tag{3.6}$$

### 3.4.3 优化模型

本节首先描述绿色数据中心系统组成和运行过程；然后给出系统的数学优化模型，并构造绿色数据中心的自适应服务器资源管理问题。

1. 绿色数据中心系统组成

本书考虑单个数据中心，其电能可由可再生能源（如太阳能、风能等）和不可再生能源（外电网或柴油发电机等）供应。绿色数据中心系统组成如下：该系统主要由电能供应系统、服务器资源池以及自适应服务器资源管理器组成。电能供应系统为绿色数据中心的正常运行提供电能，本书中考虑这些电能由可再生能源发电和不可再生能源发电两部分组成。服务器资源池为执行用户提交的任务提供计算资源，白色服务

器标示了当前空闲的服务器，而灰色则为当前忙碌的服务器。自适应服务器资源管理器为本系统组成的核心，它根据当前系统信息控制服务器资源的分配与调整。自适应服务器资源管理器中的系统信息监控单元主要用于采集系统状态、任务和可再生能源发电量信息；而任务调度单元则将任务队列中的任务分配到已经激活的服务器中。

在以上描述的系统组成下，用户提交的具有资源需求描述信息的计算任务首先会通过网络压入任务队列。与此同时，系统信息监控单元会周期性地采集系统状态、任务和可再生能源发电量等信息。然后服务器资源管理单元依据采集到的信息动态地开启或者关闭服务器，使激活的服务器数量能够自适应地满足输入任务的计算资源需求，而任务调度单元则将队列中的计算任务按照一定的规则分配给已经激活的服务器。最后，服务器计算资源执行任务，并将结果返回给用户。

2. 数学优化模型描述

将本书绿色数据中心建模为一个时隙系统[19]，并将时间划分为等长时隙，每个时隙长为 $d$ 分钟。这样，当 $T_0$ 表示起始时间时，时隙 $n$ 定义为时间间隔 $L_n = [T_0 + (n-1)d, T_0 + nd]$。令 $A_n \in A = \{0, 1, \cdots, s_A\}$ 表示时隙 $n$ 内到达任务需求的 CPU 数，其中 $s_A$ 为单个时隙内到达任务所需求 CPU 数的最大值，同时假设任务到达过程 $A_n$ 为独立同分布序列。令 $B_n \in B = \{0, 1, \cdots, s_B\}$ 表示时隙 $n$ 内服务完成的任务所释放的 CPU 数，其中 $s_B$ 为在单个时隙内所释放的最大 CPU 数。

一般地，用户的计算任务可由其到达时间、执行时间以及所需求的 CPU 资源数描述，即可表示为三元组 $\{a_k, e_k, c_k\}$，其中 $a_k$、$e_k$、$c_k$ 分别为第 $k$ 个任务的到达时间、执行时间和 CPU 需求数。通常，任务的运行时间很难预先知道或者预测。因此，我们将推导出一种新的服务器资源管理算法，该算法不依赖任务执行时间的先验信息。令 $t_k$ 表示第 $k$ 个任务的结束时间，则 $A_n$ 和 $B_n$ 可按式（3.7）和式（3.8）计算得到，即

$$A_n = \sum_{k=1}^{\infty} c_k I_{L_n}(a_k) \tag{3.7}$$

$$B_n = \sum_{k=1}^{\infty} c_k I_{L_n}(t_k) \tag{3.8}$$

其中，$I_{L_n}(x)$ 为集合的示性函数，定义为

$$I_L(x) = \begin{cases} 1, & x \in L \\ 0, & x \notin L \end{cases} \tag{3.9}$$

令 $R_n$ 表示可再生能源在时隙 $n$ 的发电量能够支持正常运行的服务器的 CPU 总数，且 $R_n \in R = \{0, 1, \cdots, s_R\}$，其中 $s_R$ 为单个时隙内可再生能源发电量所支持 CPU 数量的最大值，并假设 $\{R_n, n = 0, 1, 2, 3, \cdots\}$ 为独立同分布的序列。定义 $Q_n$ 为在时隙 $n$ 开始时从外电网获取的电能需要支持正常运行 CPU 的数量，也称 $Q_n$ 为在可再生能源供电下的等效 CPU 资源需求数。这样的动态方程可以表示为

$$Q_n = Q_{n-1} - B_n - R_n + A_n \qquad (3.10)$$

为了能够确定激活的服务器数量以保证期望的性能，同时使能耗最小，决策算法需要能够预测系统在不同服务器配置下的性能和能耗。然而，由于一台具有任意负载的服务器节点能耗很难预测，所以系统的精确能耗也很难直接预测。事实上，对于需要完成能耗节约目标的算法来说，精确的能耗预测往往并不必要。这是由于一台空闲服务器的能耗与一台满载服务器的能耗相差不大。也就是说，对于一个服务器而言，尽管它处于空闲状态，但维持它正常运行的能耗也会很高。由此看来，关闭空闲的服务器能够很好地实现能耗节约。同时，由于本书考虑的可再生能源不会给数据中心带来额外成本或者仅带来少量成本，且不会造成环境污染，因此本书的目标是在满足系统性能需求的前提下，尽可能减少由外电网供电所激活的服务器数量。

绿色数据中心计算资源的短缺可能会使任务的响应时间增加、任务执行速度变慢，从而导致任务吞吐量变低。为了能够刻画负载需求与数据中心提供的计算资源间的不匹配程度，定义过载概率为

$$P_{\text{overload}} = P(Q_n > G_n) \qquad (3.11)$$

其中，$Q_n$ 为一个随机变量，表示等效 CPU 资源需求量；$G_n$ 表示时隙 $n$ 由外电网供电所支持的 CPU 资源数。

本书中，使用过载概率衡量服务器资源管理的服务质量（Quality of Service，QoS）。令 $m$ 和 $G(m)$ 分别表示由外电网供电所激活的服务器数量和它们总的 CPU 数。于是，服务器资源管理问题可以构建为

$$\min_{\text{s.t.} \quad P(Q_n > G(m)) \leqslant \varepsilon} m \qquad (3.12)$$

其中，$\varepsilon$ 为给定的过载概率阈值，它表示期望的服务器性能。式（3.12）表明了其优化目标为最小化由外电网供电所激活的服务器数量，同时保证 QoS 过载概率低于预先给定的 $\varepsilon$。

求解式（3.12）需计算过载概率 $P(Q_n > c)$。然而，由于随机过程 $A_n, B_n, R_n$ 的概率分布未知，故 $Q_n$ 的概率分布也不能预先获取。因此，没有较好的直接计算过载概率的可用方法。为了克服这个困难，本书考虑利用时隙 $n$ 时的可用历史观测信息，如负载到达序列 $A_i$、离开序列 $B_i$ 以及可再生能源可支持的 CPU 资源数 $R_i$ 等，其中 $i = 1, 2, 3, \cdots, n-1$，使用基于在线测量的方法预测时隙 $n + N$ 的过载概率。后面将给出过载概率预测方法的细节描述。

## 3.4.4　过载概率估计

本节将讨论如何估计过载概率。一旦过载概率已知，就能够决策是否开启或关闭服务器。特别地，如果过载概率过大，系统会激活更多的服务器为完成期望性能提供计算资源；反之，当过载概率较低时，系统需要关闭空闲服务器，节约能耗。

假设当前时隙索引为 $n$，当前等效 CPU 资源需求量为 $Q_n$。$m_n$ 为由外电网供电所激活的服务器数量；定义 $m_n$ 为由 $m_n$ 台激活的服务器所提供的总 CPU 数。下面将估计在当前维持 $m_n$ 台激活服务器的系统配置下时隙 $n+N$ 的过载概率。令 $P_{\text{overload}}^{n+N}$ 表示时隙 $n+N$ 的过载概率，其定义为

$$P_{\text{overload}}^{n+N} = P(Q_{n+N} > G(m_n)) \tag{3.13}$$

其中，$N$ 表示预测间隔。后面将利用大偏差原理推导过载概率估计模型，在时隙 $k$，等效 CPU 资源需求量的演化可用式（3.14）表示，即

$$E_k = A_k - B_k - R_k \tag{3.14}$$

其中，$E_k$ 的值空间为有界集 $\varepsilon$，且令 $\pi_e = P(E_k = e)$ 表示当 $E_k = e$ 时的概率。由于 $A_k$ 由任务到达率确定，$B_k$ 与任务执行时间相关，而 $R_k$ 由可再生能源发电量确定，所以 $E_k$ 刻画了等效 CPU 资源需求的增加量。当 $E_k > 0$ 时表明时隙 $k$ 的等效 CPU 资源需求量增加；反之，$E_k < 0$ 表明时隙 $k$ 的等效 CPU 资源需求量减少。

由式（3.14）得，在时隙 $n$ 至时隙 $n+N$ 时间段内的等效 CPU 资源需求总增加量可由式（3.15）计算，即

$$B^{n+N} = \sum_{i=1}^{N} E^{n+i} \tag{3.15}$$

于是，时隙 $n+N$ 的等效 CPU 资源需求量可用式（3.16）表达，即

$$Q_{n+N} = Q_n + E^{n+N} \tag{3.16}$$

由式（3.13），时隙 $n+N$ 的过载概率可重写为

$$P_{\text{overload}}^{n+N} = P(Q_n + E^{n+N} > G(m_n)) \tag{3.17}$$

## 3.5　能耗监控相关技术

绿色数据中心能耗监控融合了现场监控技术、信息技术与计算机科学、建筑节能技术等多学科技术，是现代网络通信技术与传统建筑节能技术的综合应用。

### 3.5.1　接口协议技术

1. TCP/IP

TCP 和 IP 是两个用在 Internet 上的网络协议[20]，它们分别为传输控制协议和互联网协议，是 TCP/IP 协议组中的一部分。TCP/IP 协议组中的协议保证 Internet 上数据的传输，几乎提供了目前上网所用到的全部服务，包括新闻组发布、电子邮件传输、万维网访问、文件传输等。TCP/IP 协议组可分为两种协议，分别是网络层协议、应用层协议。

网络层协议负责管理离散计算机间的数据传输。这些在系统表层下工作的协议，

用户是注意不到的，如 IP 是为远程计算机和用户提供信息包的传送方法。它工作在许多其他信息的基础上，如计算机的 IP 地址等。在计算机 IP 地址和许多其他信息的基础上，IP 可以确保信息包能正确送达到目标计算机中。

相反，应用层协议是用户可以看到的，如文件传输协议（File Transfer Protocol，FTP），用户为了传送某一文件请求一个和目标计算机的连接，建立连接后就开始传输文件。在这一过程中，用户和目标计算机传输交换的部分是能看得到的。

综上所述，TCP/IP 是一组使得 Internet 上的机器相互通信比较方便的协议。

### 2. Modbus 协议

Modbus 协议最初是由 Modicon 公司开发出来的，目前已经成为全球工业领域最流行的协议[21]。Modbus 协议支持 RS-232、RS-422、RS-485 和以太网设备，可作为智能仪表、可编程逻辑控制器（Programmable Logic Controller，PLC）、分散控制系统（Distributed Control System，DCS）等工业设备之间的通信标准，使不同厂家的设备产品可以实现组网，实现集中监控。

Modbus 协议包括远程终端单元（Remote Terminal Unit，RTU）、美国信息交换标准代码（America Standard Code for Information Interchange，ASCII）、TCP 等。Modbus 的 RTU、ASCII 协议规定了数据、消息的命令、结构和就答方式，采用 Master/Slave 方式进行数据通信。Master 端发出请求消息，Slave 端收到消息后发送数据到 Master 端；Master 端也可直接发送消息修改 Slave 端的数据，实现双向的读写。

Modbus 协议会对数据进行校验，串行协议除了有奇偶校验，RTU 模式使用 16 位 CRC 校验，ASCII 模式使用纵向冗余校验（Longitudinal Redundancy Check，LRC）校验，TCP 模式不需要校验，因为 TCP 是个可靠的面向连接的协议。Modbus 协议定时收发数据采用的是主从方式，如果某 Slave 端断开，Master 端即可诊断出故障，当该 Slave 端断开修复后，网络可自行连通。因此，Modbus 协议是一种高可靠性的通信协议。

### 3. OPC 协议

OPC（OLE for Process Control）是一个工业标准，由国际组织 OPC 基金会管理[8]。OPC 基金会现已有超过 220 家会员，几乎包括国际上所有的仪器仪表、自动化系统及控制系统的公司。OPC 是基于微软的部件对象模型（COM）、现在的 ActiveX（OLE）和分布式部件对象模型（DCOM）技术。OPC 用于制造业自动化和过程控制系统，包括一整套方法、属性和接口的标准集。OPC 为基于 Windows 的应用程序和现场控制应用之间建立桥梁。每一个应用软件开发商在过去都需要编写一套专用的接口函数，用来存取现场设备的信息。由于设备的种类繁多并不断地更新换代，软件开发商在编写接口函数上存在巨大的工作负担。人们迫切需要一种具有开放性、可靠性、高效性的即插即用的设备驱动程序。OPC 标准协议以微软公司的对象连接与嵌入（Object Linking and Embedding，OLE）技术为基础，它的制定是通过提供一套标准的 OLE/COM

接口完成的，在 OPC 技术中使用的是 OLE2 技术，OLE 标准允许多台计算机之间交换文档、图形等数据。

4. E1 接口技术

一条 E1 是 2.048M 的链路，使用脉冲编码调制（Pulse Code Modulation，PCM）编码；一个 E1 的帧长是 256bit，被分为 32 个时隙，一个时隙是 8bit；每秒可有 8K 个 E1 帧通过接口，即为 2048Kbit/s；每一个时隙在 E1 帧中占 8bit，即为 64K，一条 E1 中有 32 个 64K[22]。

E1 分为成帧、成复帧与不成帧三种方式，在成帧的 E1 中第 0 时隙用于传输信令，其余 31 个时隙用于传输有效数据；在成复帧的 E1 中，第 0 时隙和第 16 时隙用于传输信令，第 1~15、第 17~31 共 30 个时隙用于传输有效数据；在不成帧的 E1 中，所有 32 个时隙都用于传输有效数据。

## 3.5.2　组网及传输技术

能耗监控系统监控层监控单元（Supervision Unit，SU）采集的数据通过网络层的一种或多种传输方式与监控中心（Supervision Center，SC）数据层或应用层联络[23]。

SU 是系统中最烦琐的一级子系统，它主要运用接口和总线技术直接与各种监控设备连接；SC 则是计算机系统之间的互连，运用的主要是计算机网络技术。通常所说的 SC 组网是指 SC 到 SU 系统的互连组网，与很多公共网络资源类似，如公共交换电话网（Public Switched Telephone Network，PSTN）、数字数据网络（Digital Data Network，DDN）、E1（2M）线路、综合业务数字网（Integrated Services Digital Network，ISDN）、X.25、帧中继（FR）、异步传输模式（Asynchronous Transfer Mode，ATM）、数字公务信道和音频专线等。

在能耗监控系统中，SU 与 SC 之间的通信可根据现场传输资源的状况，选择可靠、稳定、高效的组网传输方式。本节列举了几种 SU 与 SC 之间典型的组网传输方式，现场可根据实际情况灵活选择使用。

1. 单向环形（链形）组网

监控系统可以利用传输设备提供的 E1 路由，实现单向环形（链形）组网。这种组网利用传输节点设备可以同时提供上下 E1 接口的功能，结合 SU 的时隙抽取功能，在同一条 E1 链路上实现多个站点的数据传输；也可接入单向环内单个 SU 下的链形 SU，节约传输资源。组网如图 3.3 所示，此处的单向环形在逻辑上与链形组网相同。存在的缺点是：当某个节点 SU 故障时，将失去其下游 SU 的监控；在增加或删除 SU 时，需要对传输数据和监控系统的路由信息重新制作；没有环路保护的功能。

SU 必须具备两组 E1 端口，并且具有时隙提取功能，或者单独配置时隙提取设备；对于每一个 E1 环，SC 侧的接入设备需要提供 1 对 E1 端口。

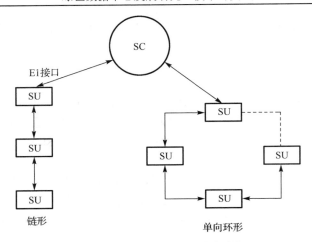

图 3.3　单向环形（链形）总线式组网

## 2. 双向保护环方式

2M 总线保护环方式是采用 E1 传输设备把 SC 中心接入设备和 SU 组成一种环形网的结构，是一种有自愈功能的环形组网，主要利用了 SU 的 E1 自愈倒换技术和链路状态检测[24]。如图 3.4 所示，这种组网，SU 提供两个 E1 接口以及多个异步串口，SU 中心接入设备提供两个 E1 接口和与 SC 通信的 IP 接口。多个 SU 与一个 SC 中心接入设备，通过 E1 链路首尾相连地串联起来，使每个被监控设备与 SC 之间具有一条双向透明的数据通道。当一侧链路故障时，SU 将自行启动环保护，把业务数据切换到另一侧备用链路上，确保业务数据传输正常。在增加或删除 SU 时，不需要对监控系统进行设置或调整，业务数据能自行恢复正常传输。2M 总线环应以串口透传方式，将 SU 现场被监控设备直接接入 SC，在 SC 统一对所有被监控的设备进行通信协议转换。每个 2M 总线环具备接入大于 60 个 A 接口的能力。

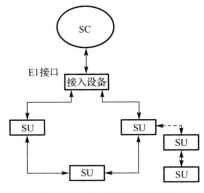

图 3.4　双向保护环组网图

采用该类双向保护环方式组网，链路中的数据流可采用时分复用（Time Division Multiplex，TDM）和 IP 两种方式，前者每个 SU 可使用的传输带宽是固定不变的，系统可靠性高；后者每个 SU 可使用的传输带宽是共享的，可能会出现传输拥堵或资源冲突的情况，系统可靠性相对较低。

SU 需要具有两组 E1 接口，并具有链路侦测和自动倒换功能；对于每一个 E1 环，SC 侧的接入设备需要提供两对 E1 端口。

3．IP 组网

在传输设备可以提供网络接口时，可以采用 IP 接口的组网方式，使监控系统组成一个局域网。如图 3.5 所示，IP 组网每个 SU 可使用的传输带宽是共享的，可能会出现广播风暴和资源冲突，系统传输组网不够稳定、可靠。SU、SC 侧均可以使用10/100MB 以太网接口。

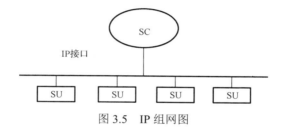

图 3.5　IP 组网图

4．E1 单独组网

在传输资源比较充裕并且需要带宽较宽时（如有图像监控要求），可以考虑采用单独 E1 进行组网，如图 3.6 所示。SC 和 SU 侧设备均需具有 E1 接口。

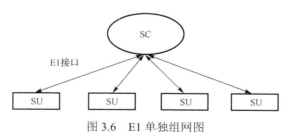

图 3.6　E1 单独组网图

5．SM 互连

对能耗监控系统监控层监控模块（Supervision Modular，SM）的互连，其主要工作就是接口连线。但实际 SM 的种类繁多，如智能设备、各类采集器等，由于设备出自不同的生产厂家，其接口也各不相同。对 SM 进行接口连线的目的就是把 SM 按特定的连接方式通过通信线缆连接组成一个现场的通信网络，再与上级监控主机通信[25]。

　　SM 的互连常用的通信接口包括 RS-232、RS-422、RS-485 和 CAN（Controller Area Network）、LonWorks 等现场总线接口，通过这些通信接口可以组成各种方便又实用的现场通信网络。RS-232 主要用于点对点的异步通信。RS-422 和 RS-485 既可用于异步通信，也可用于同步通信；既可实现点对点通信，也可实现一点对多点通信；在用于多点网络的情况下，既可连接成总线型，也可连接成星型。监控系统主要采用异步通信模式为主，且为多点网络。

　　1）RS-232 接口组成的通信网络

　　RS-232 接口用于点对点的通信，无法组成大的通信网络[26]。RS-232 具有全双工通信方式，且一般的计算机都会提供 RS-232 接口，所以该类接口仍在智能设备和监控模块中大量出现，以便用来与计算机通信。SU 监控主机可通过多串口卡和串口服务器来扩充 RS-232 接口，实现与多台设备或多条总线的连接。

　　当智能设备或监控模块与 SU 监控主机距离较远时，可通过接口转换器把 RS-232 接口转换成 RS-422 或 RS-485 等能够进行稍远距离传输的接口，通过总线传输，如图 3.7 所示。如果智能设备或监控模块与 SU 监控主机处在不同地点，超出总线传输距离，则需要远程通信。

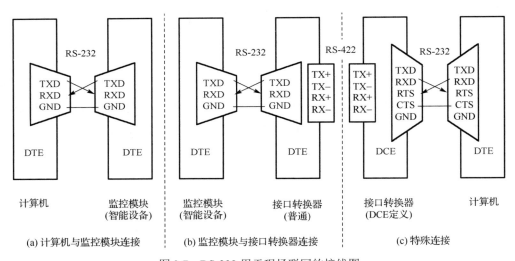

图 3.7　RS-232 用于现场联网的接线图

　　2）RS-422 总线组成的通信网络

　　RS-422 总线由于传输距离远，可靠性高，并且可以并联地挂接多个设备，所以在监控系统中应用较多。常用的做法是通过 RS-422 总线将各监控模块连接在一起，并与监控主机的 RS-422 卡相连，组成 RS-422 监控网；或在监控主机端通过接口转换器转换成 RS-232 后再与主机的 RS-232 串口相连，如图 3.8 所示。

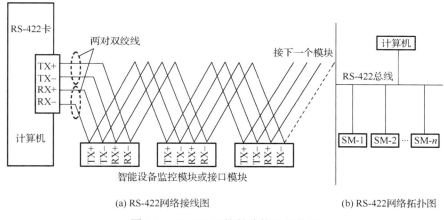

(a) RS-422网络接线图　　　　　　(b) RS-422网络拓扑图

图 3.8　RS-422 网络的连接及拓扑图

3）RS-485 总线组成的通信网络

测控现场往往要求用最少的线数实现最完善的通信功能[27]。RS-485 是将 RS-422 的全双工方式改为半双工方式，将四根通信线简化为两根线，如图 3.9 所示。

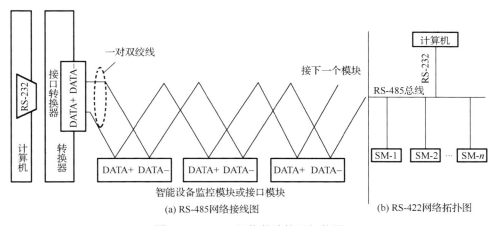

(a) RS-485网络接线图　　　　　　(b) RS-422网络拓扑图

图 3.9　RS-485 网络的连接及拓扑图

## 3.5.3　数据库管理系统

### 1. OracleS

Oracle 是一个商品化的关系型数据库管理系统，也是功能强大、应用广泛的数据库管理系统[28]。Oracle 不仅具备完整的数据管理功能，还是一种分布式的数据库系统，它支持多种分布式的功能，如支持 Internet 的应用等。Oracle 提供一整套功能齐全、界面友好的数据库开发工具。Oracle 执行各种操作采用的是 PL/SQL，具有可移植性、可伸缩性、可开放性等功能。在 Oracle 8i 中，支持面向对象的功能使得 Oracle 成为一种对象/关系型数据库管理系统。目前其最新版本是 Oracle 12C。

### 2. Microsoft SQL Server

Microsoft SQL Server 是一种典型的关系型数据库管理系统。它完成数据操作所使用的是 Transact-SQL，它能够在很多操作系统上正常运行。Microsoft SQL Server 是一种开放式系统，其他系统能够与它进行完美的交互操作。它具有可伸缩性、可靠性、可管理性、可用性等特点，为使用者提供完整的数据库系统解决方案[29]。目前其最新版本是 Microsoft SQL Server 2016。

SQL 是 Structured Query Language 的缩写，意为结构化查询语言。SQL 的最主要功能即是与各类数据库进行沟通，建立联系。按照美国国家标准协会（American National Standards Institute，ANSI）的规定，SQL 已成为关系型数据库管理系统的标准语言。SQL 语句可用于执行各类的操作，如更新数据库中的数据、从数据库中提取数据等。目前，大部分关系型数据库管理系统，如 Oracle、Sybase、Microsoft SQL Server、Access 等都采用了 SQL 标准。

### 3. PostgreSQL

PostgreSQL 是一个自由的对象/关系数据库管理系统，它的特性覆盖了 SQL-2/SQL-92 和 SQL-3/SQL-99[30]。首先，它所支持的数据类型几乎覆盖目前世界上所有的数据类型，其中有些连商业化的数据库都不一定具备，如几何类型和 IP 类型等；其次，PostgreSQL 是自由软件数据库，且是全功能的。过去几年，PostgreSQL 是唯一支持子查询、事务、数据完整性检查、多种版本并行控制系统等特性的一款自由软件数据库管理系统。它的唯一性在 SAP 及 InterBase 等厂家将其原先的专有软件开放为自由软件之后才被打破。

技术方面，PostgreSQL 采用的是经典的 C/S（Client/Server）结构，其模式为一个客户端对应一个服务器端守护进程，该守护进程分析客户端的查询信息，生成规划树进行数据检索，最终把格式化的输出结果反馈给客户端。由服务器提供统一的客户端（C）接口，方便客户端编写程序。不同的客户端接口都是源自这个 C 接口，如 Java 数据库连接（Java Database Connectivity，JDBC）、开放数据库互连（Open Database Connectivity，ODBC）、Python、Perl、C/C++、ESQL 等，PostgreSQL 几乎支持所有类型的客户端接口，目前其最新版本是 PostgreSQL 9.6。

### 4. DB2

DB2 是 IBM 公司研制的一种关系型数据库系统，主要用于大型应用系统，具有较好的可伸缩性，支持从大型机到单用户环境，应用于 Windows、OS/2 等平台下[31]。DB2 提供了高层次的数据安全性、利用性、可恢复性、完整性，以及从小规模到大规模应用程序的执行能力，具备与平台无关的基本功能和 SQL 命令。DB2 采用数据分级的技术，能够将大型机的数据方便地下载到局域网（Local Area Network，LAN）数据库服务器，能使客户机、基于 LAN 的应用程序或服务器用户访问大型机的数据，并能使数据库本地化和远程连接透明化。

DB2 的特点在于它拥有一个非常完备的查询优化器，其外部连接加强了查询性能，并且支持多个任务同时查询。DB2 具备优秀的网络支持功能，非常适用于大型分布式应用系统，其每个子系统能与十几万个分布式用户连接，并可同时激活上千个活动线程。

2006 年，IBM 全球同步发布了一款具有划时代意义的数据库产品 DB2 9，这款新品的最大特点是率先实现了可扩展标记语言（XML）和关系数据间的无缝交互，而不需要考虑数据的格式、平台或位置。目前其最新版本是 DB2 V10.5。

## 3.5.4　监控技术

能耗监控系统最基本的功能就是监控功能。"监"是指监视、监测，"控"是指控制。因此，监控功能可以简单分为监测和控制功能[32]。

1. 监控功能

1）监测功能

能耗监控系统可以监测设备运行的实时情况，获得设备运行的原始数据和状态，供系统分析处理。另外能耗监控系统还能通过温湿度、摄像机、麦克风等，以温湿度数据、图像、声音的方式对设备环境进行直接监视，使维护人员更加准确、直观地掌握设备的运行状态。监测功能要求能耗监控系统具有良好的实时性、精确性和准确性。

2）控制功能

能耗监控系统能够将操作人员从业务台发出的控制命令，转化为设备可识别的指令，让设备产生预期的动作或相应参数的调整，这也称为遥控和遥调。能耗监控系统的遥控对象包含各类被监控的设备，也包含能耗监控系统自身的设备，如对镜头、云台进行遥控，使之获取需要的图像。控制功能也同样要求系统具有较好的实时性和准确性。

2. "四遥"监控

监控内容（监控项目或监控点）可分为遥测、遥信、遥控、遥调等四种类型，是指对监控对象所设置的具体监测和控制的信号量。从数据类型上可将信号量分为状态量、模拟量、开关量、数字量等；从信号的流向上可将信号量分为输入量和输出量。因此，将这些监控内容分为遥测、遥信、遥控和遥调等几种类型。此外，图像监控是对数据监控的有效补充，通过视频编解码、数据传输等技术来远程传输图像的过程又称为遥视或遥像[33]。

1）遥测

遥测是指通过对设备和环境连续变化的模拟量进行采集，远程获得这些数据信息的过程。遥测的对象包括电流、电压、功率等各类电量和压力、温度、液位等各类非电量，都是模拟量。遥测的对象通过传感器、变送器和监控模块等一系列变换处理后，转化为接近模拟量真实值的数字量，传送给计算机进行统一分析处理。

2）遥信

遥信是指通过监视现场环境和设备的运行状态，来获取相应状态量的过程，其内容包括设备的运行状态和状态告警信息等。这些状态量的取值往往是几个离散值，每一个值具有一个固定意义，用来标示设备或局部的一种运行状态。部分状态量只有两种取值，用来标示某种特定状态的有或无、告警或不告警，这些状态量通常称为开关量。

3）遥控

遥控是指能耗监控系统通过系统网络对远端设备发出指令信号，使远端设备按指令执行动作的过程。遥控的值往往是开关量，用来表示开、关或开机、停机等信息，部分特殊情况下，也可采用多遥控值，使设备在几种不同的状态下进行切换运行。

4）遥调

遥调是指能耗监控系统通过系统网络远程调整设备运行状态参数的过程，遥调量基本都是数字量。

# 3.6　能耗监控系统设计

## 3.6.1　系统功能结构

本书根据数据中心耗能结构的特点和国内外能耗监控系统的发展现状，研究绿色数据中心能耗监控系统。本书设计绿色数据中心能耗监控系统，需具备如下特点：高度数字化，内含各种智能的电力设备、传感器、应用系统、控制系统等；实现全系统可监控和全面实时可监视；在一个统一的能耗监控平台上，自动完成各类应用和全部数据的整合；采用先进的 IT 技术，实现对数据信息的网络传输和系统集成；在信息集成化的基础上，对各类数据进行高级分析，为各项节能减排决策提供数据依据和支持，实现降低成本、提高可靠性、提高效率和收益的目标。

本书设计绿色数据中心能耗监控系统，考虑采用五层功能结构，依次为监控层、网络层、数据层、应用层和会话层，对各层相应的业务内容和实现功能进行初步定义，如表 3.3 所示。另外细化各层的功能结构如图 3.10 所示。

**表 3.3　能耗监控系统实现功能**

| 分层结构 | 实现功能 |
|---|---|
| 会话层 | 提供多种互动方式，同时根据角色不同，提供不同的应用。能耗监控系统可以通过一定的协议接口与其他系统互连，使得其可以共享数据平台，实现数据综合管理的功能 |
| 应用层 | 根据需求定制的、可扩展的、多样化的应用模块 |
| 数据层 | 将系统各种数据以数据库文件形式存储到硬盘或其他外部设备 |
| 网络层 | 监控层的监控数据通过网络层的一种或多种传输方式与数据层或应用层联络 |
| 监控层 | 数据采集功能是对设备的实时运行状况和影响设备运行的环境条件实行不间断的监测，获取设备运行的原始数据和各种状态，供系统分析处理；<br>设备控制功能将维护人员在业务台上发出的控制命令转换成设备能够识别的指令，使设备执行预期的动作或参数调整 |

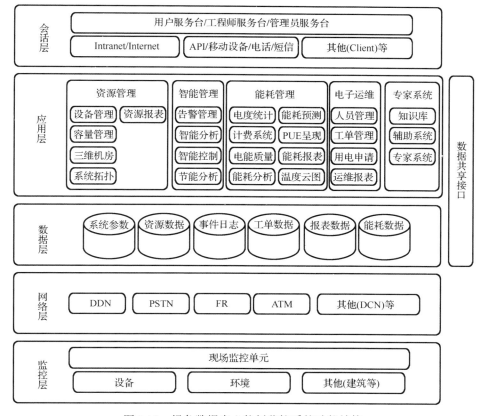

图 3.10　绿色数据中心能耗监控系统功能结构

后面针对监控层、网络层、数据层、应用层、会话层等进行详细方案设计。

## 3.6.2 监控层方案

要构建绿色数据中心能耗监控系统，首先要确定系统的监控对象和内容。监控对象即被监控的设备、机房和环境等；监控内容即各种监控对象中具体被监控的物理量，也称监控项目或监控点。

### 1. 监控对象

能耗监控系统的监控对象按用途可分为动力系统和环境系统两大类；按被监控设备本身的特性可分为智能设备和非智能设备。智能设备可以纳入能耗监控系统，而非智能设备则需通过数据采集器将其智能化后才可接入能耗监控系统。

本书根据 3.2 节对绿色数据中心能耗结构特点的分析研究，得出绿色数据中心能耗监控系统的常见监控对象如表 3.4 所示。

表 3.4　绿色数据中心能耗监控系统的常见监控对象

| 分类 | | 监控对象 |
| --- | --- | --- |
| 动力系统 | 高压变配电设备 | 高压线路、GIS 组合电器、变压器等 |
| | 中压变配电设备 | 中压线路、进线柜、出线柜、母联柜、直流操作电源柜、变压器、电容器、电抗器等 |
| | 低压配电设备 | 进线柜、主要配电柜、稳压器、电容器柜等 |
| | 整流配电设备 | 交流屏（或交流配电单元）、整流器、直流屏（或直流配电单元）等 |
| | 变流设备 | 不间断电源、逆变器、直流-直流变换器等 |
| | 储能设备 | 蓄电池、太阳能供电设备等 |
| | 发电设备 | 柴油发电机组等 |
| | 其他 | 设备绝缘等 |
| 空调设备 | 分散空调设备 | 分散空调设备等 |
| | 集中空调设备 | 冷冻系统、空调系统、配电柜等 |
| 机房环境 | | 环境条件、图像监控、门禁等 |

### 2. 监控末端采集设备

绿色数据中心能耗监控系统需安装大量具有标准化接口的计量设备，包括电能表、水表、燃气表、热（冷）量表等，负责对机房能耗数据进行实时采集[34]。下面对现场监控电能采集设备进行详细介绍。

### 1）电量采集模块选型

交流电量采集模块具有正向有功电度计量功能，能存储其数据。直流电量采集模块具有直流电度计量功能，能存储其数据。交流或直流电量采集模块能够测量电压、电流、有功功率（交流）或直流功率（直流）值，并具有瞬时测量值冻结功能。

交流单路多功能电量采集模块（单相、三相）满足如下功能要求：具有电流、电压、频率、有功功率、无功功率、功率因数检测功能；交流三相电量采集模块能作为三个单相电量采集模块使用，分别计量、存储各相数值；以上所有测量智能电表模块具备 RS-232 通信接口，具备遥测、遥信功能。采用 RS-485 通信接口的智能电量采集模块配置 RS-485 转 RS-232 接头。

2）互感器选型

额定一次电流标准值（加括号的为可选）：50A、100A、（150A）、200A、1000A、（1200A）、（1500A）、2000A。额定二次电流标准值：1A（或 5A）。电流互感器准确度等级为 1.0 级。

3）霍尔传感器选型

额定一次电流标准值：50A、100A、200A。额定输出标准值：4mA、20mA。直流霍尔传感器准确度等级为 1.0 级。

3．监控内容

根据《通信电源集中监控系统工程设计规范》YD/T5027—2005 有关规定，结合数据中心运行维护管理人员的实际经验及需求[35]，本书设计数据中心监控内容如下（四遥说明见 3.5.4 节）。

1）中压变配电设备

（1）中压电缆线路：遥测温度。

（2）进线柜：遥测三相电流、三相电压；遥信开关状态、过流跳闸告警、失压跳闸告警、速断跳闸告警。

（3）出线柜：遥信开关状态、过流跳闸告警、失压跳闸告警、速断跳闸告警。

（4）母联柜：遥信开关状态、过流跳闸告警、速断跳闸告警。

（5）直流操作系统电源柜：遥测控制电压、储能电压；遥信开关状态、控制电压高低、储能电压高或低、操作柜充电机故障告警。

（6）变压器：遥测输入或输出相电流、输入或输出相电压、输入或输出线电流、输入或输出线电压、零序电流、零序电压、输入或输出功率因数、输入或输出频率、三相绕组温度、三相油温等；遥信高温告警。

（7）电容器或电抗器：遥测相电压、相电流、线电压、线电流、无功功率、频率等；遥信保护动作及报警等；遥控投切等。

2）低压配电设备

（1）进线柜：遥测三相输入电流、三相输入电压、频率、功率因数；遥信开关状态、缺相、过压、欠压告警；遥控开关分、合闸。

（2）主要馈电柜：遥测三相输入电流、三相输入电压、频率、功率因数、电能、有功功率、无功功率、视在功率；遥信开关状态；遥控开关分、合闸。

3）整流配电设备

（1）交流屏：遥测三相输入电流、三相输入电压、频率；遥信三相输入过压或欠压、缺相、三相输出过流、频率过高或过低、熔丝故障、开关状态。

（2）整流器：遥测整流器整体输出电压、各个整流模块的输出电流；遥信各个整流模块的工作状态（开机或关机、限流或不限流、电池均充或浮充）、整流器故障或正常；遥控开机或关机、蓄电池均充或浮充、测试。

（3）直流屏：遥测直流输出电压、总负荷电流、主要分路电流、蓄电池充电或放电电流；遥信直流输出电压过压或欠压、蓄电池熔丝状态、主要分路熔丝或开关故障。

4）换流配电设备

（1）UPS：遥测三相输入电压、直流输入电压、三相输出电流、三相输出电压、输出频率、标示蓄电池表面温度、标示蓄电池电压；遥信同步或不同步状态、UPS 主机或旁路供电、市电故障、蓄电池电压低、逆变器故障、整流器故障、旁路故障。

（2）逆变器：遥测交流输出电流、交流输出电压、输入电压、输出频率；遥信输出电压过压或欠压、输出过流、输出频率过高或过低。

（3）直流-直流变换器：遥测输出电流、输出电压、输入电压；遥信输出电压过压或欠压、输出过流。

5）蓄电池等储能设备

（1）蓄电池：遥测每只蓄电池电压、蓄电池组总电压、电池表面标示湿度、每组充放电电流、每组电池安时量；遥信每只蓄电池电压高或低、蓄电池组总电压高或低、充电电流高、电池表面标示温度高。

（2）太阳能供电设备：遥测方阵输出电流、输出电压；遥信方阵工作状态（投入或撤出）、输出过流、过压。

6）发电设备

（1）柴油发电机组：遥测三相输出电流、三相输出电压、输出频率或转速、水温（水冷机组）、润滑油油温、润滑油油压、输出功率、启动电池电压、油箱液位；遥信工作方式（自动或手动）、工作状态（运行或停机）、主备用机组、自动转换开关（Automatic Transfer Switching，ATS）状态、过流、欠压、过压、频率或转速高、皮带断裂（风冷机组）、水温高（水冷机组）、润滑油油压低、润滑油油温高、启动失败、过载、启动电池电压高或低、充电器故障、市电故障、紧急停车；遥控开机或关机、选择主备用机组、紧急停车。

（2）燃气轮机发电机组：遥测三相输出电流、三相输出电压、输出频率或转速、进气温度、排气温度、润滑油油温、润滑油油压、启动电池电压、控制电池电压、输出功率；遥信工作方式（自动或手动）、工作状态（运行或停机）、主备用机组、自动转换开关状态、过流、欠压、过压、频率或转速离、润滑油油温高或低、排气温度高、燃油油位低、启动失败、过载、控制电池电压高或低、启动电池电压高或低、充电器故障、市电故障、紧急停车；遥控开机或关机、选择主备用机组、紧急停车。

7）空调设备

（1）分散式风冷专用空调：遥测空调主机工作电流、工作电压、送风温度、送风湿度、回风温度、回风湿度、压缩机排气压力、压缩机吸气压力；遥信开机或关机、电压和电流过高或低、回风温度过高或低、回风湿度过高或低、过滤器正常或堵塞、压缩机正常或故障、风机正常或故障、运行状态（加热、冷却、除湿、加湿）；遥控开机或关机。

（2）冷冻主机系统：遥测冷却水进口或出口温度、冷冻水进口或出口温度、冷冻机工作电流、冷却水泵工作电流、冷冻水泵工作电流；遥信冷冻或冷却水泵、冷却塔风机、冷冻机的启或停状态和故障报警，冷却水塔（箱）液位低告警；遥控开或关冷冻机、开或关冷却水泵、开或关冷却塔风机。

（3）水冷空调室内机系统：遥测送风或回风温度、湿度；遥信风机工作状态、风机故障报警、过滤器堵塞报警；遥控开或关风机。

（4）空调配电柜：遥测电源电流、电压；遥信电源工作电流过高告警、电压高或低告警。

8）机房环境

遥测湿度，温度；遥信温感、烟感、门禁、水浸、图像监视、玻璃破碎告警、红外告警；遥控开门或关门。

4. 监控点的选取

合理地选取监控点，对于建立一个经济实用的能耗监控系统是非常重要的。监控点的选取应从系统所要实现的根本目的出发，主要遵循以下原则[36]。

1）遥测、遥信监控点必须足够

能耗监控系统必须能够真实、准确地反映设备运行状态，反映设备运行现场的环境条件，而这些得通过配置足够的遥信点和遥测点来实现。特别是某些重要设备或对机房整体系统具有关键意义的状态量，必须设置相关的遥信点和遥测点，使机房整体系统能够做到可靠、准确、全面地进行远程监测。

2）监控点的设置需力求精简

当所设置的监控点已经足够完全或基本反映出设备的运行状况时，设置多余的监控点反而会使监控系统的复杂度和成本增加，可靠性降低，而且系统的实时性也将受到影响。因此监控点的选取也应坚持力求精简的原则。

例如，低压配电屏上供给开关电源的分路电流，与开关电源交流屏上的输入电流完全相同，当交流屏上已经对输入电压和电流进行了监测时，则低压配电屏上就完全没必要再对相应分路电流进行重复监测。

3）监控点的选取需要考虑实际情况，区别对待

同样的监控点可能在不同的设备中意义大不相同，重要性也大不相同，对它们的取舍应从实际需要出发，明确侧重点，区别对待。

例如，交流工作电流，一般需对低配进线柜总电流进行监测，因为它反映了整个局部站点当前交流负荷的大小；对重要配电柜的重要分路电流也应进行监测，了解该分路的负荷情况；而对一般分路和一般配电柜就没必要进行监测。再如湿度和温度对以安装 IT 设备为主的数据机房来说特别重要，一定需要监测；而对安装电源设备的变配电室来说却并不是必需的项目，可以不用监测。

4）监控点需以遥信、遥测为主，遥调、遥控为辅

能耗监控系统中，遥信、遥测是"眼"，遥调、遥控是"手"。一个正常的数据中心，其内部各个系统的运行应该是可靠、稳定的，不需要能耗监控系统对它进行过多的控制和干预。能耗监控系统主要是为了监测数据中心的运行状态，及时快速地发现故障，便捷有效地提出解决措施和方案；在当下系统智能化程度不高的前提下，设置过多的遥调、遥控点，并没有实际意义，而且加大了投资，还给系统带来了故障点，增加了不可靠因素。

图像监控是监控系统的辅助手段，它的优点是可以实时、直观地察看设备运行现场的环境情况，但缺点也是显而易见的，即网络资源占用多、成本高、功能单一等。因此图像监控点应按需要设置。

具备监控模块的智能设备其对自身的大量参数都进行了监控，并且可以通过协议直接连到能耗监控系统中。一台智能设备往往存在大量的监控点，其中许多对维护工作或后台数据的分析并没有多大的实际意义，而大量的监控点在系统中却占据了宝贵的编码空间，增加了系统复杂度和程序处理的负担。因此，智能设备的监控点选取也应当精炼。

还需注意，监控点的选取需要配合告警等级和告警项目。产生告警即意味着系统中存在故障或异常情况，从维护管理上来说，监测发出告警信息比监测系统正常运行的数据更重要。遥信量和遥测量决定着告警的来源，遥信量需要依据维护管理的要求来确定告警的等级；遥测量需要根据机房实际情况设置告警的合理上限或下限值。

5. 监控采集位置的布设

在确定所需选取的监控点后，其监控采集位置的布设也需准确、合理，能够真正反映被监控对象的运行状况和实时特性[37]。

1）动力设备监控采集位置布设

对动力设备监控点的采集位置布设，需遵循以下 6 条原则。

（1）高、中压配电设备的电流、电压等监控点通常是在集中控制台的表头上读取，再通过变比计算。当没有集中控制台时，需要在高、中压设备上安装相应的传感器和变送器。由于高、中压设备的故障影响较大，许多机房考虑施工难度和成本，对高、中压设备往往不要求进行监控。

（2）高、中压变压器一般自带温度监控模块，可直接引出高温告警的若干接点；当自身没有温度监控模块时，需要增设温度传感器。当变压器需要安装温度传感器时，其选点需能反映出变压器最高温度状态。油浸式变压器一般测其冷却油的温度，干式变压器一般测其绕组的温度。

（3）低压市电的参数一般会在低压进线柜的总开关之后采集，或在油机市电切换的 ATS 柜上进行采集，该两点均能正确反映低压市电的实际情况。

（4）柴油发电机组的参数一般通过其自带的智能通信接口接入（智能油机），也可以通过油机市电切换的 ATS 柜进行采集（非智能油机）。油机所使用的油箱，其油位监测一般需要加装单独的油位传感器；非智能油机根据需要可增加机油压力、转速、水箱水湿和水位等传感器；有些智能油机可能未监测油机启动电池电压，一般需要加装直流电压传感器。

（5）开关电源的直流参数可通过开关电源自带的智能监控模块或蓄电池智能监测仪进行采集。蓄电池组总电压、蓄电池组充放电电流等，可以通过直流输出配电屏进行采集。

（6）部分采集困难的监控量，可由其他容易采集的监控量通过数学运算得到，如电压不平衡度可以通过三相电压值运算得到。

2）环境和安防监控采集位置布设

（1）环境湿度、温度。

对于安装重要 IT 设备的机房，一般要求做到恒温、恒湿和防尘，因此需要对机房的环境湿湿度进行监测。对于安装了专用空调的机房，可通过专用空调上的回风温湿度值作为机房环境的温湿度值；对于机房内某些上述方法不能准确反映实际环境温度、湿度的部位，需要根据实际情况安装温湿度传感器。机房内一般会在离地 1～1.5m 的墙或柱子上安装温湿度传感器。

机房内存在大量的蓄电池组，蓄电池在充电或放电的过程中会产生热量，但温度过高可能是由于蓄电池连接松动或内阻增加引起的，且高温容易引发事故。通常每组电池选择 2～4 只电池安装温度传感器来进行温度监测，一般会紧贴蓄电池表面安装。

（2）水浸。

空调室内机的冷凝水管或加湿水管如果发生漏水而又没有及时发现和处理，会引起短路等故障，因此在机房空调下侧的地面一般会安装水浸传感器。一些空调本身已在其下侧安装水浸传感器，则不需要另外加装。另外机房一楼的电缆地沟中比较容易进水，也需要安装水浸传感器。

光电式水浸传感器下方半球玻璃窗表面宜离地面 0.5～1mm，太高则不能及时发现"水情"，紧贴地面则易磨损玻璃窗；电极式、电容式、电阻式水浸传感器可紧贴地面安装，其中电极式传感器如果遇有潮湿的泥土地面，则必须稍稍架空安装，因为潮湿的泥土导电能力非常强，容易引起误告警。

（3）门禁。

门磁开关是一种用来监测门开或关状态的安防传感器，智能门禁是用来进行出入口控制的安防设备，两者常统称为门禁。从功能上来说，前者只有监测功能，而后者兼具强大的管理、控制和识别功能。

红外传感器可以监测布防范围内行动的人，主要用于防盗，常安装在门禁无法防范的重要场所，如墙壁高处或天花板上。为了节省投资，在已经安装了智能门禁的机房不再安装红外传感器。

玻璃破碎传感器一般安装在玻璃窗附近的墙壁和天花板上，可以对破窗而入的盗贼进行监测。

（4）火警。

火警包括烟感探头和早期烟雾告警。烟感探头的设置数量应根据机房面积和结构确定，已安装早期烟雾告警的机房可不再安装烟感探头。

火警监测的设备主要为各类火灾探测器、可燃气体探测器、非智能或智能火灾报警系统等。对于非智能火灾报警系统，一般在监控系统中接入告警干接点即可；对于智能火灾报警系统，则将其智能接口接入监控系统即可；单独设置的火焰、烟雾等火灾探测器，则需单独接入监控系统。

## 3.6.3　数据和网络层方案

能耗监控网络层将监控层的监控数据通过网络层的一种或多种传输方式与数据层或应用层联络。

### 1. 组网方案

能耗监控系统监控层 SU 采集的数据通过网络层的一种或多种传输方式与 SC 数据层或应用层联络。

SU 是系统中最烦琐的一级子系统，它主要运用接口和总线技术直接与各种监控设备连接；SC 则是计算机系统之间的互连，运用的主要是计算机网络技术。通常所说的 SC 组网是指 SC-SU 系统的互连组网，与很多公共网络资源类似，如 PSTN、DDN、E1（2M）线路、ISDN、X.25、帧中继（FR）、ATM、数字公务信道和音频专线等。

在能耗监控系统中，SU 与 SC 之间的通信应根据实际的传输资源状况，合理选择稳定、可靠、传输资源利用率高的传输组网方式。3.5.2 节列举了几种 SU 与 SC 之间典型的组网传输方式，包括单向环形（链形）组网、双向保护环组网、IP 组网、E1单独组网等，现场可根据实际情况灵活选择使用。

### 2. 传输方案

#### 1）SM 互连方案

对能耗监控系统监控层 SM 的互连，其主要工作就是接口连线。但实际 SM 的种类繁多，如智能设备、各类采集器等，由于设备出自不同的生产厂家，其接口也各不相同。对 SM 进行接口连线的目的，就是把 SM 按特定的连接方式，通过通信线缆连接组成一个现场的通信网络，再与上级监控主机通信。

SM 互连常用的通信接口包括 RS-232、RS-422、RS-485、CAN、LonWorks 等现场总线接口，通过这些通信接口可以组成各种方便又实用的现场通信网络。RS-232 主要用于点对点的异步通信。RS-422 和 RS-485 既可用于异步通信，也可用于同步通信；既可实现点对点通信，也可实现一点对多点通信；在用于多点网络的情况下，既可连接成总线型，也可连接成星型。监控系统主要采用异步通信模式为主，且为多点网络。

2）SM 与 SU 互连方案

SU 系统是监控系统最底层的监控子系统，它是由局部站点监控主机与各种监控模块构成的一个分布式网络系统，直接参与对主设备的监测控制和管理。SU 监控主机又称为前置机，常采用工业测控计算机（Industrial Control Computer，IPC）。也有许多小的局部站点不设置前置机，而是直接通过传输设备将数据送到远程或 SC 的前置机。SU 系统是通过现场组成的通信网络，将各个 SM 与 SU 监控主机连接起来，使 SU 监控主机能够采集到各个 SM 或各个智能设备的数据信息，同时将监测或控制命令传送到各个监控模块或各个智能设备，并且可实现对局部站点通信网络的管理。

3. 智能网关选取

智能网关承担数据采集和转换任务，将来自末端计量设备的数据以分散或集中的形式进行数据采集，并通过数据转换后上传至监控中心平台。

本书选择 SYNC2000 型智能网关，是智能电网、机器对机器（Machine to Machine，M2M）、航空英里指示器（Air Mileage Indicator，AMI）、故障率测试元件（Failure Rate Test Unit，FRTU）应用的通用通信控制器。网关支持 IEC 61850、IEC 60870-5-101/103/104、DLMS/COSEM、Modbus 协议以及 SPA 总线和 Courier 等专有协议。广泛应用于仪表、远程测控终端、继电器读取、闭锁重合闸和变压器等设备与变电站的数据采集与监视控制（Supervisory Control and Data Acquisition，SCADA）系统或本地监视系统进行智能数据通信。

4. 以太网交换机选取

以太网交换机是基于以太网传输数据的交换机，以太网是共享总线型的局域网。以太网交换机一般以全双工方式工作，每个端口都直接连接主机[38]。以太网交换机能够同时使许多对端口连通,相应连通的主机之间传输数据能像独占信道那样毫无冲突。

本书所选的 TP-LINKTL-SG1048 48 口全千兆非网管以太网交换机，是 TP-LINK 专为网吧、企业、校园及智能小区设计的全千兆非网管交换机产品，提供 48 个 10/100/1000MB 自适应 RJ45 端口，所有端口均支持线速转发和媒体相关接口/媒体相关接口交叉

（MDI/MDIX）自动翻转功能，支持 IEEE 802.3x 全双工流控和 Backpressure 半双工流控。即插即用，可安装于机架内。

5. 数据库选择

数据库是数据存储和处理的核心部分，主要作用是存储能耗监控系统中的实时数据、设备基本信息以及机房的基本信息等，并具有数据修改、插入和删除的功能。建立数据库可以更加清楚机房的能耗实际运行情况，更加方便系统软件进行节能分析，为科学有效地管理数据中心机房能源提供依据。本书根据系统的实际需要，选择 Microsoft SQL Server 2000 作为数据库管理软件。

6. 数据服务器选型

根据服务器处理能力的需求，配置 Dell Power Edge R720（2×CPU/2×8GB 内存/2×300GB 硬盘）服务器两台，如表 3.5 所示。

表 3.5　数据层服务器配置

| 设备名称 | 型号 | 数量 |
|---|---|---|
| 数据库服务器 | 规格：2U 机架式<br>CPU：两个 E5-2609 2.4GHz 4 核，最大支持两颗 Intel 至强 E5-2600 系列 CPU<br>内存：16GB(8GB×2)，133MHz，插槽数：24<br>硬盘：600GB(300GB×2)SATA 硬盘，最大支持 8 块 3.5 英寸硬盘<br>电源：220V 供电、750W；冗余电源（1+1）、热插拔<br>RAID 卡：H710，支持 RAID 0、1、5<br>网卡：两个千兆网口<br>光驱：DVD、ROM<br>导轨：2U 固定式导轨 | 两台 |

## 3.6.4　会话和应用层方案

能耗监控系统应用层是根据需求定制的、可扩展的、多样化的应用模块的聚合，实现系统既定的功能；将功能相近的子模块进行聚类，如表 3.6 所示。

表 3.6　能耗监控应用层功能模块

| 序号 | 功能域 | 一级功能模块 | 二级功能模块 |
|---|---|---|---|
| 1 | 资源管理 | 设备管理 | 设备分类管理 |
| 2 | | | 有效使用年限 |
| 3 | | | 设备信息管理 |
| 4 | | | 设备统计分析 |
| 5 | | | 维修管理 |
| 6 | | 3D 机房 | 机房自动漫游 |
| 7 | | | 机房手动漫游 |
| 8 | | | 3D 资源视图 |

| 序号 | 功能域 | 一级功能模块 | 二级功能模块 |
|---|---|---|---|
| 9 | 资源管理 | 系统拓扑 | 机房布线系统 |
| 10 | | | 电源系统 |
| 11 | | | 节点定位 |
| 12 | | 容量管理 | 容量限值计算 |
| 13 | | | 容量限值设置 |
| 14 | | | 容量预警管理 |
| 15 | | 资源报表 | 设备管理报表 |
| 16 | | | 空间管理报表 |
| 17 | | | 容量管理报表 |
| 18 | 智能管理 | 告警管理 | 告警管理参数 |
| 19 | | | 监控对象 |
| 20 | | | 阈值设置 |
| 21 | | | 告警处理 |
| 22 | | 智能分析 | 告警定位 |
| 23 | | | 告警分析 |
| 24 | | 智能控制 | 配电控制 |
| 25 | | | 发电机控制 |
| 26 | | | 照明控制 |
| 27 | | | 门禁控制 |
| 28 | | | 空调控制 |
| 29 | | 节能分析 | 节能措施管理 |
| 30 | | | 节能效果评估 |
| 31 | 专家系统 | 知识库 | 规章制度 |
| 32 | | | 技术手册 |
| 33 | | | 培训讲座 |
| 34 | | | 考试题库 |
| 35 | | 辅助系统 | 学习培训 |
| 36 | | | 考试认证 |

### 1. 应用模块

本书对国内某些数据中心进行调研分析后，精心设计绿色数据中心能耗监控系统所需要的应用功能模块，按不同重要性等级分为一级、二级。

### 2. 主要应用模块分析

1）查询统计模块

本书应用模块系统设计以动态和静态数据图表相结合的方式，将数据中心能耗数据展示出来，通过同比、环比和横向对比等方法，分析被研究对象的指标差异，分析节能措施实施的有效性等。本书采用 Iocomp 公司针对 Delphi 开发的控件，不用了解具体的编程方式，只需知道 OPC 服务器的名称，在 OPC Scout 中定义 Item 的位置，即可实现对 OPC 服务器中各类数据的读写操作。Delphi 工具需安装 Iocomp 控件[39]。

（1）数据查询。数据查询主要监测数据中心内部各耗能点的能耗数据，包括年、月、日的总用水量、总用电量、总用气量、总用油量等各类能耗数据。也可以根据实际情况需要，查询某一个被监测设备的实时监测数据，并展示该设备能耗数据实时的趋势图。

（2）数据统计。数据统计是将数据计算处理后，根据计算结果，统计出数据中心内各单体机房或节能试点区域某一时间段的能耗数据，包括对总用水量、总用电量、单位面积能耗、标准能耗以及分项用电量的统计。

（3）数据报表。将数据统计结果采用报表的形式输出，能耗监控系统自动生成单体建筑或节能试点的日、月、年各时间段的报表，同时可以导出和打印 Excel 格式的文件。SaveDialog 是保存文件控件，在 Dialogs 选项卡中，该控件主要用来打开"保存文件"对话框。

2）异常报警模块

异常报警分为子网通信异常报警和表计异常报警两个部分。子网通信异常报警主要是定期对各个子网进行 Ping 通信测试，通过跟踪信号返回时间的方式，判断子网通信是否正常。表计异常报警主要是判断各类监测点实时数据的取值范围，当监测数据不在正常取值范围内时，以弹出提示对话框的形式告知用户。

### 3. 会话层人机交互功能

会话功能是指能耗监控系统与人之间及系统之间相互对话的功能，包括人机交互界面所实现的功能和系统间互连通信的功能。绿色数据中心能耗监控系统的会话层要实现人机交互、系统互连两大功能。系统通过 Intranet/Internet 等多种接入方式以满足维护人员与系统的交互。

1）图形界面

人类天生就具有极强的形象思维能力，一个人对图形尤其是彩色图形的接受能力远强于对文字的接受能力。能耗监控系统运用计算机图形学技术和图形化操作系统，为维护人员提供了友好的彩色图形操作界面，其内容包括地图、空间布局图、系统网络图、设备状态示意图、设备树和统计图等。

图形与文字结合称为图文界面，图文界面使得界面简洁、直观，也使维护人员的操作变得简单、有效。

2）多样化的数据显示方式

能耗监控系统给维护人员提供的数据显示方式不再是简单的文字和报表，而是文字和图形相结合、视觉和听觉相结合的多样化显示。多样化的数据显示方式给维护人员提供了更大的灵活性和自由度，增强了系统的实用性，提高了维护的有效性和可靠性。

3）声像监控界面

声像监控无疑让能耗监控系统与人之间的相互对话变得更加形象直观，使得维护人员能够准确了解现场一些实时数据监测所不能反映的情况，增强维护和故障处理的针对性。

4）便捷的操作控制手段

维护人员依靠各种便捷的操作控制手段向系统发送查询、控制等操作命令。能耗监控系统提供了键盘、鼠标，甚至游戏操纵杆和麦克风，并配合相应的图形操作界面，使得维护人员能够灵活自如地指挥和控制整个系统。

5）预留人机接口

许多前置机或前端智能处理机、智能监控模块等通常不设置显示器和键盘，但为了调试和维护的需要，它们应具有外接显示器、键盘或便携计算机的接口能力。通过该接口，维护人员能够了解到相应的设备、监控模块或整个监控端局的告警信息和设备运行状况，进行相应的调测操作。

4. 系统互连功能

系统互连功能是指能耗监控系统的纵向、横向联网的功能，它使得能耗监控系统可以灵活地进行纵向和横向的联网，组成大型的网络或实现数据共享。

1）纵向互连功能

纵向互连功能是指具有管辖关系的上下级系统，能够通过一定的协议接口进行联网，使得上级系统可以对下级系统及其监控内容或数据进行管理。

2）横向互连功能

横向互连功能是指能耗监控系统，可以通过一定的协议接口与其他系统互连，使得能耗监控系统可共享数据平台，实现数据综合管理的功能。

5. 监控中心配置

监控中心的配置采用主备冗余模式，单台监控主机配置情况如表 3.7 所示。

**表 3.7　监控主机配置**

| 设备名称 | 型号 | 数量 |
|---|---|---|
| 监控主机 | 规格：台式机<br>CPU：CoreE7500<br>内存：4GB<br>硬盘：500GB<br>电源：220V 供电<br>RAID 卡：H710，支持 RAID 0、1、5<br>网卡：千兆网口<br>光驱：DVD ROM<br>外置：25 寸显示器、鼠标、键盘、音响 | 两台 |

绿色数据中心能耗监控系统会话层，尚需要其他辅助设备。UPS 配置，保障市电断电时，监控系统和主机等能够正常运行，UPS 蓄电池放电时间一般按 1 小时配置。本书配置 1 台 5kVA 山特 UPS 主机，电压等级为单项 220V 输出，配置两组 30Ah 后备蓄电池组。其他设备包括打印机、GPS 时钟、Internet 联网至上级调度等。

## 3.7　能耗监控系统实现

本节探讨绿色数据中心的实现，主要包括三个重要部分，分别是硬件宿主机能耗采集模块、后台数据库模块和前台显示模块。能耗的采集需要专门的能耗采集硬件做支持，可以选择的相关产品很多，本节最终选择了 Raritin 公司的 UPS 产品。能耗采集模块采集到的能耗信息和全局抽象层对集群监控得到的信息最终都汇总到数据库中进行存储。数据库存放在 Master 节点上，Master 节点还提供了一个 Web Service 的服务，可以将集群、宿主机、能耗和虚拟机等的状态和资源消耗等信息进行一个可视化的显示和呈现。信息从数据库中读取出来，同时，也可以通过前端页面提供的接口调用全局抽象层的方法，实现如虚拟机创建、销毁和迁移等动作。

### 3.7.1　硬件宿主机能耗采集模块

宿主机的能耗采集可以采用两种方式，有某些服务器自身集成了能耗监控模块，那么就可以直接通过服务器的内置模块进行能耗数据采集。例如，Dell 的 PowerEdge 系列，服务器自身都会携带一个智能卡（smart card），智能卡拥有独立的 IP 地址，可运行一个简单的系统，因此可以提供一个远程访问控制接口（Web 接口或者是命令行接口），可以很容易地得到宿主机的能耗数据。

如果没有集成的能耗监控模块，可以采用外接的能耗采集设备。可用的设备有很多，如 Raritin、Resional、Clever 等厂商都提供专业的设备。以 Raritin 公司的 PDU（Power Distribution Unit）产品为例，Dominion PX 系列 Zero U 型号的 PDU，如图 3.11 所示。

每个 PDU 上都提供了 12 个插座，将所要测量的物理机插在插座上，就可以同时测量 12 台机器的能耗，其测量原理是记录每个插座输出的电压和电流，通过数学计算就可以得到准确的能耗信息。在 PDU 上集成了一个液晶的显示屏，通过按钮调整可以看到每个插座接口输出的电压和电流。同时 Raritin 的 PDU 还支持命令行接口，配置好 IP 信息，并正确启动之后，PDU 就会启动一个 CLI（Command Line Interface）服务，可供用户远程登录、执行命令并获得能耗信息。

图 3.11　Raritin PDU

## 3.7.2　后台服务器数据库模块

绿色数据中心对具体采用哪个数据库并没有要求，只要按照指定数据库的类型进行正确配置，然后创建所需要的表就可以了。数据库中存储了虚拟机的状态、宿主机状态、集群状态等静态信息和资源利用、能源消耗等动态信息，在前端页面进行显示时只需要从数据库中直接读取就可以了。数据库中的表，主要有表 3.8～表 3.12。

表 3.8　虚拟机相关信息

| 字段名称 | SQL 数据类型及长度 | 字段解释 |
| --- | --- | --- |
| Id | Int (11) | 虚拟机唯一 ID，本表主键 |
| Uid | Int (11) | 创建的用户 ID |
| Zid | Int (11) | 组 ID |
| Stime | Int (11) | 创建时间 |
| Etime | Int (11) | 结束时间 |
| Mem | Int (11) | 内存使用情况 |
| Cpu | Float | CPU 使用情况 |
| Vcpu | Int (11) | 占用的虚拟 CPU |

表 3.9　宿主机相关信息

| 字段名称 | SQL 数据类型及长度 | 字段解释 |
| --- | --- | --- |
| Id | Int (11) | 宿主机唯一 ID，本表主键 |
| Name | Varchar (256) | 宿主机名称 |
| Im_mad | Varchar (256) | 监控宿主机使用的信息驱动 |
| Vm_mad | Varchar (256) | 与 Hypervisor 通信使用的驱动 |
| Tm_mad | Varchar (256) | 传输文件使用的驱动 |

表 3.10　虚拟机资源消耗

| 字段名称 | SQL 数据类型及长度 | 字段解释 |
|---|---|---|
| Vm_id | Int (11) | 与表 3.8 中的 ID 相对应，外键 |
| Timestamp | Int (11) | 本时间间隔的时间戳 |
| Ptimestamp | Int (11) | 上一个时间戳 |
| Net_tx | Int (11) | 虚拟机通过监控系统得到并返回的资源消耗 |
| Net_rx | Int (11) | 从监控系统得到并传输给虚拟机的资源消耗 |

表 3.11　给定时间戳存储虚拟机的统计信息

| 字段名称 | SQL 数据类型及长度 | 字段解释 |
|---|---|---|
| Vm_id | Int (11) | 唯一的 ID，与表 3.8 中的 ID 相对应，外键 |
| State | Int (11) | Vm_state 信息 |
| Timestamp | Int (11) | 采样的时间戳 |
| Last_poll | Int (11) | 上一次被采样的时间 |
| Memory | Int (11) | 内存使用情况 |
| Cpu | Int (11) | CPU 使用情况 |
| Net_tx | Int (11) | 虚拟机通过监控系统得到并返回的资源消耗 |
| Net_rx | Int (11) | 从监控系统得到并传输给虚拟机的资源消耗 |

表 3.12　给定的时间戳存储宿主机的统计信息

| 字段名称 | SQL 数据类型及长度 | 字段解释 |
|---|---|---|
| Host_id | Int (11) | 唯一 Host ID，与表 3.9 中的 ID 相对应，外键 |
| State | Int (11) | 宿主机当前所处状态 |
| Timestamp | Int (11) | 采样的时间戳 |
| Last_poll | Int (11) | 上一次被采样的时间 |
| Disk_usage | Int (11) | 虚拟机模板中请求分配的磁盘 |
| Mem_usage | Int (11) | 虚拟机模板中请求分配的内存 |
| Cpu_usage | Int (11) | 虚拟机模板中请求分配的 CPU |
| Max_disk | Int (11) | 最大的磁盘容量 |
| Max_mem | Int(11) | 最大的内存容量 |
| Max_cpu | Int (11) | 最大的 CPU 容量 |
| Free_disk | Int (11) | 空闲的磁盘容量 |
| Free_mem | Int (11) | 空闲的内存容量 |
| Free_cpu | Int (11) | 空闲的 CPU 容量 |
| Used_disk | Int (11) | 真实使用的磁盘容量 |
| Used_mem | Int (11) | 真实使用的内存容量 |
| Used_cpu | Int (11) | 真实使用的 CPU 容量 |
| Rvms | Int (11) | 宿主机上运行的虚拟机数量 |

### 3.7.3　前台客户端显示模块

前台网页显示模块是超文本标记语言（Hyper Text Markup Language，HTML）和 JavaScript 结合以插件的方式开发的，方便扩展。最左边是菜单栏，单击菜单，可以打开不同的页面，如系统设置页面，主要是用户、组、权限访问的控制与查看；虚拟资源页面，主要是虚拟机实例、虚拟机模板、虚拟机镜像的维护与查看；基础资源页面，主要是集群、宿主机、网络、存储的维护与查看等。

绿色数据中心前台主页面可以分为三个部分：左上方是资源的汇总，列出了整个集群的整体信息，包括宿主机汇总（总数/激活数）、集群汇总、用户组汇总、虚拟机模板汇总、虚拟机实例汇总（总数/运行中/失败）、虚拟网络汇总、数据存储汇总、镜像信息汇总、权限规则汇总等，详细状态的查看和设置可以通过左边的菜单栏定位到具体的页面；左下方是常用的一些可执行动作的快捷方式，包括虚拟机迁移，宿主机创建，集群创建，虚拟机实例、模板、镜像创建，数据存储设置，用户、组、权限设置等，这些动作最终被调用到全局抽象层暴露出来的接口。右侧是历史监控信息，包括虚拟机消耗的资源监控和虚拟机的能耗监控等。例如，前面提到的虚拟机的能耗是不能直接监控到的，是利用均摊算法，将虚拟机消耗的资源作为参数输入后通过计算得出的，不一定完全准确，但是可以作为一个参考。

## 3.8　虚拟化能耗节省管理

数据中心是一个复杂而又特殊的建筑设施，它不仅包含大量的服务器和网络存储等 IT 设备，还包括供配电系统、制冷系统、安防和智能照明等系统。IT 设备主要负责信息数据的分析、传输和存储等业务，它是数据中心的核心功能业务。供配电系统负责数据中心高、低压电源之间的转换，以及交、直流电源间的转换，完成整个数据中心电源的分配管理业务。制冷系统主要保障 IT 设备在一个相对理想的温湿度环境中工作。安防系统为数据中心的环境安全提供保障，主要包括视频系统、门禁系统和防入侵系统等；以上几个系统实质分属于不同的专业，而它们之间又相互影响，致使数据中心的节能管理研究具有多学科交叉性。

数据中心能耗是指数据中心各种用电设备消耗的电力总和，包括制冷系统的能耗，供配电系统的能耗，服务器、网络存储等 IT 设备的能耗，以及安防等系统的能耗。近年来，随着能耗成本占数据中心成本的比例越来越大，数据中心的节能问题也受到极大的关注。在对数据中心进行节能管理时，通常采用高效的设备，甚至简单地提高机房空间温度，仅从某一层次孤立地解决节能问题，不但不能使节能效果最大化，相反，可能降低基础设施的利用率。

本节针对虚拟架构下的模块化数据中心节能管理，将在数据中心能耗分析的基础上，掌握影响数据中心能耗的主要因素，然后通过构建虚拟化的数据中心管理模型，实现对数据中心计算资源和动环资源的动态调度，从而提高数据中心的整体效率，为数据中心的节能管理提供更加科学有效的方法理论。

### 3.8.1 数据中心虚拟化节能管理背景

#### 1. 模块化数据中心概述

数据中心基础架构的模块化设计是实现整个数据中心虚拟化应用的基础。通过对数据中心的模块化设计和部署，动环资源的划分更加精细且更加贴近计算资源，便于对各个基础设施设备进行隔离式管理，为实现依据数据中心的需求对动环资源的动态分配提供条件。随着云计算应用的发展，数据中心在规模上日益复杂，数据中心的基础架构不断地演变和发展。传统开放阵列式数据中心将机柜排列成矩阵，空调被放在数据机房的两侧采取开放式制冷，如图 3.12 所示。由于制冷系统的冷风和机房热量混合在一起，此模式导致制冷系统的工作效率非常低，过剩制冷带来的能耗浪费非常严重。同时，由于数据中心是一个特殊的建筑体，在构建完成之后很难改动，导致传统数据中心在空间、效率、能耗等方面越来越显现其瓶颈。

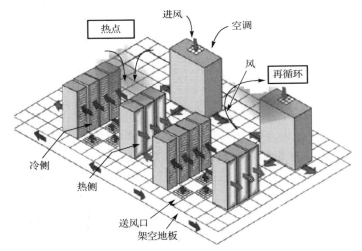

图 3.12　传统数据中心基础架构

针对传统数据中心在结构设计上存在缺乏可扩展性、能耗利用率低和信息孤岛等问题的现状，近年来模块化数据中心（Modular Data Center，MDC）（本书简称微模块）出现了，它将机架、服务器、存储、制冷系统、配电和安防系统等集成装箱处理，每个模块化数据中心都可以视为一个独立的数据中心。其物理架构如图 3.13 所示。

在模块化数据中心，由于每个模块化数据中心都有独立的制冷资源和供配电资源等，动环资源更贴近计算资源，二者的供需管理更加精细化，从而更有利于动环资源的高效利用。微模块将整个数据中心分为若干独立区域，各区域的空间尺寸、设备配置和负载等按照统一的标准设计，数据中心可根据需求采用模块拼接的方式进行动态部署和创建，从而实现数据中心的动态扩容，其布局结构如图 3.14 所示。

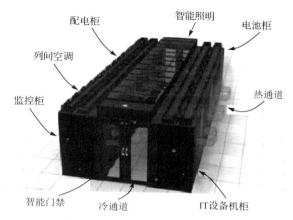

图 3.13　模块化数据中心基础架构

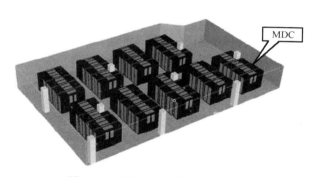

图 3.14　数据中心模块化部署结构

数据中心采用模块化部署后，其供配电系统的拓扑结构如图 3.15 所示。

数据中心配置接收市电的综合配电柜和电力转换装置。在微模块内，通过服务器电源管理系统（Server Power Management System，SPM）实现对微模块进行电力分配，每个机柜和空调分别为 SPM 的一个支路，每个支路都具有智能监控能力，包括支路电流、电压、开关状态、负载率、电能等。通过控制每个支路开关，可实现对每个机柜的配电管理。

2. 数据中心虚拟化应用概述

虚拟化是把各种物理资源映射为统一的虚拟资源，然后通过软件对其进行管理，用户在使用这些虚拟资源时，感觉不到实际物理资源的差异。通过虚拟化部署，可以减少物理设备的数量，提高设备效率和降低设备管理的难度。正是由于虚拟化技术在资源配置和效率方面的巨大优势，它将推动数据中心从物理架构到软件应用都发生巨大的变革。数据中心的虚拟化包括两大部分：计算资源虚拟化和动环资源虚拟化。数据中心计算资源虚拟化主要是对服务器、存储设备、网络设备等物理资源的虚拟化应用。通过整合和共享服务器资源，使多种不同的业务可以同时在一个物理服务器上运行；并可根据业务需求对服务器资源进行动态扩展，满足新业务的加入或已运行业务的部署迁移。因此，服务器等计算资源成为公用的资源池，系统管理者根据业务需求进行动态获取或释放 IT 资源。数据中心动环资源虚拟化注重于构建动态的基础架构。通过虚拟化手段共享基础设施物理资源，实现对数据中心基础设施的抽象化（Data Center Infrastructure Abstraction，DCIA）。其中，包括对供配电设备的抽象化、对空调制冷设备的抽象化等。通过 DCIA 可实时了解各虚拟化数据中心物理设施的状况，并及时上报给数据中心基础设施管理（Data Center Infrastructure Management，DCIM）系统，DCIM 再根据数据中心 IT 设备的运行和需求情况，采用相应的机制对动环设备进行动态调控。同时，也可以根据基础设施资源的状况，对业务的部署进行动态迁移。MDC 虚拟化应用主要分为两种模式：MDC 内虚拟化迁移和 MDC 间虚拟化迁移。

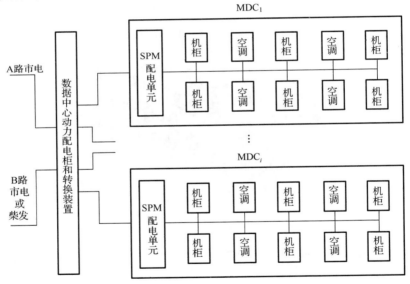

图 3.15　数据中心模块化配电结构

（1）MDC 内虚拟化迁移。通过对 MDC 的计算资源进行虚拟化整合迁移，可减少服务器等 IT 设备的运行数量，从而减少对制冷和配电等资源的需求，以提高 MDC 内设备的利用和减少整个 MDC 的能耗。

（2）MDC 间虚拟化迁移。当 MDC$_i$ 的计算资源负载率很低，其他 MDC 又具备承接 MDC$_i$ 计算任务的能力时，可以对 MDC 进行整合迁移，从而减少 MDC 的运行数量，减少数据中心的能耗。

与传统数据中心相比，虚拟架构下的模块数据中心在资源管理方面可满足一些特定的需求，并且在能效优化方面具有独特的优势。主要体现在以下几个方面。

（1）提高资源利用率，降低数据中心整体能耗。通过整合或者共享物理设备，将多个物理设备上的任务转移到同一个物理设备上，可以减少物理设备的运行台数。在对服务器等计算资源虚拟化的同时，也减少了对数据中心电源和制冷的需求，降低数据中心的整体能耗。同时，由于物理设备的高度共享，可以减少物理设备所需的物理空间，节约数据中心空间资源。

（2）提高数据中心灵活性。由于业务与物理载体不直接相关，通过虚拟化技术可以根据需求对业务进行动态部署和资源优化配置，从而快速响应和满足用户需求的变化，增强数据中心的灵活性。

（3）提高数据中心可用性。通过对计算资源的动态迁移，可以将业务数据从故障预警的服务器上迁移到运行良好的服务器上，避免业务中断的风险。同时，系统管理员可以使用系统管理工具，在线对物理设备进行检修，并及时发现和排除故障，尽量减少业务中断的风险。

另外，模块化数据中心具有部署快速灵活、低成本、易运输、易扩展、高能效、不苛求环境等优点。同时，通过模块化管理可以提高动环设备的利用率，并提高数据中心整体能效。当前应用中典型的产品有：艾默生的 Smart 系列模块化数据中心，其模块化设计可以满足多种应用场景，产品系统包括 Smart Cabinet、Smart Row、Smart Aisle 和 Smart Mode 以及 Sun 的 Blackbox 数据中心等。

## 3.8.2　虚拟化能耗节省研究分析

随着云计算服务的快速发展和企业信息系统集成化程度的进一步提高，数据中心的功能已经由一个数据存储和处理中心，发展成了数据运营服务中心，这也使得数据中心的规模和业务更加复杂，并导致能耗成本越来越大，数据中心的能耗问题也得到更多研究者的关注。当前，针对数据中心节能管理的研究主要集中在三个方面：数据中心计算资源虚拟化应用研究、数据中心动环资源节能控制研究和数据中心能效评价研究。

### 1. 数据中心计算资源虚拟化应用研究分析

数据中心网络架构的虚拟化是实现计算资源虚拟化应用的基础。传统的数据中心网络架构以业务系统为单元，每个计算单元有自己独立的存储、网络、操作系统和应用系统，形成了由物理服务器和交换机构成的树形结构，这种网络架构使得数据中心对计算资源采取烟囱式的垂直管理，造成了数据中心计算资源的扩展性和可靠性较差等缺点。

在云计算数据中心中，虚拟化技术的应用可以使单个物理服务器同时运行多个计算任务，大大提高了服务器的利用率。但是，当多个具有相同资源需求的计算任务运行在同一个服务器上时，会导致计算任务之间抢占计算资源，并引起数据中心服务质量下降的问题。针对传统的网络构架在数据中心应用上的局限性，许多新型的网络架构被提出，如 Portland、BCube、VL2、数据细胞（Data Cell）等。新型的数据中心网络架构以计算资源为单元，将传统网络架构抽象为不同的物理资源，并以服务的形式向用户提供资源，用户不再关心实际的物理资源有多少或部署在哪里。在国外，有多种基于虚拟架构的数据中心新型网络结构被提出和应用，如 Second Net、Seawall、Virtual Cluster 和 Virtual Over-subscribed Cluster 等。在国内，这方面的研究较少，其中刘晓茜等[40]提出了雪花结构的新型云计算数据中心网络结构。综上来看，相比传统的网络结构，新型的网络结构增强了数据中心扩展的灵活性，并提升了业务处理的性能。

计算资源虚拟化最早由 IBM 在 20 世纪 60 年代开发 System/360 大型机时提出，其工作原理是：在物理服务器上运行一个虚拟管理服务系统，该系统直接运行在服务器的硬件上，并对服务器的硬件资源进行统一虚拟化管理。一个物理服务器可同时运行多个系统程序，每个系统程序不直接调用服务器的物理资源，其所需的物理资源都由虚拟管理服务系统统一分配。系统程序都运行在由虚拟管理服务系统所提供的虚拟环境中，系统程序都有独立的操作系统且互不影响。数据中心计算资源的虚拟化应用主要包含服务器、存储和应用虚拟化等。其中，服务器虚拟化是数据中心的主流应用，它允许在同一台物理服务器上建立多个虚拟机，并且每个虚拟机都可以安装自己的操作系统和应用，作为一个独立的服务器对外界提供服务，从而可以实现在一个物理服务器上同时处理多个计算任务，或在多个物理服务器上同时处理同一个计算任务，并且计算任务之间互不影响。数据中心的服务器虚拟化应用主要是服务器整合和负载均衡，通过对服务器的动态迁移整合和均衡调度，可以减少数据中心服务器的能耗浪费。其中，文献[41]提出了一种基于虚拟机迁移的面向能耗降低的负载均衡方法。文献[42]和文献[43]分别介绍了利用虚拟化技术整合 IT 应用和虚拟云计算降低能耗的方法。文献[44]提出了两种能耗感知的服务器整合节能算法。文献[45]提出一种同时考虑服务器和网络设备能耗的方法，是一种基于网络拓扑感知的虚拟机迁移整合策略。存储的虚拟化应用，是将物理存储设备与存储的逻辑相分离，所有的物理磁盘视为一个存储资源池，系统根据数据的各项属性选择最佳的存储位置。上层应用系统并不关心数据存储的实际位置，且对于上层系统来说，存储池的空间没有明显界限，当前典型的应用是虚拟磁带库技术。应用虚拟化主要偏重于软件系统服务，通过对终端用户分配一定权限的账户，实现对应用程序的远程访问。用户在使用虚拟化的应用程序时，不需要安装客户端软件，只需将所请求的基本信息传送到应用服务端，即可享受与本地安装后一样的使用效果。

当前基于计算资源虚拟化进行数据中心节能管理的研究主要分为以下几类。

（1）对数据中心的负载情况进行实时监控，并结合已有的历史数据估算数据中心未来负载的变化。文献[46]设计了一种基于 GPHT（Global Phase History Table）的预测方法，实现对能耗的动态管理。文献[47]提出了基于 Kalman 滤波的预测方法，实现对资源的动态管理。文献[48]和文献[49]提出了根据数据中心的当前阶段的系统状态信息和应用性能信息，预测当前阶段之后的各阶段的系统状态信息，并找出最优的调度路径。

（2）通过监测每个对象当前的状态，然后基于按需分配的思想对物理资源进行分配。同时通过对未来需求的预测评估，制定下一步的资源分配策略。在按需分配的管理方法中，通常采用排队论、控制论的管理方法。

（3）基于动态调度的资源优化配置方法，主要依据对资源需求的变化，对资源进行动态调度，以节约能耗。文献[50]提出了以需求状态为驱动的资源再配置方法，根据负载的变化动态调整资源的供给。其资源优化再配置模型基于实时的资源使用状态，在兼顾电能有效性的同时，采用较小的开销快速对资源进行配置。

目前在工业界和学术界存在多种可供选择的虚拟化技术，文献[51]首先对物理机和 KVM、硬件辅助虚拟化的 Xen、Xen 半虚拟化、Virtual Box 等开源虚拟化技术部署的虚拟机进行了性能基准测试，然后基于测试数据进行深入解读和分析。最后，结合各种虚拟化技术的性能评测结果，针对处理器密集型应用、磁盘 I/O 密集型应用和网络 I/O 密集型应用等虚拟化应用场景，为企业和科研用户在不同的应用场景中选择具体的虚拟化技术提出了切实的建议。

2. 数据中心动环资源节能控制研究分析

数据中心计算资源虚拟化技术应用只是改善了 IT 设备的能耗，还不能解决动环设备的能耗浪费问题。在数据中心规划初期，通常是根据 IT 设备在最高负载情况下的电力耗损对制冷供电设备进行配置，再加上规划上的冗余，使得数据中心的实际效率很低。在云计算的大趋势下，数据中心动环资源的低效问题将尤其突出。全面虚拟化的绿色数据中心能耗优化不仅包括对服务器、存储设备、网络等计算资源的虚拟化，还应包括对空调系统、供电系统、配电系统、照明系统等动环资源的虚拟化应用，从而全方位降低数据中心的运营成本。据统计，在典型的数据中心能耗分布中，制冷系统占总能耗的 40%。由此可见，在数据中心的动环资源中制冷系统的能耗在数据中心的比重很大。为了减少数据中心制冷系统的能耗，常用的方法是对空调设备采取启停机自控策略。PID（Proportion，Integration，Differentiation）控制算法是工业领域很常见的一种控制策略，空调设备的控制中大多数也采用该控制算法。

PID 控制算法最早是 Brandt[52]在 1986 年基于继电器反馈的自适应 PID 原理上提出来的，Curtiss 等[53]于 1996 年实验在中央空调控制系统中应用 PID 控制算法。但是，由于 PID 算法无法通过建立精确的数学模型进行控制，具有一定的滞后性，实际的控制效果一般。王军等[54]运用神经网络对 PID 控制算法进行改进，利用神经网络的自学习特性，建立了温度评估模型，并将改进后的算法应用到中央空调控制系统。经过试验，改进后的算法对空调的控制反应周期还是过长，导致空调系统的控制反应时间不够及时，并导致很大程度上的能耗浪费。为了使 PID 控制算法适应更多的应用场景，越来越多的理论创新研究被引入 PID 控制算法中，如模糊控制和神经网络等。文献[55]

和文献[56]都对空调系统的智能化控制理论进行了深入研究，其主要研究方向为空调系统的前端风机控制，通过优化空调系统的出风量减少空调系统的能耗。但是，数据中心的制冷系统比较复杂，影响制冷系统能耗和制冷效果的因素很多，只是控制制冷系统前置机的风机并不能实现对数据中心的精确制冷，也不能有效降低数据中心制冷系统的能耗。赵卫华[57]将神经网络的理论知识应用到 PID 控制算法的优化中，经过实验分析，证明了基于神经网络自适应的 PID 控制算法明显优于传统的 PID 控制算法。Gibson[58]将遗传算法与 PID 控制算法相结合，并通过试验证明了对空调系统的节能改进效果。Massie 等[59]提出了将神经网络理论和温度预测分析相结合的 PID 控制优化理论。Kaya 等[60]提出了基于室内温湿度均衡提前对空调系统进行动态控制，以实现空调系统节能的控制方法。

　　总体来说，常规 PID 参数控制方法可靠性高且方便易用，但用在高负载的数据中心环境中，当数据中心的负荷变化较快时会出现控制的滞后性，并会造成数据中心制冷资源的浪费。为了更有效地适应数据中心的应用场景，需要对 PID 控制方法进一步研究和优化。

　　在对数据中心制冷系统进行节能自控的同时，为了使空调设备之间负载均衡，一些学者开始研究空调间的负载均衡分配策略。Chang[61,62]提出了基于拉格朗日迭代法的离心机组优化控制算法，该算法实现了对多台离心机组间的负载均衡分配，使各个离心机组都能均衡地分担工作，有利于延长离心机组的整体使用寿命。同时，针对拉格朗日迭代在离心机组低负荷情况下不易收敛的问题，又提出了基于模拟退火算法和基于遗传算法的控制策略，进一步优化了离心机组的均衡节能控制算法。并通过实验对优化后的节能效果进行了分析。Kaya[63]提出了一种能耗负载特性曲线，对优化后的负载均衡效果进行评价，以指导下一阶段的优化控制。Yu 等[64]认为机组间的负载分配不应该是完全均衡状态，应该使其中一台处于满负荷状态，另一台处于低负荷状态。实验证明，此均衡控制方法节能效果相比完全均衡有所改善。

　　虽然目前国内外在空调节能方面的研究已经很多，但上述研究成果在数据中心的虚拟化环境下应用时还有一定的局限性，特别是应用在具有高热密度和完全密闭的模块化数据中心时，很容易出现空调系统无法及时满足局部升温的制冷需求，因此除了采取常规感知式的控制方法，还需要结合数据中心的实际负载情况，对 PID 控制加以改进，实现对空调系统的及时性和预先性控制，从而降低数据中心宕机的风险，并减少制冷系统的能耗。

### 3. 数据中心能效评价研究分析

　　数据中心能效评价是对数据中心的能源效率指标进行检测和计算，并给出其所处的能效水平。目前，数据中心能耗状况的研究主要分为整体能耗和局部能耗两方面。其中，整体能耗的研究主要关注数据中心行业整体的能耗状态，其中以 Roth 等[65]为代表，他们依据全球服务器的销售和投入情况，推算出全球服务器的能耗总和。局部能耗则重点关注某些数据中心的能耗，通过对个体数据中心的实际测量，以推算并反映出同类数据中心的总体能耗情况，其中以黄森等[66]的研究最具代表性，此类研究对个体数据中心的选择要求很高，所选个体需有一定的代表性。

针对数据中心服务器的能效评价，Blazek 等[67]提出基于服务器处理数据量与消耗电能间的关系进行评价，为量化评价服务器的实际有效功率提供了方法。标准性能评估公司提出了 SPECpower_ssj2008 指标，该指标采用统计服务器的实时计算量和实时能耗，从而评估服务器的能效状况。由于在服务器的运行中，除了处理用户请求的计算任务，还有一部分时间处理一些辅助任务。例如，进行磁盘整理，查杀潜在的安全隐患等。针对以上情况，Green Grid 提出了单个服务器的计算效率（Server compute Efficiency，ScE），通过 ScE 可以实现对服务器的 CPU 效率进行评价，从而得知服务器的实际有用功的能效。同时，Green Grid 还提出了 DCcE（Data Center compute Efficiency）和 DCPE（Data Center Performance Efficiency）的能效评价指标。其中，DCcE 是数据中心所有服务器的 ScE 之和，DCPE 表示数据中心能源生产力，它指 IT 设备的有功能耗和无功能耗，但由于在实际应用中很难分离 IT 设备的有功能耗和无功能耗，因此一般不采用 DCPE 对服务器的能效进行评估。

针对数据中心整体能效的评价，主要使用 Green Grid 提出的 PUE 和 DCiE（Data Center infrastructure Efficiency）两个指标。其中，PUE 指标被许多数据中心厂家推广和使用，它表示数据中心总能耗与 IT 设备能耗间的比例关系，数值越接近 1 说明数据中心的能效状况越好。在 PUE 指标的实际运用中也有一些不足之处。例如，当数据中心的电力供应不统一，有一些电能用于非数据中心业务时，很难进行度量和界定。同时，当 IT 设备本身集成一些动环设备的功能，如主机箱制冷技术时，也会导致能耗统计的不准确。为提高 PUE 的可使用性，Green Grid 也提出了相应的修正方法，将 PUE 指标进行分解：PUE=CLF(Cooling Load Factor)+PLF(Power Load Factor)+1。其中，CLF 为制冷系统的负载系数，它表示制冷设备的能耗与 IT 设备的能耗比值。PLF 为供配电系统的负载系数，它表示供配电设备的能耗与 IT 设备的能耗比值。

在使用 PUE 指标对数据中心的能效进行评价时，可分为电能 PUE 和功率 PUE。其中，电能 PUE 是指以数据中心所消耗的总电能与 IT 设备所消耗的电能进行比值计算，它是一个累计值，可以反映数据中心在一段时间内的能效评价情况。功率 PUE 是任意时刻数据中心的总功率与 IT 设备的功率之比，它是一个瞬时值，只能反映在某一时刻数据中心的能效情况。由于数据中心的负载会随着计算任务的增减而变化，所以数据中心不同时刻的总功率和 IT 设备功率都会不断发生变化。为了更加有效地利用功率 PUE 统计值，傅烈虎等[68]提出了 WAPUE（Weight Average Power Usage Effectiveness）的概念，通过引入时间因子对功率 PUE 进行加权平均，可以在数据中心负载动态变化的情况下进行功率 PUE 统计。文献[69]通过对模糊综合评价方法和 BP（Back Propagation）神经网络的研究，提出了数据中心的多层次模糊神经网络评价模型。

从数据中心环保的角度，Green Grid 推出了两个新的评价指标，分别是碳使用效率（Carbon Usage Effectiveness，CUE）和水使用效率（Water Usage Effectiveness，WUE）。其中，CUE 的计量单位是每度电所需排放的二氧化碳千克数（kg $CO_2$/kWh），其计算方法类似于基于 PUE 的能效评估方法，同样采用 IT 设备的总能耗作为分母。WUE 用于衡量 IT 的水使用效率，WUE 的计量单位是每度电所需用的水量（L/kWh），为设施总用水量除以 IT 设备能耗。但是，这两个新标准在实际应用中也存在一些问题，例如，随着传统电能与太阳能、风能等新能源的并网混合利用，难以界定和计量所影响的二氧化碳和水能源量。Winkler 指出，WUE 和 CUE 两个指标还需进一步完善，当前还没有合理的参考值对数据中心的 WUE 和 CUE 水平进行评价，因此无法使用它们定量评价一个数据中心的能效情况。

综上所述，由于数据中心环境的复杂性和不同应用场景的特殊性，目前还没有形成统一的评估标准和评估方法，也没有统一的能效测量实施细则，更无法评价不同类别数据中心间的能效差异。因此，在国内外对数据中心能效评价研究的基础上，建立更科学可行的数据中心能效管理综合评价方法和指标体系，对于数据中心的能效管理水平评价具有重要的意义。

### 4. 虚拟化节能管理存在的不足

近年来，国内外现存的数据中心节能管理方法研究成果显著，但这些方法适用范围仍然有一定的局限性，目前还存在以下主要问题待进一步研究。

（1）关于计算资源虚拟化动态迁移策略研究。目前的研究在对迁移时机、迁移对象和目标主机进行选择时，主要基于满足服务器负载均衡或整合的要求，缺少考虑动态迁移所带来的能耗和迁移时长问题。需要解决的问题有：在迁移时机选择方面，如何避免频繁迁移的问题发生；在多个对象同时满足迁移条件时，如何选择最优迁移对象和最小化迁移；在目标主机选择方面，如何实现资源最优配置和避免迁入对象间的资源竞争。

（2）关于计算资源的动态迁移复制研究。目前采用的停止-复制策略、后复制策略或预复制策略，在对数据中心进行节能迁移时具有一定的局限性。需要解决的问题是：当数据中心计算资源的内存数据、磁盘数据和 CPU 状态等数据一直处于变化之中时，如何减少迁移复制总体时长和最小化迁移复制数据的数量，以减少因迁移引起的能耗和宕机时间。

（3）关于动环资源的节能控制。现有的研究主要基于对单一动环资源的节能优化，在数据中心复杂的多系统场景下需要解决的问题是：在对动环资源进行节能优化时，如何实现与其他子系统的协同管理；如何将动环资源的供给与数据中心的需求相匹配，实现按需供应；在高热密度的微模块中，如何避免动环资源供给的滞后性，并实现对动环设备快速和精确地进行控制。如何将数据中心节能管理的效果进行可视化展现。

（4）关于数据中心的能效评价方面。当前的研究主要考虑数据中心的 PUE 或

DCiE 等评价指标，只考虑了数据中心资源利用率的评价，没有从数据中心的能效管理整体进行研究。同时，缺乏对数据中心复杂多样的能耗数据融合分析研究。

### 3.8.3　虚拟化数据中心节能管理模型

计算资源的虚拟化是将硬件资源抽象成逻辑资源，让一台服务器抽象为多台虚拟的服务器，或将多台服务器虚拟成一台服务器。使上层应用程序不再受限于服务器物理资源的约束，将 CPU、内存、硬盘、I/O 接口等硬件资源变成可以动态管理的"资源池"，从而提高计算资源的利用率。

1. 计算资源虚拟化基本原理

虚拟化是对物理资源的逻辑表示，将物理载体抽象化，使其不受物理资源的约束，从而提高物理资源的利用率和灵活性。虚拟化技术是利用虚拟化的思想将一份物理资源抽象成多份资源，或将多份资源抽象成一份资源，然后提供给上层管理平台。通常，利用虚拟机管理器（Virtual Machine Monitor，VMM）实现对物理服务器的虚拟化[70]。计算资源虚拟化是对物理服务器进行虚拟化整合或拆分，从而可以实现多个物理服务器同时处理同一个计算任务，或同一个物理服务器同时处理多个计算任务，计算资源虚拟化原理框架如图 3.16 所示。

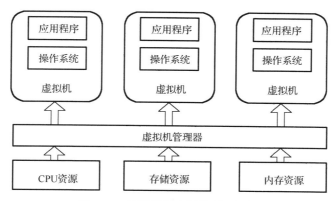

图 3.16　计算资源虚拟化原理框架

通过对计算资源的虚拟化，可实现对数据中心的服务器硬件资源进行集中管理，形成共享的虚拟资源池，从而更加灵活地使用计算资源。计算资源虚拟化结构模型如图 3.17 所示。

在上述结构中，VMM 管理着服务器的所有硬件资源，并承载着宿主系统的角色。同时 VMM 还负责 VM 的创建和管理，为每个 VM 提供运行时所需的计算资源。每个服务器中所运行的 VM 数量取决于服务器的资源量和每个 VM 的资源需求量，为了便于对计算资源的虚拟化应用管理，每个 VM 中只允许运行一个应用程序（Application，

APP），VM 负责为 APP 提供运行时所需的硬件资源，因此，VM 也将根据 APP 的资源需求量向 VMM 申请相应的计算资源。同时，VMM 还创建一个虚拟安全防护模块（Virtual Safety Protection，VSP），VSP 主要负责 VMM 与外部通信，同时保护服务器环境不受外界侵犯，当服务器间进行虚拟化动态管理时可通过 VSP 进行通信。

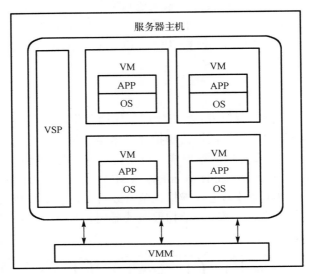

图 3.17　计算资源虚拟化结构模型

## 2. 计算资源虚拟化结构模型

计算资源的虚拟化管理主要采用虚拟机方式，主流的虚拟化管理结构[72]有三种：宿主结构模型（OS-hosted VMM）、监视者结构模型（hypervisor VMM）、混合结构模型（hybrid VMM），在此给出几个模型的具体描述。

### 1）宿主结构模型

在宿主结构模型的虚拟机管理机制中，宿主系统管理着服务器的所有硬件资源，VMM 提供服务器的虚拟化功能。宿主系统对服务器的硬件资源具有绝对的支配权，如 CPU、内存、硬盘、I/O 接口等硬件资源。另外，宿主系统还具有创建寄宿系统的权利。VMM 根据调度策略定期在宿主系统和寄宿系统间切换，或随时响应宿主系统的调度请求。VMM 通过调用宿主系统的服务获得硬件资源，从而实现对 CPU、内存和 I/O 等硬件资源的虚拟化。通过 VMM 可创建多个 VM，并实现服务器的 CPU 和内存等硬件资源的虚拟化。当 VM 被创建后，它将以进程的方式参与宿主系统的动态调度。VM 通过超声光调制器（Ultrasonic Light Modulator，ULM）请求宿主系统的设备驱动，从而实现 I/O 设备的虚拟化。宿主结构模型如图 3.18 所示。

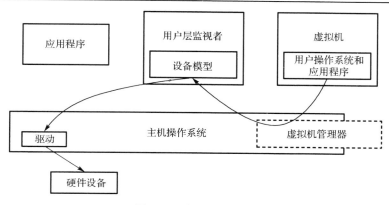

图 3.18　宿主结构模型

通过分析宿主结构模型可知，VMM 可以利用宿主系统已有的 I/O 设备驱动，大大减少了设备驱动开发和移植的工作，快速实现 I/O 设备的虚拟化。另外，VMM 可以利用其他宿主系统的硬件资源，如通过 I/O 总线扫描来发现 I/O 资源和主机管理平台的电源管理功能。但是 VM 的可靠性、可用性和安全性都取决于宿主系统，如果宿主系统崩溃或需要重启，所有的寄宿系统都必须中断服务。同时寄宿系统的虚拟化还受到宿主系统的 CPU 等硬件资源调度策略的影响，根据数据中心对服务的安全性、可用性和实时性要求，以上的缺点是不可接受的，因此宿主结构模型 VMM 架构需要进行优化更新。

2）监视者结构模型

在监视者结构模型的虚拟机管理机制中，VMM 作为独立的监视者而存在，不再依赖于宿主系统。VMM 可以看做一个完整的操作系统，具有自己的硬件设备资源，对硬件资源具有完全的控制和调配权利。同时 VMM 还负责 VM 的创建和管理，并为 VM 提供运行环境。监视者结构模型如图 3.19 所示。

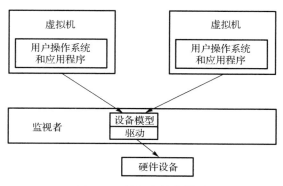

图 3.19　监视者结构模型

通过分析监视者结构模型可知，VMM 对物理资源具有完全的操作权，因此可更加灵活地创建和调度虚拟化任务，管理者可根据调度策略对 VM 进行灵活的迁移和整合调度。当宿主系统出现安全隐患时，VMM 之间还可以对 VM 进行动态调度，增加了 VM 运行的安全性。但是，由于 VMM 拥有所有硬件资源的控制权，所以 VMM 需要为每个硬件设备提供驱动，会带来一定的工作量。

3）混合结构模型

为了保留监视者模型的安全性和可靠性等优点，并同时利用现有的宿主系统的设备驱动等现有资源，于是提出了混合模型的概念。在混合管理模型结构中，VMM 处于整个系统的低端，可管理服务器所有的硬件资源，包括 CPU 和内存等硬件资源，而 I/O 等资源则由服务系统所操控，服务系统是一个运行在特权 VM 上的特权系统，它的作用类似于宿主系统，具有系统驱动等资源，然而，由于服务系统是由监视者模型所管理的，所以可以提升其安全性和可靠性。混合结构模型如图 3.20 所示。

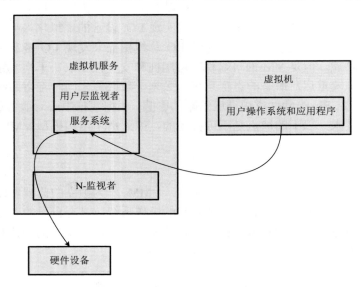

图 3.20　混合结构模型

通过分析监视者管理模型可知，混合模型可充分利用现有宿主系统的 I/O 设备驱动，免去了驱动开发的工作。VMM 拥有 CPU、内存等硬件资源的控制权，整体的虚拟化程度高于宿主管理模型，且安全性方面参考了监视者模型，如果 VMM 使用合适，其可靠性也非常高。但是，因特权系统运行于 VM 上，当需要特权系统提供服务时，VMM 需要切换到特权系统，会导致一些切换开销。

3. 计算资源虚拟化调度模型

服务器虚拟组（Virtual Group，VG）是将 N 个服务器设备聚集到同一个虚拟环境中，此时 VG 中的服务器被虚拟调度模块（Virtual Scheduling Module，VSM）统一管理。VG 模型支持多种虚拟环境的服务器资源聚集，其范围可以是一个或者多个数据中心，因此 VG 的服务器数量可根据聚集的实际情况而定。VSM 通过网络与 VG 的服务器进行通信，实时采集服务器的硬件资源使用状态信息，其中包括 CPU、内存、网络等，并根据调度策略和硬件资源的使用情况对 VM 进行调度，从而实现 VM 的动态迁移和服务器的动态整合，因此，VG 模型支持服务器设备的动态增加、减少或从属逻辑变更[72]。当 VSM 检测到服务器 $S_i$ 的物理资源使用率很低时，将会根据 VG 中其他服务器的资源使用情况，对服务器 $S_i$ 中的 VM 进行迁移管理，如果此时服务器 $S_i$ 中所有 VM 都已被迁移出去，那么将对服务器 $S_i$ 进行整合管理，从而实现了对服务器设备的动态减少控制。反之，当检测到服务器 $S_j$ 的利用率偏高，甚至达到报警极限时，VSM 将会根据 VG 中其他服务器的资源使用情况，将服务器 $S_j$ 中的 VM 迁移到其他允许迁入的服务器中，如果此时已运行的服务器都无法接收该 VM，则会启动处于休眠状态的服务器，从而实现服务器设备的动态增加。同样，也可以动态改变服务器所属的 VG。例如，解除 $S_j$ 属于 $VG_i$ 的关系，将 $S_j$ 绑定到 $VG_j$ 中。

图 3.21 表示服务器虚拟群组的结构模型，并假设 4 个服务器作为一个虚拟群组，其中实线圆表示虚拟群组的边界，实线阴影覆盖的服务器表示参与虚拟计算的服务器。图 3.21(a)的虚拟组有 4 台服务器参与工作，并且 4 台服务器都处于工作状态。图 3.21(b) 中的两台服务器处于休眠或停机状态，该服务器是被整合后休眠或停机的，它还可以被 VSM 调度并启动工作。

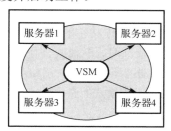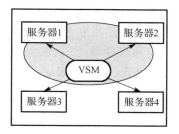

(a) 当 $N$ = 4 时虚拟组　　　　　　　　　(b) 当 $N$ 减小为 3 时虚拟组

图 3.21　计算资源虚拟化分组管理模型

## 3.8.4　基于虚拟化迁移的计算资源节能管理

本节从计算资源动态迁移选择和迁移调度两方面进行研究。迁移选择包括迁移时机的选择、迁移对象的选择和目标主机的选择。计算资源调度的目的是在不违反服务等级协议（Service Level Agreement，SLA）的前提下，最大限度地提高计算资源的利用率，减少数据中心的计算资源能耗。

### 1. 计算资源虚拟化迁移基本理论

由服务器计算能耗模型可知，服务器处于不同的工作模式将直接影响服务器能耗的大小，在改变服务器能耗的三种主要方法中，相对来说，改变 CPU 的工作频率难度较大，且可能对服务器的性能产生影响，而通过对服务器的负载进行迁移和整合，对管理者来说更加有效和可行。为了有效地对服务器的虚拟机进行动态迁移，并实现对服务器进行整合调度，需要对服务器的工作模式进行研究和总结。

模块化数据中心要实现服务器的虚拟化调度，服务器应支持经济运行模式（Ecology Conservation Optimization，ECO），数据中心节能调度管理系统通过服务器的电源管理接口（Advanced Configuration and Power Management Interface，ACPI）动态调整服务器的工作模式，从而降低服务器能耗。服务器的工作模式通常有以下四种。

（1）工作模式（working model）：在此模式下，服务器的 CPU、内存和硬盘等关键器件都在全速工作，主要的辅助设备，如键盘、网卡和 USB 设备等也在参与工作。该模式下服务器的能耗较大，特别是当计算任务比较繁重时，服务器的能耗将可能超过额定能耗功率。

（2）休眠模式（sleeping model）：在此模式下，操作系统和软件系统暂停工作，并将休眠前的运行状态都寄存在缓冲区里，以便快速恢复工作并保留此前的运行状态。此时服务器的 CPU、内存和硬盘等关键器件的能耗很小，但服务器的所有资源可根据遥控指令随时激活。

（3）软关机模式（soft off model）：当服务器处于该模式下时，服务器的操作系统和所有软件系统都退出运行，服务器的 CPU、内存和硬盘等器件都停止工作，只保留键盘、网卡及 USB 等外设处于通电状态，以保证可以收到外界的恢复工作指令，服务器的能耗接近于零。但是服务器处于该模式时恢复到工作状态的时间较长，且需要重新加载所有数据到内存中，当对服务的实时性要求较高时，不太适合使用该工作模式。

（4）硬关机模式（mechanical off model）：服务器的所有软件系统和硬件设备都停止工作，服务器的能耗接近于零。服务器处于以上几种工作模式的整体状态如表 3.13 所示。

表 3.13　服务器在不同工作模式下的状态

| 模式描述 | OS 状态 | 软件状态 | CPU 能耗 | RAM/HD 能耗 | 能否掉电 | 保留数据 |
| --- | --- | --- | --- | --- | --- | --- |
| 工作模式 | 运行 | 运行 | 大 | 大 | 否 | 是 |
| 休眠模式 | 停止 | 停止 | 较小 | 较小 | 否 | 是 |
| 软关机模式 | 停止 | 停止 | ≈0 | ≈0 | 是 | 否 |
| 硬关机模式 | 停止 | 停止 | ≈0 | ≈0 | 是 | 否 |

通过几种工作模式的对比可知，在微模块进行虚拟化整合管理时，休眠模式比较合适。对于休眠模式，可以采取以下四种级别的休眠方式。

（1）服务器的 CPU 和内存都处于运行状态，但对辅助性的外设掉电，系统保持最后一次的运行状态，一旦有请求可立即恢复工作。

（2）同第一种情况，但是中断 CPU 的电源，最后的运行状态交给操作系统管理，可在下次恢复工作时保留所有状态数据。

（3）休眠状态，在此状态下，只保留内存的状态，服务器基本不耗费电能。

（4）睡眠状态，将所有的系统状态都持久化到硬盘上，在服务器的睡眠期间可以断电。当服务器被重新唤醒时，首先加载上次的系统状态数据，从而可以恢复到最后一次的系统运行状态。此种模式的系统恢复时间比较长，系统状态数据越多，唤醒的时间就会越长。

1）计算资源虚拟化迁移关键技术

计算资源动态迁移是实现数据中心虚拟化应用的关键技术，通过计算资源迁移可以实现对服务器的动态整合，并实现在不中断服务的情况下对服务器进行维护。计算资源的动态迁移对象主要有存储资源、网络资源、CPU 和内存资源。其中，存储资源迁移时数据量很大，但可以通过网络文件系统（Network File System，NFS）共享的方式快速实现存储资源迁移；网络资源的迁移则可以通过服务器的物理地址相绑定的方式，实现网络的无缝迁移；CPU 状态的迁移则因为数据量很小，很容易实现快速迁移；内存资源的迁移在整个计算资源迁移中难度最大，因为内存中有大量时刻在变化的数据。因此，本节也将重点研究计算资源中的内存资源动态迁移关键技术。

计算资源迁移性能的高低主要看两个指标：宕机时间和总迁移时间。为了提升这两个指标，理论上有两个途径：第一，减少迁移数据的数量；第二，提高数据迁移的速度。针对虚拟机内存迁移，常用的迁移策略有三种。

（1）停止-复制策略：停止-复制策略首先将源主机停机，然后将源主机上所有页直接复制到目标主机，最后在目标主机上创建并启动新的虚拟机，从而完成虚拟机的迁移。停止-复制策略最大的缺点是，迁移导致的宕机时间和总迁移时间取决于所迁移虚拟机的物理页的大小。如果要迁移的虚拟机包含操作系统镜像文件，迁移的数据会相对较大，会导致服务器的宕机时间很长，因此该方法适合于小内存的迁移。其宕机时间和总迁移时间可用图 3.22 表示。

图 3.22　停止-复制迁移时长图

（2）后复制策略：后复制策略是在停止-复制策略的基础上进行的改进，使用该策略进行虚拟机迁移时，在迁移初期首先利用停止-复制的方法将一些关键的数据结构迁移到目标主机上，然后在目标主机上创建并启动新虚拟机，再通过网络将剩余的页传给新虚拟机。由于在传输剩余页数据时不需要停止服务，所以该方法可减少停止-复制所造成的源主机宕机时间。许多学者将后复制策略用于虚拟机的动态迁移整合、服务器的负载平衡控制，以及数据中心的节能管理等。例如，Hirofuchi 利用后复制策略对 IaaS 数据中心服务器进行动态整合管理，使虚拟机运行在较少的服务器上，从而减少数据中心服务器的运行数量，减少数据中心计算资源的能耗。

但是，当虚拟机内存数据变化剧烈时，就会不断产生脏页面，使得迭代复制剩余数据的次数大大增加，从而导致总迁移时间很长，因此该方法在迁移中对源主机的依赖性非常强，不适用于需要快速关闭源主机或网络连接的维护场景。针对此问题，有些学者对后复制策略的应用进行了优化。例如，将内存的迁移过程划分为三个阶段：全内存迁移阶段、内存位图迁移阶段和脏内存迁移阶段，仅在脏内存迁移阶段使用后复制策略复制部分脏页面数据。综上可知，使用后复制策略所带来的宕机时间和总迁移时间可用图 3.23 表示。

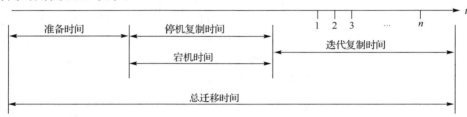

图 3.23　后复制迁移时长图

（3）预复制策略：基于预复制的迁移方法是在源主机冻结之前，预先复制虚拟机的关键状态数据，然后再冻结源主机并重复复制冻结之前的时间段内被修改的脏页，直至所有数据页被复制完。其主要目的是减少对主机服务的冻结时间，从而减少服务器的宕机时间。预复制主要包括以下几个过程：①将迁移对象的所有状态数据复制到目标主机；②将上次复制结束之后又发生变化的状态数据复制到目标主机，并循环上述动作，直至达到停止循环的条件；③当达到循环复制停止条件时，停止源主机上的服务，并将所有发生变化未复制的状态数据全部复制到目标主机；④启动目标主机服务，完成动态迁移。

然后启动目标主机的虚拟机服务，从而完成整个服务的迁移。使用预复制策略所带来的宕机时间和总迁移时间可用图 3.24 表示。

图 3.24　预复制迁移时长图

综合以上三种迁移复制算法，迁移系统影像的三种策略各有优缺点，其中，停止-

复制策略适用于小内存系统迁移，后复制策略的缺点是增加了对源主机的依赖性，预复制策略技术减少了对源主机的依赖，但是增加了总迁移时间。因此可根据实际迁移的情况，将三种方法融合在一起使用。

2）计算资源虚拟化迁移调度过程

由于服务器的能耗占数据中心总能耗的 40% 左右，所以对计算资源进行节能优化时，首先应减少服务器设备的能耗。虚拟化迁移技术可实现对服务器的动态分配，当服务器利用率偏低时，需要将若干低负载的服务器迁移整合到较少的服务器上，有效降低服务器能耗。为了平衡服务器的性能和能耗间的关系，对计算资源的节能调度分为整合迁移和均衡迁移两种情况。整合迁移是为了提高服务器的负载率，减少服务器运行台数，并以此减少服务器设备的整体能耗。均衡迁移则是为了保障服务器的服务质量，当服务器不能满足性能要求时，则将其中的某个任务迁移到其他服务器上执行。

（1）整合迁移。整合迁移过程是根据服务器的资源使用情况，包括 CPU 负载率、内存负载率和网络负载率等，并结合机房环境因素来判断是否对服务器进行整合调度。服务器整合是根据虚拟化调度策略，将低负载服务器上的虚拟机动态迁移到其他服务器上，以提高被迁入服务器的资源利用率，当服务器处于空载状态时，对其进行休眠或关机控制，从而减少服务器的运行数量，减少服务器设备的能耗。

（2）均衡迁移。均衡迁移与整合迁移过程相反，它是通过设定服务器资源负载上限和环境温度上限等条件，当服务器资源负载率或环境温度达到上限条件时，触发对虚拟机进行迁移。通过均衡迁移可以使处于预警状态的设备减小负荷，而被迁入服务器可能是被重新激活的服务器或低负荷的服务器。均衡迁移可以提高服务质量，但会增加数据中心的整体能耗成本。

以上所述为服务器的虚拟机动态迁移模型，而在对服务器进行迁移调度管理时，主要分为两个阶段，第一个阶段是迁移前的准备工作，包括迁移时机的选择、迁移对象的选择和目标服务器可利用资源的确认和预留等。第二个阶段完成迁移复制工作。

2. 计算资源动态迁移节能调度

确定了迁移的对象和迁移的目标主机便完成了动态迁移前的准备工作。在对计算资源的迁移调度中，需要动态迁移的数据包括 CPU 状态数据、内存数据、磁盘数据和网络路由等信息，其中内存的迁移在整个计算资源迁移中难度最大，内存中的信息不但数据量很大而且时刻在变化。因此，在计算资源的动态迁移算法研究中，将重点研究内存的迁移算法。

1）迁移调度过程模型

计算资源中的虚拟机进行动态迁移时，不但包括虚拟机的磁盘静态数据，还包括

CPU 状态数据和内存数据等。为了减少服务器的宕机时间，并减少总的迁移时长，在调度管理中分为四大模块：资源监控模块、迁移管理模块、冻结管理模块和目标激活模块，其迁移调度过程模型如图 3.25 所示。

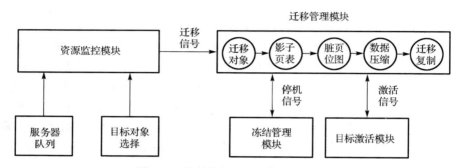

图 3.25　　计算资源迁移调度过程模型

（1）资源监控模块：在整个迁移过程中，资源监控模块负责监测每个服务器的资源负载情况和运行状态，并根据每台服务器的资源负载预警上下限，决定是否进行迁移调度。当满足迁移条件时，该模块将根据资源目标选择模块的计算结果，选择迁移对象和迁移的目标主机，然后发出迁移信号。从功能的划分可以看出，虚拟机动态迁移选择主要在资源目标选择模块中进行。

（2）迁移管理模块：在迁移过程中，该模块是关键环节，负责迁移的具体实施，该模块设计的合理性将直接影响迁移的宕机时间和迁移总时长。资源监控模块收到迁移信号后，开始收集迁移对象的信息数据，并采用预复制的方式进行一次迁移复制。然后开始迭代复制，每次迭代复制只是复制上一次迭代过程中新产生的脏页面，直至达到迭代复制停止条件。接着进入停机复制阶段，将剩余的所有脏页面数据一次性压缩复制至目标主机。最后，调用目标唤醒模块，完成整个服务的迁移。

（3）冻结管理模块：该模块主要是协调源服务器的数据与目标服务器的数据保持同步，防止在迁移过程中出现数据丢失的现象。冻结管理模块对目标服务器的冻结时间也就是服务器宕机时间，因此，应尽量减少冻结时间。

（4）目标激活模块：该模块的主要功能是在目标主机上创建新的虚拟机，并启动新的服务，保证对用户服务的连续性。当完成目标激活之后，将通知计算资源管理器销毁源主机上的虚拟机对象。

2）动态迁移前准备

（1）影子页表：在动态迁移的预复制和迭代复制阶段，下一轮只是复制在上一轮迁移过程中修改过的页面，因此，准确获取并记录上一轮中修改过的页面非常重要，图 3.26 说明了地址的转换过程。

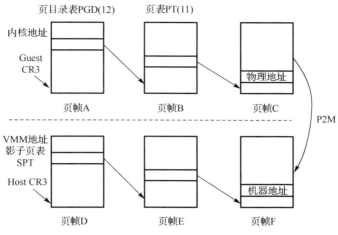

图 3.26 影子页表原理

根据内存管理的基本原理，可采用影子页表达到以上目的。采用影子页表对修改的页表进行记录时，首先需要将页表的地址改为可记录的机器地址。在虚拟化的服务器中，当使用影子页表的方法进行寻址时，访客用户（Guest）仍按照原来的方法进行寻址，但通过 CR3 查找页目录表时，CR3 存储的值已重定向为影子页表的 Guest CR3 值。Guest 将线性地址对应为物理地址，影子页表将线性地址对应到服务器地址，地址的整个转换过程中都基于影子页表。影子页表的更新方法可分为四个步骤。

① 计算资源管理器将 Guest 的页表权限更改为可读写状态，并将影子页表中的所有页表设置为不存在。Guest 更新本机的页表，当发生页面错误时，陷入计算资源管理器。

② 返回到 Guest，并再次更新页表。此刻 Guest 页表和影子页表中的项不同步，需要在使用时将两者进行同步。由于 Guest 的页表权限都是可读写状态，所以此时可以正常对页表中的页表项进行更新。

③ 当需要页表项进行地址转换时，由于影子页表已经被设置为不存在状态，所以会发生缺页异常并陷入计算资源管理器。

④ 计算资源管理器将 Guest 中的页表重置为只读，并依据 Guest 中的页表更新影子页表，即将不同步的页表项，按照 Guest 中的物理地址更新影子页表中的服务器地址，从而使 Guest 的页表与影子页表保持同步，并返回到 Guest。

（2）页位图：在上述的影子页表中，通过对脏页面进行标记可以得到脏页位图。脏页位图的获取就是当页面错误时，陷入计算资源管理器的记录。即 Guest 页表被设置为只读状态后，Guest 内存页的修改会触发页错误，从而托管给计算资源管理器。计算资源管理器检查 Guest 的页表项访问权限，并在脏页面位图中进行记录。在进行虚拟化迁移过程中，为了减少脏页面数据迁移量，提高迁移效率，可以采用 to_send、to_skip 和 to_fix 对脏页面位图分别进行标注。其中，to_send 标记在上次迭代过程中所产生的脏页；to_skip 标记在本次的迭代过程中所产生的脏页、本次迭代过程中不需要复制的页面；to_fix 标记需要在停止复制阶段进行迁移的脏页。

（3）任务集：在迁移复制过程中，每次产生新的脏页面后，首先将脏页面复制到 to_skip 任务集中，然后对比 to_send 任务集和 to_skip 任务集，如果一个脏页面同时出现在两个任务集中，说明该脏页面更新比较频繁，则从 to_send 任务集中移除，本轮不进行复制。完成本轮复制工作之后，清空 to_send 任务集，然后将 to_skip 任务集复制到 to_send 任务集，并清空 to_skip 任务集。

3）动态迁移复制

在对虚拟机进行动态迁移的过程中，由于内存数据、磁盘数据以及 CPU 状态等数据可能一直处于变化之中，为了有效减少迁移数据的数量和迁移时间，本节采用一种基于位图增值的动态迁移方法，将动态迁移过程分为预复制、迭代复制和冻结复制三个阶段。通过之前对多种迁移关键技术的研究，结合模块化数据中心的数据特点，本书在预复制算法的基础上进行优化研究，提出基于位图任务集的复制迁移方法。该方法分为以下五个步骤。

（1）资源预留。当确定需要将主机 $S_j$ 上的虚拟机 $vm_j$ 动态迁移到主机 $S_k$ 上时，需要在主机 $S_k$ 上预留足够的资源容器承载虚拟机 $vm_j$。

（2）预迁移。将源服务器上迁移对象所有的内存页、CPU 状态和磁盘数据，全部迁移复制到目标服务器上，并保持迁移对象的服务在源服务器上正常运行。预迁移拷贝示意图如图 3.27 所示。

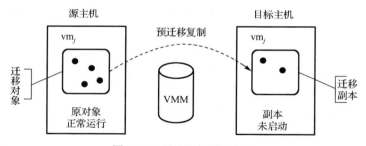

图 3.27    预迁移复制示意图

（3）迭代复制迁移。完成预迁移的数据复制之后，以后的每次迭代只复制在前一次复制过程中新产生的脏页，并依据任务集的管理方法控制每次迭代复制的数据内容。此时，迁移对象仍然在源服务器上运行。为了减少每次迭代复制的数据量，在迭代复制过程中，只有当页位图的 to_send 标注为 1 且 to_skip 标注为 0 时，才对此脏页面的数据进行复制迁移。在此情况下，认为系统已经完成了对该脏页面数据的更改。否则认为脏页面从未被修改过，或者系统还未完成对脏页面数据的更改，或者该脏页面更新比较频繁，而不进行页表迁移。迭代复制的过程如图 3.28 所示。

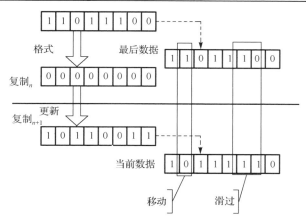

图 3.28　脏页标记示意图

在迭代复制过程中，脏页面迁移复制的规则如表 3.14 所示。

表 3.14　脏页面迁移复制的规则

| to_send 取值 | 1 | 1 | 0 | 0 |
|---|---|---|---|---|
| to_skip 取值 | 1 | 0 | 1 | 0 |
| 是否迁移 | 否 | 是 | 否 | 否 |

通过对页表的标记，可以有效地避免在内存页频繁被修改的情况下，页表被反复多次迁移并延长总迁移时间。但是当出现内存剧烈动荡时，需要通过迭代停止条件停止迭代，以缩短总的迁移时长。

（4）冻结复制迁移。当迭代复制达到冻结管理的条件时，停止源服务器上的虚拟机，并冻结迁移对象的所有数据，然后将所有未复制的脏页面全部复制至目标服务器上，包括 CPU、内存和 I/O 等状态数据，以及磁盘数据，从而完成所有虚拟机数据的迁移。此时，源服务器上的迁移对象保持挂起状态，防止迁移失败引起数据丢失。冻结复制迁移的示意图如图 3.29 所示。

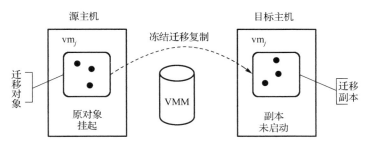

图 3.29　冻结复制迁移的示意图

（5）服务迁移。完成冻结复制后，计算资源管理器将会对源主机和目标主机内的迁移对象进行一次完整性校验，确认两者的迁移对象数据完全一致时，将源主机的虚拟机对象删除。从而，使目标主机成为迁移对象的宿主机。

最后，激活目标主机上的虚拟机对象，完成虚拟机的整个动态迁移过程。迁移完成后的示意图如图 3.30 所示。

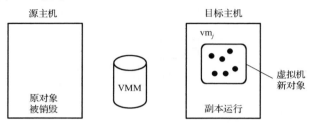

图 3.30　服务迁移示意图

根据上述对计算资源动态迁移的步骤分析可知，在整个迁移调度过程中，动态迁移的时段划分可用图 3.31 表示如下。

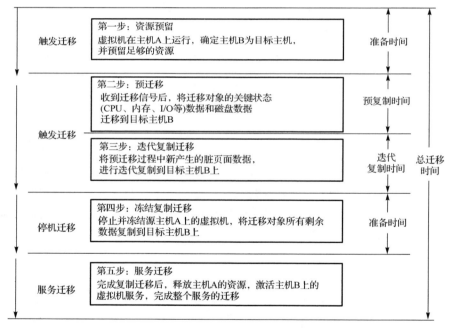

图 3.31　计算资源动态迁移时段划分

从以上分析可知，计算资源迁移总时长从迁移模块收到迁移信号开始，一直到目标主机上启动服务为止。迁移所导致的宕机时长取决于冻结复制的时间，一般来说，宕机时间只有几百毫秒左右，但宕机会导致服务短暂中断，为了提高动态迁移的性能，关键要减少宕机时间。

## 3.8.5　基于协同调度的动环资源节能管理

数据中心的动环系统主要包括供配电系统和制冷系统。由于数据中心动环资源的特殊性，动环资源的节能不同于计算资源的虚拟化管理。在对数据中心采用模块化方式划分和部署之后，一个大型数据中心就变成了多个相对独立的小型数据中心集合。采用虚拟化迁移的方法对计算资源进行整合节能管理，可以有效降低计算资源的能耗。为了最小化模块化数据中心的能耗，在计算资源能耗优化的同时，还需要根据数据中心的需求对动环资源进行同步调度管理。当检测到计算资源的负载发生转移或整合休眠时，同步控制和改变动环设备的工作状态，实现对动环资源的协同调度管理。

本节依据数据中心对动环资源的真实需求，提出将计算资源和动环资源相互协调的节能管理方法。通过构建数据中心动环资源协同管理模型，完成温度场分布分析和动环资源调度方法的研究，实现数据中心负载转移和热分布的情况统计，同步对动环资源进行动态调度，从而减少动环资源浪费，并减少数据中心整体能耗。

### 1．动环资源协同调度策略

1）时间尺度协同调度

按时间尺度对数据中心进行协同调度时，根据时间颗粒划分的粗细，可分为静态配置、计划调度和实时控制三种调度策略，这三种策略间又相互协同和影响，如图 3.32 所示。其中，静态配置管理策略主要是从整个数据中心的安全性角度出发，并兼顾数据中心的长期经济性，制定出整个系统的调度管理策略。静态配置策略没有固定的更新周期，需要根据管理策略的变化而进行更新，它在调度管理中的优先级较高。通过定义服务器最少运行台数阈值、最大和最小负载率阈值，以及环境温度的阈值等强制性要求，以保证数据中心有合理和稳定的安全界限。计划调度通常从数据中心经济性的角度对资源进行动态调度，使得整个数据中心的负载分布均衡。实时控制相对于前面两种调度方式，它更侧重于对设备工作状态的实时微调控制，使得设备的工作状态与数据中心的实际需求保持一致。另外，当数据中心出现紧急情况时，通过实时控制可以及时排除数据中心的异常情况，避免导致严重的故障后果。

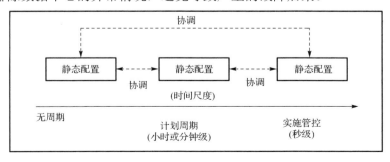

图 3.32　基于时间尺度的协同调度

以上三种调度策略间的协同调度关系如下。

（1）静态配置与计划调度的协同，通过计划调度周期性地优化调整，进而可以为管理者进行静态配置提供更科学的决策依据。同时，合理的静态配置又为计划调度提供更好的安全保障。

（2）计划调度与实时控制的协同，通过实时调度不断修正设备的计划控制目标，从长时间尺度的经济性角度制定设备调度策略。在优化设备计划调度策略的基础上，从短时间尺度的安全稳定性角度出发，实现对设备负载均衡的实时控制。

（3）静态配置与实时调度的协同，更多体现在静态配置对实时控制的安全性约束，防止在某些极端情况下实时控制出现重大偏差。

2）空间尺度协同调度

依据数据中心的设备在能耗逻辑和物理空间的关联性，按空间尺度进行协同调度时，侧重于整体与局部的协同，以及局部之间的协同关系，形成数据中心整体与局部协同，设备之间负载均衡的统筹控制体系。从系统的角度来看，数据中心把机房的能效管理看作可预测、可调控的基本单元，完成数据中心级的整体协调控制。从机房级管理来看，它遵守数据中心级的统一调度管理的同时，完成机房级、模块级和设备级的协同控制。

另外，不同类型设备间或不同类型系统间也会因为在物理逻辑上的相关性而进行协同控制。数据中心最常见的联动控制有：消防系统发生告警事件，联动门禁系统自动解锁，方便工作人员逃生。当微模块内出现高温紧急事件时，联动启动应急风扇或自动打开通风窗口等。

2. 协同调度过程模型

由于数据中心所包含的设备复杂多样，所涉及的系统包括高低压配电系统、制冷系统、自控系统等，各设备和子系统的运行状况又复杂多变，因此，为了最优化数据中心的能耗，必须在不违反 SLA 的前提下，对所有能耗资源设备进行协同调度管理。数据中心动环资源的协同调度过程包括以下四个阶段。

（1）状态数据采集，通过在数据中心部署的各种传感器，实时采集数据中心的温湿度环境量、气流变化和压差状态，同时对配电设备、空调制冷设备和服务器等设备进行实时监测，为进行数据中心整体协同调度提供基础数据。

（2）数据融合分析，根据数据中心各设备的关联关系，通过对所采集的多种状态数据进行组合分析，得到数据中心热分布和负载分布等信息。

（3）调度决策分析，依据协同管理策略和调度规则，评估当前数据中心的调度策略，如果满足协同调度条件，则执行数据中心整体协同调度，否则结束本次调度决策，返回并进入下次调度决策评估。

（4）协同调度管理，依据调度控制规则，对数据中心的空调制冷设备和配电等设备进行遥控调度。

该协同机制的形成过程是一个循环反馈的过程，通过不断地进行优化调整，不断改变数据中心运行中存在的问题，使调度的结果能够适应环境的动态变化。本章将对多种状态数据的融合分析、多维资源的协同管理方法和协同调度方法进行详细说明。该协同调度机制的形成过程模型如图 3.33 所示。

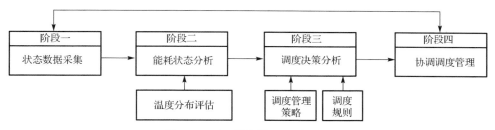

图 3.33　动环资源协同调度过程

在对数据中心动环资源进行协同调度管理时，应遵守以下基本原则。

（1）安全可靠优先，兼顾经济性：在对数据中心的服务器、空调及配电设备进行优化调度管理时，首先要保证数据中心的运行安全性，确保可满足服务器的计算资源需求，并不违反可编程逻辑阵列（Programmable Logic Array，PLA）。空调设备所提供的制冷必须满足数据中心的要求。同时，需要尽量减少服务器的运行数量，减少冗余制冷等引起的能耗浪费。

（2）全局统筹协同、分组优化控制：在进行协同调度管理中，对数据中心监控范围内的资源进行联动控制和负载均衡调度。当需要进行休眠调度时，在遵守分时分组原则的同时，减少群组间的大规模迁移调度，以减少迁移能耗，并避免制冷配电等动环资源的浪费。例如，服务器群组负载相当的情况下，温度高的群组预先向温度低的群组调度，以节约制冷资源。

（3）具有预测性的调度，防止调度颠簸：依据历史记录和当前实时状态，预测负载和环境的变化趋势，以保证迁移调度的平稳性。

3. 协调调度策略

根据数据中心能耗结构的分析结果，可以将数据中心分为三个主要的子系统：服务器计算系统、空调制冷系统和动力配电系统。依照三个子系统在数据中心的作用，在进行协同调度时可分为以下三个层次进行管理。

（1）配电管理（Power Management，PM）层。该层是数据中心层次管理结构的第一层。用于确定每台服务器运行时的负载情况，系统依据服务器负载的大小进行排列，在协同调度时考虑此顺序信息。服务器的排列可依据以下三种方式。

① 依据服务器温度阈值（Thermostat Setting Based，TSB）排序。按照服务器的温度阈值进行降序排列，但要求温度阈值应保证服务器的入口温度在合理范围内。

② 依据服务器热循环（Recirculated Heat Based，RHB）排序。按照服务器的热循环总量进行升序排列。

③ 人为排序。按照数据中心管理者的设置对服务器进行排序。

（2）服务器管理（Job Management，JM）层。该层为数据中心层次管理结构的第二层，主要执行基于温度感知的应急调度和局部范围的计算任务调度。在对服务器协同调度时，为了确保调度管理策略与服务等级协议不产生冲突，采取的优先顺序与配电管理层一致。

（3）制冷系统管理（Cooling Management，CM）层。制冷系统管理层是整个调度模型的第三层，主要负责控制空调设备的温度恒温器，保证数据中心的环境处于稳定状态。空调恒温器的阈值设定值必须考虑数据中心处于满负荷时的需求。

结合上述管理层级结构，下面对不同层次间的协同调度关系进行说明。

（1）计算任务与配电管理层的协同管理（Coordinated Job and Power Management，JPM）：JPM 策略主要针对 PM 和 JM 两个层级，JPM 策略的管理决策如表 3.15 所示。

表 3.15　JPM 调度管理策略

| | |
|---|---|
| PM 与 JM 协同调度 | PM 和 JM 先后执行，RHB 向量排序=按升序对所有节点的热循环进行排序 |
| | JM 按照任务执行时长对调度任务进行升序排列，并按照 EDF 策略进行调度 |
| | JM 将 RHB 向量中排列优先级最高的节点作为调度任务 |
| | PM 关闭空载状态的服务器设备 |
| CM 管理层级采取持续制冷的策略 | 冷却处理系统（Cooling Treatment System，CTS）应满足数据中心处于满负荷时最大制冷需求量 |

在策略中，计算任务的调度安排主要基于阈值优先原则，调度决策由 JM 层发起。服务器调度任务的排序基于 RHB 策略，以便最小化数据中心的热循环。服务器的调度策略也就决定了服务器的负载情况，从而可以使一些服务器处于空载状态，并且通知 PM 层关闭空载状态的服务器。JPM 策略中的关系如图 3.34 所示。

图 3.34　JPM 策略中不同层级间关系

在此管理策略中，由于 CM 并不参与 JM 和 PM 的协同调度，所以在图 3.34 中 CM 处于独立状态，空调制冷系统的恒温器被置为常量。该常量值取值应满足数据中心内所有服务器最大负荷状态下的制冷需求，从而可以保证所有服务器可以安全运行。

（2）计算任务与制冷系统间的协同管理（Coordinated Job and Cooling Management，JCM）：在此协同管理策略中，JM 和 CM 策略协同工作。表 3.16 详细说明了在 JCM 策略中不同的管理决策。

**表 3.16　JCM 调度管理策略**

| | |
|---|---|
| | CM 和 JM 先后执行，TSB 向量排序=按照空调允许设置的恒温器阈值进行降序排列 |
| | JM 按照任务执行时长对调度任务进行升序排序，并按照 EDF 策略进行调度 |
| CM 与 JM 协同调度 | JM 将 RHB 向量中排序优先级最高的节点作为调度任务 |
| | DTS=满足数据中心负载的动态变化，设置空调恒温器的阈值参数 |
| | CM 根据 DTS 动态控制空调设备的工作状态 |
| PM 层级不关闭空载服务器设备 | |

# 3.9　本 章 小 结

本章针对绿色数据中心能耗节省进行研究，对绿色数据中心各层耗能结构和关键节能措施进行了分析探讨，对绿色数据中心能耗监控系统相关原理进行了研究与分析，包括系统接口协议、组网方式、传输方式、数据库、监控功能等；研究了绿色数据中心能耗成本的建模、控制和优化问题，描述了绿色数据中心能耗监控系统的实现；最后详细进行数据中心计算资源虚拟化节能管理研究，根据计算资源虚拟化迁移理论，构建了数据中心计算资源虚拟化节能调度过程模型。通过设计计算资源的迁移时机、迁移对象和目标主机的选择策略，为计算资源的动态调度提供了准备条件。在构建计算资源动态迁移架构的基础上，提出计算资源动态迁移复制方法和迁移调度算法，实现了数据中心计算资源的动态节能管理。

## 参 考 文 献

[ 1 ] Love R. Linux Kernel Development Second Edition[M]. London: Sam Publishing, 2005.

[ 2 ] 李崇辉. 如何建设绿色数据中心[J]. 中国金融电脑, 2008, 32(10): 6-12.

[ 3 ] 曹鲁. 如何进行绿色数据中心建设[J]. 通信世界, 2009, 32(31): 21-27.

[ 4 ] Khandelwal M. Application of an expert system for assessment of blast vibration[J]. Geotechnical and Geological Engineering, 2010, 30(1): 215-217.

[ 5 ] 马永锁. 解读绿色数据中心 PUE 指标[J]. 建筑电气, 2012, 16(8): 14-18.

[ 6 ] 王士政. 电力系统控制与调度自动化[M]. 北京: 中国电力出版社, 2008.

[ 7 ] 李鹏, 张玲, 王伟, 等. 微网技术应用与分析[J]. 电力系统自动化, 2009, 25(10): 15-18.

[ 8 ] 赵宏伟, 吴涛涛. 基于分布式电源的微网技术[J]. 电力系统及其自动化学报, 2008, 20(1): 13-16.

[ 9 ] 杜狄松. 绿色数据中心能耗监控系统研究[D]. 杭州: 浙江工业大学硕士学位论文, 2015.

[10] 余贻鑫. 新形势下的智能配电网[J]. 电网与清洁能源, 2009, 25(7): 7-12.

[11] 奚宏生. 随机过程引论[M]. 北京: 中国科学技术大学出版社, 2009.

[12] 胡奇英, 刘建庸. 马尔可夫决策过程引论[M]. 西安: 西安电子科技大学出版社, 2000.

[13] Sutton R S, Barto A G. Reinforcement Learning: An Introduction[M]. Cambridge: MIT Press, 1998.

[14]  Watkins C J, Dayan P. Q-learning[J]. Machine Learning, 1992, 8(3-4): 279-292.

[15]  Salodkar N, Bhorkar A, Karandikar A, et al. An on-line learning algorithm for energy efficient delay constrained scheduling over a fading channel[J]. IEEE Journal on Selected Areas in Communications, 2008, 26(4): 732-742.

[16]  Blasco P, Gunduz D, Dohler M. A learning theoretic approach to energy harvesting communication system optimization[J]. IEEE Transactions on Wireless Communications, 2013, 12(4): 1872-1882.

[17]  Dembo A, Zeitouni O. Large Deviations Techniques and Applications[M]. Berlin: Springer, 2009.

[18]  Weiss A. An introduction to large deviations for communication networks[J]. IEEE Journal on Selected Areas in Communications, 1995, 13(6): 938-952.

[19]  张树本. 云计算数据中心的能耗成本建模与优化研究[D]. 北京: 中国科学技术大学博士学位论文, 2015.

[20]  徐丙根, 李天友, 薛永端. 智能配电网与配电自动化[J]. 电力系统自动化, 2009, 36(17): 12-15.

[21]  王成山, 李鹏. 分布式发电、微网与智能配电网的发展与挑战[J]. 电力系统自动化, 2010, 32(25): 10-14.

[22]  赵黎明. 3G 基站动力环境监控系统标准化探讨[J]. 电信工程技术与标准化, 2007, 12(2): 12-15.

[23]  张琳. 通信电源监控系统传输方式的研究[D]. 济南: 山东大学硕士学位论文, 2007.

[24]  侯智军. 浅析绿色数据中心的标准要求与信息技术[J]. 电脑知识与技术, 2011, 40(36): 33-41.

[25]  朱应国. 数据中心机房高可靠性建设研究与探讨[J]. 科技资讯, 2009, 36(33): 23-26.

[26]  杨国勋. 绿色数据中心产业的发展趋势[J]. 中国信息界, 2012, 12(5): 32-39.

[27]  王娟琳, 封红旗, 丁宪成. 绿色数据中心资源整合研究与实践[J]. 信息技术, 2013, 12(5): 51-55.

[28]  苏岩, 赵国生, 赵磊. 基于能效逻辑的绿色数据中心定量评估方法[J]. 价值工程, 2010, 32(24): 21-31.

[29]  滕达, 杨瑛洁. 绿色数据中心供电系统分析[J]. 邮电设计技术, 2012, 12(9): 22-32.

[30]  童深. 数据中心建设中的 "绿色" [J]. 中国金融电脑, 2012, 12(5): 9-13.

[31]  张慧珍, 李长春, 周培琴, 等. 云计算数据中心节能技术研究[J]. 信息系统工程, 2013, 12(10): 5-17.

[32]  祝秋波. 通信电源监控系统的研究[D]. 武汉: 武汉理工大学硕士学位论文, 2005.

[33]  杨兵, 任新, 陈娜, 等. 数据中心绿色节能之路[J]. 中国管理信息化, 2014, 12(4): 8-13.

[34]  陈凤, 张花, 陈月琴, 等. 数据中心供电系统的新技术应用研究[J]. 电源学报, 2013, 10(2): 4-6.

[35]  姚俊峰. 通信动力与环境集中监控系统设计[D]. 广州: 中山大学硕士学位论文, 2006.

[36]  郭成宝. 基于 WEB 的通信电源监控系统软件设计与实现[D]. 成都: 西南交通大学硕士学位论文, 2006.

[37]  庄德珍. 徐州电信动力环境监控方案优化设计[D]. 南京: 南京邮电大学硕士学位论文, 2009.

[38]  李志梅. 电信动力和环境集中监控系统设计及应用[D]. 广州: 华南理工大学硕士学位论文, 2008.

[39]  吴亦锋, 刘彪, 许巧龄. 大型公共建筑能耗监控系统研究[J]. 福州大学学报, 2011, 39(1): 4-7.

[40] 刘晓茜, 杨寿保, 郭良敏, 等. 雪花结构: 一种新型数据中心网络结构[J]. 计算机学报, 2011, 34(1): 76-86.

[41] 胡志刚, 欧阳晟, 阎朝坤. 云环境下面向能耗降低的资源负载均衡方法[J]. 计算机工程, 2012, 38(5): 53-55.

[42] 丁永. 利用虚拟化技术打造绿色数据中心[J]. 电信技术, 2011 (3): 51-52.

[43] 邢伟超. 绿色数据中心管理框架及能耗监控系统[D]. 上海: 复旦大学硕士学位论文, 2012.

[44] Lee Y C, Zomaya A Y. Energy efficient utilization of resources in cloud computing systems[J]. The Journal of Supercomputing, 2012, 60(2): 268-280.

[45] 敬思远, 余堃. 基于混合粒子群算法的虚拟数据中心能耗优化[J]. 计算机工程, 2012, 38(15): 276-278, 282.

[46] Isci C, Contreras G, Martonosi M. Live, runtime phase monitoring and prediction on real systems with application to dynamic power management[C]. Proceedings of the 39th Annual IEEE/ACM International Symposium on Micro Architecture, 2006: 359-370.

[47] Kalyvianaki E, Charalambous T, Hand S. Self-adaptive and self-configured cpu resource provisioning for virtualized servers using kalman filters[C]. Proceedings of the 6th International Conference on Autonomic Computing, 2009: 117-126.

[48] 周文煜, 陈华平, 杨寿保, 等. 基于虚拟机迁移的虚拟机集群资源调度[J]. 华中科技大学学报: 自然科学版, 2011, 39(1): 130-133.

[49] Bennani M N, Menasce D A. Resource allocation for autonomic data centers using analytic performance models[C]. The Second International Conference on Autonomic Computing (ICAC), 2005: 229-240.

[50] 兰雨晴, 宋潇豫, 马立克, 等. 系统虚拟化技术性能评测[J]. 电信科学, 2010, 8A: 19-24.

[51] Ranganathan P, Leech P, Irwin D, et al. Ensemble-level power management for dense blade servers[J]. ACM SIGARCH Computer Architecture News, 2006, 34(2): 66-77.

[52] Brandt S G. Adaptive control implementation issues[J]. American Society of Heating, Refrigerating and Air-Conditioning Engineers, 1986, 92(26): 211-219.

[53] Curtiss P S, Kreider J F, Shavit G. Neural networks applied to buildings: A tutorial and case studies in prediction and adaptive control[R]. American Society of Heating, Refrigerating and Air-Conditioning Engineers, 1996.

[54] 王军, 王雁, 王瑞祥, 等. 一种优化控制变风量空调系统的新方法[J]. 上海交通大学学报, 2006, 40(2): 248-252.

[55] 郑力新, 周凯汀, 王永初. 基于遗传算法的串级系统优化设计[J]. 厦门大学学报: 自然科学版, 2001, (z1): 90-93.

[56] 林喜云, 沈国民, 谢军龙. 模糊控制器在中央空调控制系统中的应用[J]. 制冷与空调, 2007, 1: 47-52.

[57] 赵卫华. 基于神经网络参数优化的 PID 控制研究分析[D]. 太原: 中北大学硕士学位论文, 2008.

[58] Gibson G L. A supervisory controller for optimization of building central cooling systems[R]. American Society of Heating, Refrigerating and Air-Conditioning Engineers, 1997.

[59] Massie D D, Curtiss P S, Kreider J F, et al. Predicting central plant HVAC equipment performance using neural networks-laboratory system test results/discussion[J]. ASHRAE Transactions, 1998, 104: 221.

[60] Kaya A, Alexander S J, Chen C S, et al. Optimum control policies to minimize energy use in HVAC systems[J]. American Society of Heating, Refrigerating and Air-Conditioning Engineers, 1982, 88(2): 235-248.

[61] Chang Y C. A novel energy conservation method: optimal chiller loading[J]. Electric Power Systems Research, 2004, 69(2): 221-226.

[62] Chang Y C. An innovative approach for demand side management: optimal chiller loading by simulated annealing[J]. Energy, 2006, 31(12): 1883-1896.

[63] Kaya A. Improving efficiency in existing chillers with optimization technology[J]. American Society of Heating, Refrigerating and Air-Conditioning Engineers, 1991, 33(10): 30-38.

[64] Yu F W, Chan K T. Optimum load sharing strategy for multiple-chiller systems serving air-conditioned buildings[J]. Building and Environment, 2007, 42(4): 1581-1593.

[65] Roth K, Goldstein F, Kleinman J. Energy consumption by office and telecommunications equipment in commercial buildings volume I: energy consumption baseline[J]. National Technical Information Service, 2002.

[66] 黄森, 潘毅群, Peng X U. 数据中心节能研究现状与发展[C]. 全国暖通空调制冷 2010 年学术年会, 2010.

[67] Blazek M, Chong H, Loh W, et al. Data centers revisited: Assessment of the energy impact of retrofits and technology trends in a high-density computing facility[J]. Journal of Infrastructure Systems, 2004, 10(3): 98-104.

[68] 傅烈虎, 和小伟, 丁麒钢, 等. 绿色数据中心加权平均 PUE 概念的提出与计算[J]. 智能建筑与城市信息, 2010 (10): 91-94.

[69] 朱少敏, 刘建明, 刘冬梅. 基于模糊神经网络的电力企业数据中心绿色评价方法[J]. 电网技术, 2008, 32(19): 84-88.

[70] Miller M. Cloud Computing[M]. Beijing: Machinery Industry Press, 2009.

[71] 王克勇, 王丽, 徐靖文, 等. 绿色数据中心空调节能技术研究[J]. 能源研究与利用, 2012(2): 29-31.

[72] 阮顺领. 基于虚拟架构的模块化数据中心节能管理研究[D]. 西安: 西安建筑科技大学博士学位论文, 2015.

# 第4章 绿色数据中心核心竞争力

本章在对核心竞争力相关理论大量文献研究综述的基础上，以绿色数据中心为研究对象，把核心竞争力的一般性理论引入绿色数据中心行业中，在借鉴 Prahalad 和 Hamel 核心竞争力的基础上构建了绿色数据中心核心竞争力研究的理论框架，对绿色数据中心核心竞争力的理论内涵、绿色数据中心核心竞争力的特点进行了比较系统的论述。

## 4.1 引　　言

随着电子信息技术的高速发展，新型的互联网技术层出不穷，云计算、物联网、Web 2.0 等新技术对数据中心提出了更多的要求，就拿现在市场上很热的云计算来讲，越来越多的云终端、云存储、云技术要求数据中心有更大的计算能力、更高的虚拟化技术，以及最直接的机房基础设施（电力、制冷等）按需分配能力和动态响应能力，如果这些问题不能解决，会给政府带来巨大的能耗与成本压力。而构建绿色数据中心将是推动整个 ICT 融合，开展云计算业务的解决方案，它将成为一种趋势。

怎么才能让数据中心的能耗更低、运营成本更低、响应速度更快，让整个数据中心更加灵活和经济呢？大前提是建立一个绿色的、可靠的、高效的数据中心，并使之投入运营，快速地产生收益，这经变成了数据中心发展过程中的重大问题[1]。那么，数据中心行业的竞争力是由哪些部分所构成的，绿色数据中心和传统的数据中心相比所具备的优势到底在哪里呢？所以说对数据中心核心竞争力的研究有助于我们更好地把握数据中心行业特性，对中国实现电子信息产业强国之梦至关重要。

中国的数据中心在未来五年内是全球最大的一个市场，数据要想集中式发展，必然会催生数据中心的建设，必然会催生灾难备份的建设等。在这样一个发展的驱使下，可以想象中国的数据中心建设，在未来五年当中，会是一个爆发式的增长，数据中心的建设，其技术在信息化里面处于要求最高的一个级别，同时，数据中心建设的节能环保和绿色化，在各级政府的要求下，或者在全球节能减排的压力和厂商多种外部力量的推动下，下一代绿色数据中心的风暴必然掀起。

随着国家"科技强国、产业兴国"的政策进一步实施，各类产业升级的需要，IT 基础服务（云计算服务平台、绿色数据中心）与水、电、煤等传统基础配套设施一样，成为吸引国内外各行各业投资者入驻的基础配套设施之一[2]。

以上海为例，上海市云计算基地初挂牌，通过基地的 IT 服务能力有效提升了产业化孵化环境，吸引了一大批国内外著名的 IT 公司入驻。以腾讯、微软、Google 为代表的互联网企业，以中国电信、中国移动、中国联通为代表的运营商，以德国电信、KDDI 为代表的海外运营商纷纷入驻。广州、重庆、深圳、天津等地方政府纷纷效仿，开始筹建区域性的云计算服务能力。以杭州市滨江区为例，滨江区目前拥有浙江电信80%以上、浙江联通 90%以上的优质机房资源，吸引了阿里巴巴、网易建立全国性总部，吸引了一大批高科技创业公司入驻，形成了互联网创业、大中型企业高度信息化的区域竞争优势。

可以说，无论是 IBM、Google、百度、腾讯、阿里巴巴或者其他世界上任何一家互联网巨头的发展，都离不开云计算公共平台和绿色数据中心的支撑。绿色数据中心的发展，符合"节能减排、绿色经济"的要求，目前，整个电力资源短缺直接催生了全国范围内的节能减排浪潮，地方经济发展受到了前所未有的冲击。而作为数据中心赖以生存的唯一原料就是电力，也首当其冲。所以建设节能高效的绿色数据中心势在必行[3]。符合节能要求的建筑、充分利用可再生的自然能源的制冷系统、高效的电力持续供应方案、可按需扩展的虚拟化云计算技术等，将成为下一代绿色数据中心的标准配置，较传统数据中心至少节约 35%以上的能耗。

综上所述，本章是对中国绿色数据中心核心竞争力进行的专项研究。其目的是通过对中国绿色数据中心核心竞争力的各项指标的测试和度量，让大家对中国绿色数据中心的核心竞争力的大体状况有一个比较正确的认识。同时在其基础上，提出全面提升中国绿色数据中心核心竞争力的对策，期望能为实现中国绿色数据中心快速发展提供帮助。在理论层面上，本章力求在对核心竞争力理论等相关领域的理论成果进行融合的基础上，将核心竞争力的一般性理论引入绿色数据中心领域中，结合绿色数据中心自身发展的特征，建立一个适合绿色数据中心行业核心竞争力分析的系统框架；提出并尝试解决一些绿色数据中心核心竞争力研究中客观存在但却被忽略的重要问题。

# 4.2　核心竞争力基础理论

## 4.2.1　核心竞争力概要及体系

关于核心竞争力的定义，《哈佛商业评论》中给出一种解释："在短时间内，企业的竞争力取决于产品的质量和性能。可是，若考虑到持续性发展战略，就要以提升企业的核心竞争力作为最终目标。"这一理论受到专家学者的普遍认同，并且在企业管理中被借鉴。

回归到本质，企业竞争力主要是指综合利用生产资料的效率。竞争力的种类很多，如专注于技术领域研发而获得产品优势；又或者凭借长期市场营销手段而增强竞争力等。尽管分类繁杂，竞争方向完全不同，但是并非企业要具备全部的竞争优势。例如，汽车生产企业丰田公司，在发动机生产技术方面的竞争力远远超过销售营销方面，这个案例中就涉及企业核心竞争力的概念。核心竞争力，就是最重要的竞争力，影响企业的经济效益和发展战略部署。从更为精准的角度来看，核心竞争被解释为企业技术和知识两方面的相互完善，以求在某一方面处于领先地位，占据重要优势资源。简而言之，也要求企业在行业竞争的过程中，具有一种优于其他对手，并且能够带来巨大经济效益的优势；在产品的研制、生产销售等各个环节共同产生，因其拥有先进的技术、企业管理制度所产生的经济效益。一个企业要想在市场竞争中脱颖而出，就必须具有强大的核心竞争力。

通常情况下，核心竞争力包含科研技术方面、管理协调方面、危机处理方面与市场营销方面，最终的目标就是服务于消费者，使其享受到一种高效便捷的使用体验。在所有的内容中，尤其强调开创意识的重要性，以充分发挥企业的领先作用。

1. 竞争力理论缘起

在经济学当中，竞争是一个比较关键的概念，也属于重点研究领域。竞争占据着重要地位，如果没有竞争，经济学就不可称为社会科学。从经济学的发展历史中，可以看出竞争在其中所起的重要作用。所以说，竞争理论是自始至终贯穿在经济学领域当中的，其源头可以追溯到古典经济学时期，在当时国家之间的贸易竞争中就体现出了竞争力理论。当然，在这一时期，经济学家还尚未对此类问题进行研究，他们比较重视探讨比较优势、绝对优势的成因、理论以及思想。在这当中，竞争力理论是基于古典竞争理论也就是传统比较理论发展起来的，并以此形成企业竞争力理论渊源。

对企业能力理论（竞争力理论）颇有研究的克里斯第安·克努森在一篇题为《企业能力理论的历史回顾》中指出："企业内在成长论可以追溯到亚当·斯密 1772 年出版的《国富论》[4]。"在《国富论》（《国民财富的性质和原因的研究》）的第一部分，斯密具体分析了劳动分工是如何影响劳动生产率并进而影响经济成长的。所以，我们对竞争力本源的分析应当从古典分工开始[5]。

斯密通过对扣针制造业劳动分工的分析，在《国富论》中指出："如果他们各自独立工作，不专习一种特殊业务，那么，他们不论是谁，绝对不能一日制造二十枚针，说不定一天连一枚针也制造不出来。他们不但不能制出今日由适当分工合作而制成的数量的二百四十分之一，就连这数量的四千八百分之一，恐怕也制造不出来。"斯密对于分工导致劳动生产率提高进一步解释为三个理由：第一，重复劳动、熟能生巧使得生产技能得以提高；第二，没有分工，工人转换工作的机会成本很大，分工使得工人工作的转换成本人为降低；第三，许多实用的简单机械的发明和利用，使得一个工人可以完成更多的工作量。

亚当·斯密又直观地对分工后的许多行业，如羊毛制造业、商业和航运业的经济发展状况加以描述，来认证其观点，进而得出如下一些结论：分工是经济增长的源泉，分工水平由市场的广狭决定，市场大小由运输的效率决定。他还提出了竞争能力比较分析的观点。这一观点意味着，人与人之间能力的差别并不是分工的原因，而更像是分工的结果，分工的好处甚至可以在天生相同的人之间出现，它可以使各种专业人员间的能力形成极显著的差异。竞争能力概念源于分工，分工意味着某些企业专门从事某一行业、某一产品的生产或销售等，因而在此方面形成的能力比别人更强。其后，大卫·李嘉图于 2005 年在其《政治经济学和税赋原理》一书中，注意到某些组织可拥有不同的资产、技巧和能力，而另外一些组织获得这些资产、技巧和能力的能力则很有限，并指出组织特定的资产、技巧和能力对分工效率影响很大[6]。这是 19 世纪建立在分工基础上的竞争能力概念的雏形。

2. 竞争理论的演变

竞争是市场经济的重要特征之一，企业竞争理论是市场经济条件下企业理论的重要组成部分，企业核心竞争力理论是企业竞争理论发展的第三阶段。企业竞争理论发展的三个阶段可这样来划分：从 20 世纪 60 年代开始的以战略管理为主要内容的竞争理论阶段、从 80 年代开始的以市场结构为主要内容的竞争理论阶段和从 90 年代开始的以企业核心竞争力研究为重点、以企业素质为主要内容的竞争理论阶段[7]。下面对企业竞争理论发展的三个阶段的内容进行简略介绍。

1）以战略管理为中心的竞争理论阶段

构成企业竞争理论主体的许多基本理论与方法都产生于这一时期，如著名的安索夫的产品市场矩阵，波士顿咨询公司的 BCG 矩阵、SWOT 分析、PEST 分析等。它们的共同特点就是通过对企业所处的内外部环境的综合分析来为企业制定其战略提供依据。这类分析方法称为战略分析法，这些理论构成战略管理的基本内容和基本框架，因此可以把它们统称为战略管理为中心的竞争理论。

2）以市场结构为中心的竞争理论阶段

这个阶段的代表人物是迈克尔·波特和他的几个重要理论：①五种力量行业结构竞争模型（同业者、替代业者、潜在业者、购买者和供应者）；②基本战略理论（成本优势战略、差异化优势战略和集中优势战略）；③国家行业竞争力模型。该理论将竞争分析的注意力重点放在企业外部环境上，认为行业的吸引力是企业盈利水平的决定性因素，市场结构分析是企业制定竞争战略的主要依据，因此这一阶段的竞争理论称为市场结构为中心的竞争理论。

3）以企业素质为中心的竞争理论阶段

近期来市场结构为中心的竞争理论受到挑战。支持者和非支持者争辩的事实之一是：同行业的不同企业之间利润率的差异程度往往比不同行业间的企业利润率水平的差异程度大得多。这种争论的合理性暂不讨论，值得注意的是，把竞争战略制定的立足点过分地偏向外部分析，可能会导致决策的波动性和战略的不连贯性，因为环境波动只会越来越大。这就为以企业素质为中心的竞争理论的出现，准备了一个必要的背景条件。以企业核心竞争力为代表的企业竞争理论强调指出，企业竞争力分析的注意力应集中到企业自身上来，以培育企业核心性的竞争能力为主方向，以创造企业可持续性的竞争力优势为战略目标，不断提高企业的自身素质，确保企业在激烈的竞争环境中长盛不衰。

3. 核心竞争力理论提出

1957 年，菲利普·萨尔尼科在其出版的《行政管理中的领导艺术》一书中提出了"能力"或"特殊能力"（企业能力）的概念，并将其界定为"能够使一个组织比其他组织做得更好的特殊物质就是组织的能力或特殊能力"[8]。这种提法已经和核心竞争力概念非常接近。

在汲取前人研究成果的基础上，Prahalad 和 Hamel 于 1999 年在《哈佛商业评论》上发表了《企业的核心竞争力》的论文。业界普遍认为文章首次，也是当前最具权威性、最具代表性地提出了核心竞争力的概念："The collective learning in the organization, especially how to coordinate diverse production skills and integrate multiple streams of technologies"，国内的普遍翻译是：组织的积累性学识/知识，特别是如何协调不同的生产技能和有机结合多种技术流派的学识/知识。他们认为，就短期而言，企业产品的质量和性能的优越决定了企业的竞争力。但如果从长期的可持续发展而言，起决定作用的是企业的核心能力即核心竞争力，它是企业持久性的特殊本质，企业竞争获得成功最终依靠的是智力资本。

Prahalad 与 Hamel 在进一步描述核心竞争力时提出了一个非常形象的"树型"理论，他们将企业比为一棵大树，企业的最终产品是果实，最终服务是叶子，树枝是结合产品与服务的战略业务单位，树干和主枝是核心产品，而为整棵树提供养分、维系生命、稳固树身的就是核心竞争力。

4. 竞争力与核心竞争力的区别

竞争力和核心竞争力是两个既有联系，又有区别的概念。每个企业都或多或少具有一定的竞争力（否则就不可能在市场竞争中生存），但未必具有自己的核心能力。企业的核心能力和企业竞争力在企业发展中可能会有共同的表现，即能够持续地比其他竞争对手更好、更有效率地向市场提供产品或服务，并获得经济收益。

核心竞争能力是指处于企业核心地位，使竞争对手在一个较长时间内难以超越的独特的竞争力，它具有较长的生命周期和较高的稳定性，能使企业保持长期稳定的竞争优势，并使企业长久地保持有利的市场竞争地位，获得稳定的超额利润。核心竞争力还有增强企业一般竞争力的作用，是一般竞争力的统领。但是，核心竞争力的形成又依赖于企业所拥有的各种竞争力，企业核心竞争力构建的过程就是以企业的一般竞争力为基础，并对其进行整合，使其上升为更"高级"的竞争力的过程。

　　竞争力是通常意义所指的企业功能领域上的竞争力，相对而言是形象的，企业的资源、知识和技术等只要具有一定优势都可以形成竞争力，如组织结构、分销渠道、独特资源、资本优势、营销能力、研发能力、理财能力、人力资源、产品质量、品牌影响力等；也可能是战略策划能力、企业文化、组织惯例、资本运作能力等；还有可能是其中一种或其中几种的协同。这些竞争力通常为企业活动的某一方面、某个领域的竞争力，是一种相对的优势，是一种浅层次的竞争力，其波动性有时较大。核心竞争力是企业竞争力中最具有长远的和决定性影响的内在因素或能力，通常存在于竞争力的"知识"层面的最里层，难以描述，具有暗默性的特征。

　　竞争力具有可比性和很大程度的可度量性，竞争力研究的努力方向之一就是力图将企业竞争力因素尽可能地进行量化，从而进行企业间的比较。而且，竞争力因素具有一定程度的可交易性，即"企业竞争力的诸多要素可以通过市场过程获得，或者通过模仿其他企业而形成"。而核心竞争力则通常是指企业所具有的不可交易和不可模仿的独特的优势因素，往往是难以直接比较和度量的。

　　5.　关于核心竞争力理论的困惑

　　继 Prahalad 和 Hamel 之后，核心竞争力理论又出现了许多富有新意的观点。金培提出"核心能力是企业组织资本和社会资本的集合。组织资本是指组织对所承担任务的协调能力的资产，而社会资本是指作为资源提供给行为人用来获取收益的那部分社会结构的价值"[9]。程国江等在文献[10]中指出：企业是各种资源的集合体，企业竞争优势归功于拥有价值资源的状况。而资源价值取决于需求、稀缺性和独占性。

　　从以上有关竞争力与核心竞争力理论发展的简略回顾中，不难发现，虽然竞争力理论从萌芽期至今已逾两百多年，但核心竞争力理论提出的时间相对较晚，而且在不长的时间内发生了诸多改变，创新性观点不断涌现。

　　理论的发展更新总是有其现实根据的，核心竞争力理论不断创新和丰富的原因在于，知识经济背景下企业、组织内外部客观环境的复杂性、多变性，随着信息技术、组织技术的飞速发展，全球一体化进程的加快，信息战略、企业联盟、学习型组织、绿色组织等战略研究也在不断深入和发展，这使得核心竞争力的研究更为复杂、多变。有的学者干脆把此称为核心竞争力的动态性特征，即核心竞争力本身也是不断变化的。有的学者甚至认为核心竞争力即使不是无法定义的，要进行准确的表述也是非常困难的。这话虽然讲得有些绝对，但在一定程度上反映出人们的困惑心理。实事求是地说，核心竞争力理论由于提出的时间不长，加上客观现实的发展变化很快，理论认识确实还跟不上，需要进一步发展和完善。

　　许多专家学者对核心竞争力的定义难以统一，造成了该理论概念上的模糊和应用上的困难。例如，福斯指出：尽管近年来，有关企业核心能力理论的研究涌现出相当多的著作论述，但客观上讲，这一理论还不成体系，处于一种支离破碎的状态，和企业契约论相比，企业核心能力更多的是内涵界定并不十分清楚的概念和判断；企业能力理论研究人员甚至在"核心能力"的内涵上不能取得一致意见，企业能力理论与相当成熟的企业契约论相比，仅仅是崭露头角和刚刚起步。核心竞争力理论显得有些疏松，叙述纯文字化，概念不清，依然包含了太多的内部不协调和不一致，以至于只能看做一种正在整合的范式或研究项目。所以，目前的研究中存在着一些这样那样的问题。例如，理论复杂难以识别、界定不一、实施难度大等，为该理论的实践与应用无形中设置了一些障碍。

6. 竞争力体系要素

竞争力体系要素由以下四个方面构成。

（1）企业自身和该地区的各个主体的"关系"网，或者说是企业自身所拥有旳"环境"。企业在生产发展的时候必须要处理好自身的产业生产发展状况，处理好与自身企业相关的各个企业，处理好企业与该地区政府的关系，如果是跨国公司，要处理好国际关系，把握好国际形势、经济和社会状况等。所以企业需要有竞争力就必须处理和把握好这些"关系"。

（2）企业自身所拥有的各种"资源"。这些资源包括外部资源和内部资源。外部资源包括第一类的"社会关系"资源、基础设施资源等；内部资源则是员工的一种人力资源、技术资源等。

（3）企业自身所具备的独特的生存和发展"能力"。这要求企业能够具备良好的素质，对复杂多变的环境有及时的处理方法，对资源开发和利用有很好的合理分配和使用能力等。

（4）企业本身拥有的最高的竞争力因素，它包括以上三个要素，主要是主观能动性的一些资源，包括知识、技术、创新性和观念，还有团队之间的配合默契度，以及企业本身发展运营的模式等。

## 4.2.2 核心竞争力内涵与特征

1. 核心竞争力内涵

核心竞争力由第一个提出该理论的 Prahalad 和 Hamel 定义为[1]：核心竞争力是一种积累性学习力，主要是用来协调各种不同的生产技能和各种结合的复杂生产技术的学识引导能力，核心竞争力的载体是企业整体，而不是企业的某个业务部门、某个行业领域；核心竞争力是从企业过去的成长历程中积累而产生的，而不是通过市场交易可获得的；关键在于"协调"和"有机结合"，而不是某种可分散的技术和技能；存在形态基本上是结构性的、隐性的，而非要素性的、显性的。

核心竞争力不是资产，它不会出现在资产负债表上；不是局限于个别产品，而是可以打开多种产品潜在市场大门的能力；不是企业可以用来生产中间产品或最终产品的另一种资源；不是企业创造价值的充分条件；不是已经普及的能力；不是固定不变的，企业在某阶段的核心竞争力到后阶段可能成为一般能力；不是易为某个人或某小组完全掌握的。

企业的核心竞争力是处于企业核心地位，使竞争对手在一个较长时期内难以超越的竞争力，它具有较长的生命周期和较高的稳定性，能够让企业长时间在同类产业上保持长时间的稳定竞争力优势，期间还能够获得稳定的超额利润，慢慢就会增强这个企业的竞争力，但同时这种竞争力的形成又依赖于企业所拥有的各种竞争力。企业核心竞争力的构建过程就是以企业的一般竞争力为基础，并对其进行整合，使其上升为更"高级"的竞争力的阶段。因此，想要实现竞争力的最大提高，必须要保证公司内部的人事管理、生产技术、服务团队等资源的整合过程。

核心竞争力一般是指每个企业不可交易也不能竞争还不可以模仿的生存优势因素。核心竞争力一般是难以用数字估计的，因为每个企业或多或少都会有各种自己独特的竞争力，虽然这些不可能是自己的核心竞争力因素。

核心竞争力和企业竞争力有本质上的不同，企业核心竞争力对企业的长期稳定发展和超越同类企业有决定性作用，而企业竞争力是每个企业都需要具备的，有可能是产品质量好，也有可能是员工的素质好。但是，都不是企业长期稳定发展的决定因素。

核心竞争力的本质属性是一个企业的核心理念。从长远发展看企业核心竞争力，就是企业的核心精髓理念。这种理念一般都渗透进了企业的各个部分、各个生产链和管理发展模式上，对企业具有至关重要的意义和影响。

随着中国入世和全球经济一体化进程的不断发展，企业赖以生存的环境因素在更高层次上和更大范围内相互渗透、相互作用，并迅速改变，使得企业面临更加激烈的市场竞争。企业经营能否成功，已经不再取决于企业的产品、市场的结构，而是取决于企业的行为反应能力，即对市场趋势的预测和对变化中的顾客需求的快速反应[12]。因此，企业战略的目标就在于识别和开发竞争对手难以模仿的核心竞争力，确立自己的差异化竞争优势。

核心竞争力是一个以知识、创新为基本内核的企业创新系统中关键资源的组合，是一系列资源和能力的有机集合体，是企业长期积累形成的、蕴涵于企业内质中的、企业独具的，支撑企业过去、现在和未来可持续发展的、动态的综合竞争优势。核心竞争力通常表现为企业的资源优势、技术能力和管理能力或者三者的有机组合，能够使企业、行业、国家在一定时期内保持现实或潜在竞争优势的动态平衡系统。这个定义指出了核心竞争力的三层属性。

（1）核心竞争力的本质是企业特有的知识和资源。企业核心竞争力的表现形式有格式化知识、能力、专长、信息、资源、价值观等，这些不同形式的核心竞争力，存在于人、组织、环境、资产/设备等不同的载体之中。由于信息、专长、能力等在本质上仍是企业/组织内部的知识；而组织独特的价值观和文化，属于组织的特有资源。所以说，核心竞争力的本质是企业特有的知识和资源。

（2）核心竞争力是一系列资源和能力的集合体，而不是某一单独的资源和能力，通俗地说，核心竞争力是企业通过对其组织资本和社会资本的有机结合与发挥，而能有效地获取、协调和配置各种资源和技术一体化的优势能力。核心竞争力是企业长期形成的、蕴涵于企业内质中的、企业独具的，支撑企业过去、现在和未来可持续发展的竞争优势，并使企业在竞争环境中能够长时间取得主动的关键的能力。

（3）核心竞争力是动态的能力。核心竞争力是一种动态的能力资源，应具有自我调整、自我完善的性质。也就是说，核心竞争力是企业人格化的特性，即企业像生物有机体一样，其核心竞争力就是能使企业不断自我进化、自我完善的一种内在驱动力；核心竞争力本身包含一种强大的适应能力、创造能力。

2. 核心竞争力特征

对核心竞争力基本特征的剖析，无疑有助于我们正确理解核心竞争力。Hamel 等[13]于 1999 年在《核心竞争力的概念》一文中，提出确定核心竞争力的五个标准。

（1）核心竞争力代表许多单个技能的整合。正是这个整合才是核心竞争力的突出特性，因而核心竞争力很难完整地存在于单个的人或小团体之中。

（2）核心竞争力不是会计意义上的资产。一个工厂、分销渠道或商标都不是核心竞争力，但是管理一个工厂（如丰田的制造）或渠道（沃尔玛的后勤供应）或商标（可口可乐的广告）的才能可以构成核心竞争力，核心竞争力不是无生命的事物，它是活动，是一个凌乱的学识的累积，它包括隐性的和显性的知识。

（3）核心竞争力必须能为顾客所感知的价值做出极大的贡献。核心竞争力是使企业能够提供基本顾客效用的技能，这些效用可能包括可靠性、复杂性的管理等。

（4）核心竞争力必须具有竞争力的独特性。这并不是说作为核心竞争力必须被一家企业独享，而是在行业内普遍存在的能力不能称为核心竞争力，除非某个公司拥有的竞争力水平实质上确实比所有其他企业都强。

（5）至少从整个公司而不是某项业务的角度，核心竞争力应当为企业进入新市场提供入口。

国内学者关于核心竞争力特性的认识也基本上来自国外学者，只是各自所理解的核心竞争力特性的数量和内容有所区别而已。比较有代表性的有：李建明[14]将核心竞争力的特性归为四个，即延伸性、用户价值、独特性、价值的可变性。朱雨良[15]则提出了核心竞争力（竞争力）有八个特性：①是技术或知识的集合，而非产品或功能；②应该是灵活的，能够不断适应和演进；③可使企业拥有进入多种市场的潜力；④应能给最终用户带来实惠；⑤不易被竞争对手模仿；⑥有助于整合从外部市场获得的资源；⑦可以叠加；⑧是企业能力中相对稳定的东西。杨浩[16]认为核心专长（竞争力）可以从以下几个方面来确认：对顾客所重视的价值有超乎寻常的贡献，是公司拥有独特竞争优势的基础，是公司开发潜在市场的关键。

国内有学者归纳核心竞争力有下面五点特征[17]。

（1）高效能性。就是指用户可以享受到与产品价格等价值的便捷服务；核心价值创造了更为广阔的发展前景；不仅能为客户提供人性化的服务项目，增强消费体验，更为企业带来了巨大的经济效益，提高市场竞争力，成为行业领先。

（2）极难模仿。也就是指企业的核心竞争力为该企业所有，是不可复制的。在同一行业当中，几乎不存在有任何一家企业的核心竞争力类似或相同于其他企业。因为所有企业的核心竞争力都是独一无二的，是在不断发展中沉淀而成的，企业的核心竞争力孕育出了独具特色的企业文化，它们融合于企业内质中，为全体员工所共有。企业的核心竞争力主要由以下因素所支撑：员工的行为方式、观念、能力、素质、企业的运作模式、企业的规章制度。正是基于此，企业的核心竞争力才不至于与其他企业同化，被其他企业代替或者模仿。

（3）能力整体性。核心竞争力是通过不同的因素进行有机整合而构成的整体竞争力，比较分散的竞争力要素、专长和技能等，都不构成核心竞争力，务必要对其进行整合。可以说，核心竞争力超越了某一具体的服务、产品或者业务单元，属于企业的整体实力，能极大地增加企业的"寿命"。

（4）资源集中。以下几种资源均属于具有核心竞争力的先进资源：①先进的设备；②高效率的生产线；③关键性技术；④资金。然而，这些资源本身单独尚不具备核心竞争力，只有将这些资源协调、整合在一起，才能使它们形成一种综合性能力（拥有某一目标）。

（5）可延展性。也就是指企业核心竞争力能有效支持企业向新领域延伸，而且并不是只局限于某一具体的领域或者部门，而是支持企业开创更多的产品市场，促进企业拓展市场，开创新的服务及产品。

另外，还有专家学者指出企业核心竞争力的特征包含以下几个方面[18]。

（1）增值性和效益性。企业在为客户创造价值的过程中是否能做出显著的贡献，不能为客户做出显著的价值贡献的就不是核心竞争力。

（2）领先性和独特性。核心竞争力是不能被竞争对手模仿的，凡是能被竞争对手很容易模仿的就不是核心竞争力。

（3）延展性和多样性。核心竞争力不局限于企业某一种产品或服务，而是能够应用于多种产品和服务领域，如果企业该项能力不能衍生出新的产品或服务，就不是核心竞争力。

（4）协调性和整合性。企业核心竞争力是协调不同生产技能和有机结合多种技术的学识，单个的技能和能力不能构成核心能力，它必须要和企业其他的技能、能力相互"协调""结合"，因此，组织管理不同的技能和能力就显得十分重要。任何产品都是科学技术、制造技术、工艺技术等多学科技术的整合。核心竞争力是组织资本，指的是企业内部各种资源的整合。核心竞争力是社会资本，指的是企业内部与外部资源的整合。

在此，本书认为企业核心竞争力一般特征如下。

一般特征是指企业核心竞争力具有的特征，而企业其他能力也可能不同程度地具有此特征。

（1）动态性。企业核心竞争力也有生命周期，要防止企业核心竞争力的刚性，要不断抛弃过时的、陈旧的核心竞争力，不断培育新的核心竞争力，因此需要对核心竞争力加以管理。当今企业在动态的市场环境中所面临的竞争越来越激烈。首先这反映在消费者需求的变化上，个性化和时尚化使消费者对产品的需求日益多样，而且消费需求变化极快。其次是企业所处的技术环境变化很快，特别是信息技术对企业的经营环境产生了极大影响。此外还有经济全球化与信息化改变了企业的竞争环境，使企业的竞争对手、竞争空间、竞争规则都发生了变化，所以现代企业正面临着更为严峻的考验。同时，企业本身发展的阶段性和层次性，也要求它不断培育和创新其核心竞争力。企业本身有一个发展的过程，企业核心竞争力作为企业竞争优势的来源和基础，在企业发展的不同阶段应有不同的表现。随着企业竞争范围、程度、方式的不断扩大和深化，应不断提升企业核心竞争力，这样才能适应更大范围、更激烈的市场竞争。在这种情况下，企业经营者必须密切关注外部环境的变化，使自己的核心竞争力跟上环境变化的脚步，以保持企业的领先地位。

（2）不可交易性。企业核心竞争力是不能在市场上买来的，只能通过企业内部研发或企业购并、企业战略联盟、合资等方式获得，核心竞争力必须把企业内部的技能、能力与外部获得的能力"协调""结合"成统一有机整体而获得。

（3）价值性。价值性是核心竞争力的最基本的特性，识别一种竞争力是否是核心竞争力，首先要判断其是否具有价值性，是否有助于实现用户看重的价值和利益，是否有利于企业效率的提高，是否能够使企业在创造价值和降低成本方面比竞争对手更优秀。

（4）异质性。企业核心竞争力的持续保持，主要在于企业资源要素的不易复制与不易模仿性，即企业的异质性。核心竞争力是特定企业的特定技术和能力、特定组织结构、特定企业文化、特定企业员工群体综合作用的产物，是在企业长期经营管理实践中逐渐形成的，是企业个性化的产物。它和企业本身的成长历史联结在一起，是企业持续竞争力的内核，其载体是组织、管理、机制中的各种要素，可以说完全是一种"积累性学识"，所以，其他企业要想获得这些要素就需要付出很高的成本，有时甚至即使付出了很高成本也无法得到或移植。因此，不同的企业，其核心竞争力也各不相同。

（5）延展性。在企业能力体系中，核心竞争力是母本、是核心，具有溢出效应，可使企业在原有竞争领域中保持持续的竞争优势的同时，围绕核心竞争力进行相关市场的拓展，通过创新获取该市场领域的持续竞争优势。也就是说，企业的核心竞争力不仅仅表现在原有的产品和服务上，为了保持持续的竞争优势，企业还必须从具体产品和服务中跳出来，把目光投向影响其未来前景的长远规划和可持续发展战略，并在原有基础上衍生出新的一系列产品和服务。仅在某项产品和服务上凝聚竞争优势，则无法称为企业的核心竞争力。

### 4.2.3　核心竞争力理论辨析

从 20 世纪 80 年代起，竞争力理论就得到了迅速发展。国内外的研究者对核心竞争力的认识形成不同流派，归纳起来，大致有以下 10 个。

1. 资源论

"资源学派"是 20 世纪 80 年代发展起来的一个战略管理学派，这一学派主要包括 Wernerfelt 的"基于资源的企业观"和 Hamel 及 Prahalad 的"核心能力理论"。资源学派打破了经济利润来自垄断的传统经济学思想，认为企业资源与能力的价值性和稀缺性是其经济利润的来源[19]。"资源学派"把注意力集中在那些能使组织具有持久竞争优势的资源和能力上。1999 年，Prahalad 和 Hamel 在《哈佛商业评论》上，发表了名为《公司的核心竞争力》的文章，使这一概念进入战略学的主流之中。他们认为，核心竞争力是企业的共有性学识，特别是如何协调不同生产技能和整合多种技术流派的学识。从长期来看，竞争优势将取决于企业能否以比对手更低的成本和更快的速度构建核心竞争力，这些核心竞争力将为公司催生出意想不到的产品。管理层有能力把整个公司的技术和生产技能整合成核心竞争力，使各项业务能够及时把握不断变化的机遇，这才是优势的真正所在。在这个概念中，我们可以看到二人所理解的核心竞争力的关键几点：一是属于组织所共同具有的学识，是公司的资源，而不是某个人或战略业务单元专有的；二是"协调"和"整合"，核心竞争力的形成不是企业内技能或技术的简单堆砌，而是需要有机协调和整合，即需要管理的介入。

美国学者杰伊·巴尼在《从内部寻找竞争优势》一文中认为：企业的资源和能力如果具有价值、稀缺性、难以模仿性，那么它们对于竞争就显得非常重要。巴尼指出，许多实物资源容易模仿，对手可以建立相似的工厂或者对过程技术予以复制，但基于团队工作、文化和组织程序的能力则非常难以模仿，这些资源通常是一段时间内企业复杂的自身历史和难以计数的小决策造成的[20]。

持这一类观点的研究者认为，企业核心竞争力是一种企业以独特方式运用和配置资源的特殊资源。这也是经济学研究中资源观的研究焦点。Prahalad 对企业核心竞争力描述的"积累性学识"或"学识"是一种资源，而能力与知识同属于一类事物，是企业的核心竞争力。资源差异能够产生收益差异，企业内部的有形与无形资源及积累的知识，在企业间存在差异，资源优势能产生竞争优势，有价值性、稀缺性、不可复制性是企业获得持续竞争优势以及成功的关键因素。在国外，活纳菲尔特和潘罗斯是这一观点的主要代表。在国内，杜云月等[21]认为企业核心能力就是无形资产。他们认为核心能力的内容包括技术、技能和知识。它在本质上是企业通过对各种技术、技能和知识进行整合而获得的能力。核心能力由无形资产构成，是通过对各种无形资产的有机整合而形成的。

2.　能力论

持这一类观点的研究者认为，核心竞争力是企业一系列能力的综合。能力与资源是一对有关联但作用不同的概念。以罗斯比和克里斯蒂森为代表的能力学派认为能力是确定资源组合的生产力，资源是能力发挥的基础。高知识和高技能的个人集合体并不能自动形成有效的组织。团队和经验资本基础上的人力资本方可以看作企业的能力。无形资源与企业能力的区分应以是否可交易来确定。能力的差异是企业持续竞争优势的源泉。

在国内，丁开盛、周星和柳御林等学者分别撰文认为企业核心竞争能力就是企业具有开发独特产品、发展独特技术和独特营销的能力。它以企业的技术能力为核心，通过战略决策、生产制造、市场营销、内部组织协调管理的交互作用而获得并使企业保持持续竞争优势的能力，是企业在发展过程中建立和发展的一种资产和知识的互补体系，其强弱在很大程度上受企业面临的产业技术和市场动态的影响。与此相类似，黄继刚[22]也将核心竞争力定义为企业资源有效整合而形成的独具的支持企业持续竞争优势的能力。

核心竞争力的实质究竟是企业拥有的资源，还是指有效组织资源的能力？以活纳菲尔特为代表的观点认为资源应界定为企业拥有和控制的资产，两者（能力和资源）之间没有明显的区别。但以潘罗斯为代表的观点则坚持对资源和能力进行区别认定。资源是生产过程中的各种投入要素，如资本、专利、品牌、雇员、技能等；而能力则指完成一定任务或活动的一组资源具有的能量。因而，能力不仅是资源集合或资源束，更是人与人、人与自然之间相互作用、相互协调的互动关系。从来源的角度讲，资源可以在市场上购买或企业内部形成，而能力则只能由企业内部形成[23]。

然而，能力与资源又不能截然分开，资源与能力之间存在着相辅相成的关系。没有资源，企业能力失去了发挥的基础；资源实力雄厚，特别是知识积累资源的丰厚，会对企业能力的提升起到促进作用；有效的能力应用依赖于企业内资源的长期储备。没有能力，聚集的资源不可能有效地产生生产力；企业能力强大，又有助于企业获得和创建更丰富的资源。

3.　融合论

程祀国[24]认为，企业核心资产包括人才、核心能力、核心技术、核心产品等在内的核心群因素，其中高素质的核心人才是核心资产的核心。在企业的核心资产中，企业的核心能力是一个极其重要的概念，它是企业全部核心资产的综合运用和反映，是企业多方面技能、互补性资产和运行机制的有机融合，是不同技术系统管理规定和技能的有机组合。企业可以有某项核心资产，但不见得有核心能力。企业具备了核心能力，就能随时根据市场的变化，创造企业生存的条件和竞争优势，使企业立于不败之地。王秉安[7]认为，从一个角度来看，企业的核心产品、核心技术和核心能力都能构成企业的核心竞争力；从另一个角度来看，企业核心能力支持企业对核心技术的把握，而核心技术创造出核心产品，因此核心产品、核心技术和核心能力既可看成核心竞争力的三个组成部分，又可看成核心竞争力的三个层次。

### 4. 消费者剩余论

战略学家黄继刚[22]认为，核心竞争力是以企业核心价值观为主导的，是旨在为顾客提供更大（更多、更好）的"消费者剩余"的整个企业核心能力的体系。可以看出，黄继刚特别强调核心竞争力的本质内涵是"消费者剩余"。消费者剩余是顾客得到的高于竞争对手的产品或服务品质与价值。简而言之，这一流派认为，核心竞争力就是价廉、物美或兼而有之者，是实惠的产品或服务。

### 5. 体制与制度论

许正良等[25]认为，企业体制与制度是最基础的核心竞争力。他还认为，制度是基础的核心竞争力，先进的企业体制与制度是企业最基础的核心竞争力，体制与制度和在此平台上延伸的人才、技术创新、管理、品牌、专业化等方面共同组成核心竞争力系统。也就是说，现代企业体制与制度能保证企业具有永久的活力、决策的科学性、企业发展方向的正确性，是企业最基础的核心竞争力所在，是企业发展其他竞争力的原动力和支持平台，其他竞争力只是在此平台上的延伸，与核心竞争力共同组成了核心竞争力系统[26]。

### 6. 创新论

徐阳华[27]认为，核心竞争力是指一个企业不断创造新产品、提供新服务以适应市场的能力，不断创新管理的能力，不断创新营销手段的能力。海尔集团也有类似的观点，创新是海尔文化的价值观，也是真正的核心竞争力；创新是海尔价值观的核心，是海尔的灵魂。在长期的经营中，海尔已形成系统的创新体系：战略创新是方向、观念创新是先导、市场创新是目标、技术创新是手段、组织（管理）创新是保障[28]。有研究者经研究认定，企业技术能力以及创新能力与企业核心能力在概念上具有越来越强的趋同性，一些学者的研究就把技术创新能力几乎视为等同于核心能力[29]。

### 7. 技术论

Barton是基于技术观和技术创新过程分析企业核心能力的典型代表。他们认为企业核心能力是指企业的研究开发能力、生产制造能力和市场营销能力；认为核心能力在更大的程度上就是在产品族创新的基础上，把产品推向市场的能力。Barton把企业核心能力分解为四个维度：产品技术能力、对用户需求理解能力、分销渠道能力，以及制造能力[30]。他们还发现企业核心能力和市场绩效之间存在因果关系，并且企业所面临的市场竞争状况对其因果关系产生影响。

8. 整合论

核心竞争力的概念最早是由 Prahalad 与 Hamel 于 1999 年提出的，他们认为，核心竞争力是组织中的共有性学识，特别是如何协调不同生产技能和整合多种技术流的学识[13]。在 1994 年发表的《核心竞争力的概念》一文中，Hamel 又重申这个观点，即"核心竞争力代表着多种单个技能的整合，并指出正是这种整合才形成核心竞争力的突出特性"。麦肯锡咨询公司的几位专家，给出的核心竞争力定义为："核心竞争力是群体或团队中根深蒂固的、互相弥补的一系列技能和知识的组合，借助该能力，能够按世界一流水平实施一到多项核心流程。"库姆斯则认为，"企业核心竞争力包括企业的技术能力以及将技术能力予以有效结合的组织能力。核心竞争力建立在企业战略和结构之上，以具备特殊技能的人为载体，涉及众多层次的人员和组织的全部职能，因此核心竞争力必须有沟通、参与和跨越组织边界的共同视野和认同。"这个定义中，作者既指出了核心竞争力的技术性，又指出了核心竞争力的组织管理性，核心竞争力既包括企业的技术专长，又包括有效配置这些专长的整合管理能力；企业真正的核心竞争力是企业的技术核心竞争力、组织核心竞争力和文化核心竞争力的有机整合。

9. 文化论

Raffa 和 Zollo 认为，企业核心竞争力不仅存在于企业的业务操作子系统中，而且存在于企业的文化系统中，根植于复杂的人与人以及人与环境的关系中。核心竞争力的积累蕴藏在企业的文化中，渗透到整个组织中，而恰恰是在组织内达成共识并为组织成员深刻理解并指导行动的企业文化为一个综合不可模仿的核心竞争力提供了基础[17]。

10. 知识论

有研究者从知识能否为外部获得或模仿的角度来认识企业核心竞争力，认为企业核心竞争力是指具有企业特性的、不易外泄的企业专有知识和信息。该流派认为核心竞争力的基础是知识，学习是核心竞争力提高的重要途径，而学习能力是核心竞争力的核心。Barton 是该流派的代表，他认为核心竞争力是使企业独具特色并为企业带来竞争优势的知识体系。核心竞争力作为知识体系，包括四个维度：①组织成员所掌握的技能和知识集，包括企业的专有知识和员工的学习能力；②组织的技术系统，即组织成员知识的系统合成；③组织的管理系统，组织的管理制度影响着创造知识、学习知识的途径和热情，可能构成核心竞争力的一部分；④组织的价值观系统，共有的价值观和行为规范力构成了企业的竞争优势，这四个维度之间存在较强的相互作用。Barton 还认为，组织成员核心竞争随时间积累而不易为其他企业所模仿[26]。因而，企业为实现持续自主创新，必须以核心竞争力的持续积累为条件。

不难看出，Barton 所称的知识是个"泛知识"的概念，既包括狭义上企业的专有知识，又包括企业员工所掌握的技能、技术以及企业的内部管理制度和价值观。虽然表述有所不同，但与整合论基本相同。不过，从 Barton 的理解上可以看到他比较重视企业的管理系统和价值观在核心竞争力中的作用，尤其是价值观的问题是在整合论的核心竞争力定义中未提到的，价值观贯穿了前三个知识体系维度的始终，并深深地影响着前三个维度，价值观系统的继承性和独特性与核心竞争力的继承性和独特性有着不可分割的联系，正是由于这一点，核心竞争力才不易被竞争对手所模仿。在这一点上，Barton 的论述又类似于文化论对核心竞争力的理解。

上述诸学派由于各自的视角不同，对核心竞争力的认识、理解和表述也存在一些差异。但是，这些不同流派的观点并不是相互对立的关系，而是相互诠释、相互补充、相互完善的关系，而且有的观点还存在交叉关系，即它们某种程度上是彼此相互印证的。同时，通过众多学者多角度的观察、思考与论证，有助于深化认识，使理论尽快走向完善。

核心竞争力理论无疑给企业战略管理的研究和实践注入新的生机活力，并成为接替统治 20 世纪 80 年代战略管理分析模式的产业结构分析的新战略管理分析模式。无论是理论界还是企业界都对核心竞争力管理的重要性认识日益提高，核心竞争力已成为企业战略管理的基础和主线。据经济学家报社《展望 2010》对全球 350 位企业高级管理人员的调查报告表明，核心竞争力被列为现在及未来构成竞争优势的首要因素[29]。

核心竞争力理论在解释企业持续竞争优势源泉方面具有很强的说服力，而且它超越了企业所在行业的局限性。它不仅回答了同一行业内不同企业间的绩效差异，而且有力地解释了不同行业间的不同企业绩效差异的主要原因，那就是企业在核心竞争力上的强弱及储备上的差异。这一理论不仅对数十年居于主导地位的"现代企业理论"提出了挑战，甚至构成了战略研究的一种全新的统一范式，成为替代波特"产业结构分析模式"的战略管理理论研究新的时代主旋律；同时在实践中，这一理论在经营管理者和战略家的思维方式中已经生根发芽。核心竞争力理论通过将经济学和管理学有机结合起来，把企业视为能力的集合体，既从本质上认识和分析企业，又根植于企业经营管理的实践，它对于指导我国企业的改革、发展和健康成长以及开展国际化经营都有较强的理论指导意义。因而，这一理论引起了管理人员的极大兴趣，许多企业的实证经验也的确证实了这一理论的主要观点。但是，应当看到，这一理论还相当不成熟，仍有许多问题有待进一步研究。

# 4.3　核心竞争力影响因素

影响绿色数据中心核心竞争力的因素主要有资源因素、市场因素、管理因素、技术因素、产业因素和政府因素。本节将一一展开讨论。

## 4.3.1　资源因素

绿色数据中心作为一种资金密集和技术密集的商业项目，对资源的要求非常高，大致可以分为三方面。

1. 地理要求

站在选址的立场来看，能否建造数据中心应从以下七大方面进行考虑[17]。

（1）考虑社会经济和人文环境的发展状况，看其是否具备优越性。

（2）考虑当地的自然条件，如台风、地震、洪水等自然灾害现象以及政治军事安全等因素。

（3）考虑高科技人才资源，主要有 IT 人数、高校及其他科教机构的数量。

（4）考虑配套设施，如消防、交通、水电气的供应等。

（5）考虑成本因素，主要包括个人消费成本、人力成本和各种基础设施成本。

（6）考虑周边环境，主要应远离噪声源、强振源、易燃易爆工厂，此外，还应避开各种电磁场的干扰。

（7）考虑政策环境，如税收政策、土地政策和人才政策。

按照重要性对数据中心选址所需考虑的因素进行排序，会发现其中最重要的为考虑自然条件，排名第二的是考虑配套设施，接着，依次为周边环境、成本因素以及政策环境，人才环境以及社会经济环境则应最后考虑。若对当前数据中心的选址进行评估，以前面所述七大要素为依据，则可发现下列问题：①选定北京、上海两座大城市，那么成本便会有显著提升；②选定四川的成都市，可能未对其地震断裂带将会产生的影响进行认真评估；③选定某些小城市，其人力资源便有成为瓶颈的可能。上述问题都较为明显，而除此之外，通过对比这些要素，还能发现，不足之处及潜在的问题，在数据中心的现有选址之中，尚且大量存在。例如：①较差的自然条件、地理条件，会使中心在自然灾害（地震等）方面，面临较高风险；②不够充足的配套设施，会提高关联成本（水、电等）；③恶化的周边环境，有降低设备（高科技）可用性的可能，甚至会危及相关人的安全。

若选定的区域会带来较高成本，那么将使数据中心在投入产出方面，表现出更突出的矛盾，因为该中心原本就存在大投资、小效益的问题。如今，我国数据中心之中的大部分，从选址条件来看，多少都会出现上述问题，而这种情况对于数据中心来说，有着巨大的潜在投资风险。

2. 能耗要求

数据中心的能耗是由 IT 设备和辅助设备总能耗来计算的，业内称为 PUE 值，例如，以一个数据中心单机柜用电上限为 10A，PUE 为 1.5 来计算，那么全年这个机柜就会消耗 $10×220×24×365×1.5/1000=28908$ kW·h 的电量。由此可见数据中心能耗惊人。近些年，国家特别注重节能减排的政策，对能耗指标要求越发严格，每个地区都有自己的能耗指标要求，而数据中心作为能耗大户，审批特别困难。

3. 资金要求

数据中心因为自身的特点和能耗的要求，有规模越大单位能耗越低、单位建造成本越低的特点，所以近年来国内很多数据中心都往规模化方向发展，数据中心一般按照单位机柜造价来测算整个项目的资金要求，一般单位机柜造价为 10 万～15 万元/个，按照 1000 个机柜为一个数据中心来计算，就要 1 亿～1.5 亿元资金的要求，属于资金密集型行业。

## 4.3.2　市场因素

随着云计算、大数据、物联网的兴起以及互联网的高速发展，市场对数据中心的需求越来越大，但是因为新服务器技术的兴起和行业要求的提升，现在的市场对数据中心的用电设置以及能耗问题提出了更多的要求。按照以往，一般企业托管在数据中心的服务器以一个机柜 14U 来计算，一般数据中心会为每个机柜配置 10A 的电流总量，超出部分需要企业在额定托管费用的基础上另行支付。而随着刀片机服务器的兴起以及类似云计算业务的需要，现在更多的单机柜用电要求会在 20A，这就对数据中心提出了更加严峻的要求。

此外，除去少数的灾备机房，大多数机房需要接入互联网带宽，以往因为中国几大电信运营商的体制原因，一个运营商的数据中心中无法接入第二个运营商的带宽，而随着互联网用户特别是 PC 端用户和移动端用户越来越多地融合，用户对带宽的互连互通提出了更多的要求，所以现在的数据中心内一般会配有两路运营商甚至多路运营商的带宽。

## 4.3.3　管理因素

绿色数据中心的管理主要体现在三块内容上：第一块是对数据中心内 IT 设备的管理；第二块是对数据中心内基础设施的管理；第三块是对接入的互联网带宽的管理。所有这些管理都围绕整个数据中心正常、稳定、高效地运转，因为数据中心承载着客户服务内容的运转，所以它需要终年无休止地运转，管理上就要求 24 小时（每天）×365 天（每年）随时响应。

## 4.3.4　技术因素

绿色数据中心的技术要素主要体现在以下几方面：一是整个数据中心整体设计时考虑的总装机量、网络架构，以及能耗消耗；二是 IT 设备为了节能所采用的虚拟化程度；三是项目建设施工时的工艺水平。

## 4.3.5　产业因素

绿色数据中心作为数字化社会的一个基础行业，它和许多行业都有比较直接的相关，最为直接的是连接其上下游的能源和 IT 产业，因为数据中心运行过程中的大量花费是电费，所以能源产业的每次变革对数据中心影响巨大，而新 IT 技术的不断更新，对数据中心提出了持续提升的要求。

## 4.3.6  政府因素

IDC 所经营的业务是电信增值服务。在经营主体所应具备的资格方面，我国设有相应规定。具体可参照关于电信业务的放开经营的审批的相关条例和我国的电信条例。

在我国的《中华人民共和国电信条例》中有规定，只有具备了以下几项条件，才能从事基础电信业务的经营活动。

（一）经营者为依法设立的专门从事基础电信业务的公司，且公司中国有股权或者股份不少于 51%；

（二）有可行性研究报告和组网技术方案；

（三）有与从事经营活动相适应的资金和专业人员；

（四）有从事经营活动的场地及相应的资源；

（五）有为用户提供长期服务的信誉或者能力；

（六）国家规定的其他条件。

# 4.4  核心竞争力构建

## 4.4.1  市场需求分析

贵安新区绿色数据中心位于贵州省贵安新区内，作为国务院 2014 年 1 月批复成立的国家级新区，中国三大电信运营商数据中心所在地，贵安新区的互联网经济异常发达，在国内仅次于北京、上海、广州三个一线城市，处于第四级。正是贵安新区发达的互联网经济，导致了贵安新区大量的互联网数据中心托管的需求，而因为贵安新区作为中国电信骨干网的两大电信出口节点之一，全国的大型互联网公司都会在贵安新区进行机房的布点工作。由此可见，贵安新区的互联网数据中心的市场需求很高。

贵州省在全国率先规划了大数据产业，并作为重点的战略性新兴产业加以培育，目前，贵州省是国家唯一批准的大数据综合试验区、大数据产业发展集聚区、南方数据中心基地、绿色数据中心试点示范基地。贵州省政府在全省范围内积极推广大数据、云计算，率先建成了"云上贵州"系统平台，以工业云、食品安全云等行业应用云为代表的"N 朵云"工程正在积极推进之中，云服务、大数据应用市场正在加速形成。贵安新区作为全省大数据产业发展的核心区域,现已引进了三大电信运营商数据中心、富士康绿色数据中心和华为数据中心等重大基础设施项目，腾讯集团、东软集团、上海延华集团等智慧生活、健康大数据应用企业，以及富士康等传感及智能终端制造企业入驻，部分企业已入驻基于贵安信投-富士康绿色数据中心的云平台，产业规模与推广应用领先，规模化和实用化所带来的经济效益已展露峥嵘。

由此可见，贵安新区数据中心市场前景一片看好，市场需求旺盛。

## 4.4.2　目标客户分析

### 1.　云计算数据中心客户分析

贵安新区是黔中经济区核心地带，地质结构稳定，气候环境温和，能源结构合理，产业政策完善，综合环境良好，是建设和集聚大中型绿色数据中心的首选地。贵州省政府有大量的"政务云""金融云""桌面云"项目需要落地，这就需要大量的服务器和虚拟化技术来实施，正是因为大量的服务器和虚拟化技术对数据中心能耗的要求成倍地增加，在国家"节能减排"政策的指引下，贵州省政府务必会在当地选择更加节能、虚拟化程度更高的绿色数据中心。在贵州省，节能做得最好的数据中心 PUE 值也大于 1.7，不符合政府采购 PUE 小于 1.5 的要求。而贵安新区数据中心因为技术、能源来源等方面的优势，PUE 小于 1.5，有很强的优势。

### 2.　灾备数据中心客户分析

对于灾备数据中心的客户来说，数据中心的安全性是最为其关注的[17]，这里的安全性包括两方面：一方面是数据中心的物理安全性，包括数据中心所在地区是否是地震活跃地区、数据中心的建设标准是否满足灾备的需求、数据中心的供电是否是多路的并且不间断的；另一方面是数据中心的管理水平，包括数据中心日常运维工作中是否存在安全死角、数据中心的运维工作是否是全年无间断地覆盖整个数据中心等。之前采用灾备业务的客户多为金融机构，他们多采用自建数据中心的方式。最近政府出具了一系列的指导意见，不再为机柜数少于 200 的小型数据中心给予能耗指标，要求都搬入大型的数据中心以降低总体能耗。这就意味着这些金融机构将会把他们的业务陆续往大型的数据中心转移，贵安新区绿色数据中心存在着大量的需求。

### 3.　互联网数据中心客户分析

相较于灾备客户对物理安全性的重视，互联网数据中心对互联网带宽的要求更加多样，正如前面曾提到的中国互连互通的问题，互联网数据中心客户都会需要数据中心具备至少两个运营商以上的带宽接入。互联网客户因为自身的成长性，他们需要数据中心能弹性地为他们预留机柜和带宽，这就要求数据中心需要做到模块化、成长性强。

## 4.4.3　竞争对手分析

贵安新区绿色数据中心在全国最主要的竞争对手为内蒙古云计算数据中心，中国电信云计算内蒙古信息园坐落在 4 栋外观普通的厂房内。这是中国电信全网"4+2"云计算数据中心布局的北方核心，南方核心则在贵州，除此之外，电信还有北京、上海、广州、成都四个云资源池。中国电信云计算内蒙古信息园是国内三大运营商在内蒙古自治区"最先设计、最先运营"的云计算基地，按照规划，两期工程完成后，在

1500 亩①的土地上,将建起 42 座、占地约 18000m² 的机房楼,目前已经建成投用的 4 栋机房楼,只是该基地设计容量的十分之一。内蒙古云计算数据中心机房定位于云计算服务,紧紧围绕节能减排、绿色环保的理念,并充分考虑 IT 设备功耗越来越大、密度越来越集中的发展趋势,进行了全面的创新。内蒙古云计算数据中心机房定位于既能保证客户基础 IDC 服务,又能满足高端客户深层次、多样化的需求,针对政府、证券期货、云计算及其他商业客户等运营划分专区,主要提供云计算服务、有线设备保密(Wired Equipment Privacy,WEP)包房、整柜的主机托管业务及专业化的增值服务。从内蒙古云计算数据中心的定位和目标客户来看,它和贵安新区绿色数据中心部分目标客户重叠。

总的来说,内蒙古云计算数据中心在部分客户获取上有一定的优势,但是在互联网客户争夺上不如贵安新区绿色数据中心有优势。

## 4.4.4 竞争优势分析

### 1. 节能技术优势分析

贵安新区绿色数据中心依据 TIA-3+的标准建设云计算数据中心,主要为大型互联网公司提供机房 IDC 服务,同时提供绿色数据中心及云计算中心的节能降耗解决方案。通过对照《产业结构调整指导目录(2011 年本)》《贵州省〈关于加快大数据产业发展应用若干政策的意见〉》《贵州省大数据产业发展应用规划纲要(2014—2020 年)》,贵安新区绿色数据中心属于鼓励类,项目符合国家、行业和地方的产业政策。与此同时,贵安新区绿色数据中心也符合《贵州省电子商务产业"十二五"发展规划》《贵州"十二五"重大建设项目规划》及经济开发区相关产业规划。为此,贵安新区绿色数据中心符合国家、省市相关产业政策及规划。

贵安新区绿色数据中心不使用列入国家和浙江省限制及淘汰制造业落后生产能力目录的工艺与设备。贵安新区绿色数据中心的主要设备为节能设备或采取了节能控制措施的设备,对照《产业结构调整指导目录(2011 年本)》《国家公布的淘汰机电产品目录》第 1 批到第 17 批淘汰高能耗、落后机电产品目录、工业和信息化部工节[2009]第 67 号《高耗能落后机电设备(产品)淘汰目录(第一批)》,贵安新区绿色数据中心未使用国家明令淘汰的高能耗设备和机电产品。

运营后,项目核算 PUE 值为 1.405,低于行业平均水平(1.8～2.0),达到国内领先水平(1.60),贵安新区绿色数据中心物理能源利用效率较高。

项目实际单位增加值综合能耗和潜在增加值综合能耗,均低于"十二五"期末贵阳市、安顺市和贵州省单位 GDP 能耗和单位工业增加值能耗目标。

---

① 1 亩＝10000/15m²≈666.7m²。

贵安新区绿色数据中心采用下一代互联网关键技术的"云计算"技术，该技术通过虚拟化方式降低企业数据中心的应用成本，通过灵活可扩展的方式实现资源共享，提升企业运营效率，同时又通过集中管理和集中使用解决数据中心的能耗问题，具有资源共享、节能减排、降本增效、提高资源利用率的优势。

贵安新区绿色数据中心采用低能耗 IT 设备（客户）、高频机 UPS 系统和机房精密空调等节能设备，最大限度地降低 IT 设备和电源转换设备的能源消耗；选用节能型变压器并优化供配电设计，最大限度地降低变压器及输配电系统电力损耗；空调系统选用变频螺杆式制冷机组，制冷系数高且可根据实际运行工况实施调整冷负荷，通过合理设定参数、送回风方式最大限度地降低空调系统能耗；选用节水型冷却塔和配置高效循环水泵，并配置变频装置实行恒压供水；建筑物采用节能墙体屋面材料和节能门窗，最大限度地降低建筑能耗；照明系统根据不同场合的要求，选择不同光源与灯具，并设计不同的照明功率密度和照度值，项目设计均采用节能灯照明。

## 2. 资源整合优势分析

### 1）关键资源分析

（1）电力能源供应：贵安新区绿色数据中心的电力能源采用多路供电的形式，把电力资源以直供电的形式利用起来，相较于传统数据中心利用市电供电的形式，贵安新区绿色数据中心采用的方式不但在供电的价格上要低 0.1 元/千瓦时，并且由于采用的是原有就已经通过能评的电力能源，所以不需要向政府申请能评，大大降低了建造的周期，为开拓市场赢得了时间优势。

（2）带宽资源集成：贵安新区绿色数据中心作为一个官方的第三方数据中心，不存在运营商数据中心那样的诸多限制，该数据中心汇集了中国电信、中国联通、中国移动、教育网、铁通以及华数宽带，能为客户提供各种各样的带宽服务，竞争力明显。

（3）设备系统集成：贵安新区绿色数据中心的运营商因为多年的数据中心运营经验，与国内外各大设备提供厂商建立了良好的合作关系，贵安新区绿色数据中心的设备系统由 IBM、华为、苹果等厂家以设备租赁的形式提供给某个数据中心，一方面降低了贵安新区绿色数据中心的启动资金要求，另一方面能在设计之初就参与到贵安新区绿色数据中心中，提供了良好的支持。

（4）基础软件集成：贵安新区绿色数据中心的运营商在行业内多年经营，研发了一系列的基础软件，从对环境监控，到网络监控，防分布式拒绝服务（Distributed Denial of Service，DDoS）攻击防火墙都有相应软件，并且与业内软件企业紧密合作，为贵安新区绿色数据中心提供了良好的支持。

（5）资金募集：贵安新区绿色数据中心采用多种资金募集形式，有融资租赁模式、银行贷款模式、企业私募债模式，灵活的资金募集模式保证了贵安新区绿色数据中心资金方面的舒畅，并且降低了资金的使用成本，为数据中心在最终的销售价格上争取了成本优势。

2）市场资源整合分析

（1）资源型客户：贵安新区绿色数据中心在成立之初，即与中国电信贵州分公司签了合作协议，中国电信将采购其中 4000 个机柜使用，并为余下的 6000 个机柜配置相应的电信带宽。这样的合作方式保证了贵安新区绿色数据中心良好的带宽资源，并且为贵安新区绿色数据中心在成立之初就拿到了大订单。

（2）政府型客户：正如前面所说，政府部门大量的业务向云计算模式发展，各式各样的"政务云""金融云""办公云"项目都需要大量的数据中心来支撑，而另一方面，国家"节能减排"战略的实施，小型的、PUE 值高于 1.5 的数据中心将会被陆续关停，政府在选择数据中心合作时，对能耗的考量越来越重视，贵安新区绿色数据中心筹建时，相关的政府单位都非常看好，都有意向把今后的数据托管业务交给贵安新区绿色数据中心。

（3）传统型客户：IDC 客户是贵安新区绿色数据中心的一个重要客户组成，贵州区域的 IDC 市场现状为供应小、需求大。特别是高质量的数据中心需求更加旺盛。贵安新区绿色数据中心的出现能为西南地区提供大量优质、低价的机柜资源，并且由于与贵州电信、移动和联通三大运营商建立了良好的合作关系，能提供 IDC 客户最看重的带宽资源，贵安新区绿色数据中心前景一片看好。

（4）政府扶持：贵安新区绿色数据中心因为其良好的经济效益、社会效益和节能效益，被政府所看好和支持。政府在立项之初在各类行政审批上给予了一系列的支持，大大地缩短了项目时间，并且贵州省经信委、发改委、科技厅等职能机关为贵安新区绿色数据中心提供相应的项目申报资金支持。并在 2015 年贵阳大数据产业博览会上大力宣扬贵安新区绿色数据中心，为贵安新区绿色数据中心起到了良好的品牌宣传作用。

## 4.5　绿色数据中心关键指标

绿色数据中心提出以低能耗、低碳排放、低成本为特色的绿色指标[31-33]。近年来，我国信息化迅猛发展，计算机网络不断壮大，通信设施持续增加，数据中心能源消耗日趋增长，导致整个信息化运行面临巨大的成本危机，节能减排降本已经成为亟待解决的重大问题。绿色数据中心是数据中心未来发展的必然趋势和结果。

国内外各行业诸多专家学者对绿色数据中心相关问题进行了大量研究。倪静[33]通过研究数据中心的现实运行情况，分析对数据中心效率有影响的各项因素，建立了层次绿色数据中心运行评价指标体系，并进行了权重确定，根据定量结果得到绿色数据中心降耗节能有关措施。洪波[34]从背景分析、局部评价指标和主要措施三个方面对构建绿色数据中心进行了探讨和展望。王娟琳等[35]通过探讨数据中心服务器统一部署和资源配置，建立虚拟服务体系，优化虚拟服务器管理措施等，搭建绿色数据中心资源共享、消除信息孤岛公共服务平台，以实现节能减排。张冀川[36]针对数据中心在能源消耗、可用性方面存在的挑战，提出了绿色数据中心应该具备的四要素，研究了实现数据中心高节能、高可用的解决方案，得出了传统数据中心往绿色数据中心过渡的基本措施。周晓雄等[37]从供电、制冷两个系统入手，提出双总线供电技术和冷通道封闭技术等，该技术方案可提高数据中心可靠性、减少数据中心能耗，为搭建绿色数据中心奠定更加有效的理论依据。Kiani 等[38]进行面向低成本的集成绿色数据中心的工作量分配研究。Tseng 等[39]提出面向服务的绿色数据中心虚拟机布局优化策略。Guan 等[40]利用数据中心拓扑结构和未来迁移嵌入绿色数据中心的节能虚拟网络。Dou 等[41]探讨绿色数据中心电费最小化的工作量调度算法。

纵观上述文献，几乎都是从各个行业、各个侧面局部地研究绿色数据中心。对绿色数据中心指标体系进行比较系统、全面、科学、合理的探讨，并采用因子分析法根据关键指标进行区域优势评价的文献非常罕见，本节将进行较详细的研究。

## 4.5.1　基本指标体系

数据中心从其概念立项阶段开始，到功能需求、方案设计、设备选型、施工建设、竣工质检、运营维保等关键生命周期，都对涉及其质量的安全性、可靠性、可用性、可扩展性等[42]指标提出了严格的要求，如图 4.1 所示。

图 4.1　绿色数据中心基本指标体系

1. 安全性

数据中心的安全性是指在数据中心的建设、运维和使用过程中，不得发生任何危害数据中心本身基础设施和人员的事故，既包括产品安全又包括生产安全。

根据国内数据中心设计、施工和验收方面的标准规范要求，包括《电子信息系统机房设计规范》（GB 50174—2008）、《计算机场地安全要求》（GB/T 9361—2011）、《计算机场地通用规范》（GB/T 2887—2011）等，绿色数据中心的安全要求主要有以下几方面。

1）数据中心建设区域位置安全要求

（1）应避开发生火灾危险程度高的区域。

（2）应避开产生粉尘、油烟、有害气体以及存放腐蚀、易燃、易爆物品的地方。

（3）应避开低洼、潮湿、落雷、重盐害区域和地震频繁的地方。

（4）应避开强振动源和强噪声源。

（5）应避开强电磁场的干扰。

（6）应避免设在建筑物的高层或地下室，以及用水设备的下层或隔壁。

（7）应远离核辐射源。

2）数据中心建设点位置安全要求

（1）可防御当地百年一遇的水灾洪涝。

（2）抗震设防烈度达到 8 级抗震。

3）数据中心本身安全要求

（1）无火灾隐患。

（2）无漏电、雷电、静电等电击危险与安全隐患。

（3）无其他各类自然灾害和工程、人为安全事故隐患。

2. 可靠性

数据中心可靠性指的是在一定时间内，在标准规定环境下，数据中心完成其预期功能的概率。

在国外 ANSI/TIA/EIA-942 标准中明确提出，一级机房的可靠性要求为：年宕机时间为 28.8h，可靠度为 99.671%。二级机房的可靠性要求为：年宕机时间为 22.0h，可靠度为 99.749%。三级机房的可靠性要求为：年宕机时间为 1.6h，可靠度为 99.982%。四级机房的可靠性要求为：年宕机时间为 0.4h，可靠度为 99.995%，如表 4.1 所示。

表 4.1　TIA 标准中对数据中心的可靠性要求

| | 一级 | 二级 | 三级 | 四级 |
|---|---|---|---|---|
| 线路冗余 | 1 | 1 | 1Active/1Passive | 2 Active |
| 冗余部件 | N | N+1 | N+1 | 2(N+1)或 S+S |
| 占用面积 | 20% | 30% | 80%～90% | 100% |
| 面积功率 W/ft$^2$ | 20～30 | 40～50 | 100～150 | 150+ |
| 首次诞生时间 | 1965 年 | 1970 年 | 1985 年 | 1995 年 |
| 年宕机时间 | 28.8h | 22.0h | 1.6h | 0.4h |
| 可靠性 | 99.671% | 99.749% | 99.982% | 99.995% |
| 电源 | UPS | UPS+发电机 | UPS+发电机 | UPS+发电机 |
| 应急通道支持 | 关闭 | 关闭 | 自动 | 自动 |
| 冗余组件 | 可以没有 | 系统 | 系统、电力等 | 全部 |

国内数据中心相关的标准尚未明确提出可靠性具体指标要求。对于国内的中大型数据中心而言，其可靠性要求通常为 GB 2887—2011 和 GB 50174—2008 里面的 A 级

机房标准，并满足 ANSI/TIA/EIA-942 的四级机房可靠性要求：年宕机时间为 0.4h，可靠度为 99.995%。

3. 可用性

数据中心的可用性是其可靠性的进一步延伸，可用性=MTBF/(MTBF+MTTR)，其中，MTBF 为数据中心的平均无故障工作时间，属于直接可靠性指标，而 MTTR 则是平均维修时间。按照现在数据中心行业的要求来看，数据中心的可用性指标应不小于 99.999%，这意味着每年的宕机时间约为 5min，同时意味着无论何种原因引起的宕机，都需要在约 5min 之内完成故障检测、故障维修。因此，数据中心建设时也需满足可用性指标要求。

4. 可扩展性

可扩展性指的是数据中心规模可以根据需要进行增加或扩充的能力。数据中心建设时需充分考虑当前信息化业务需求以及未来 5～10 年的信息化业务发展需求，但企业经济结构转变等外部客观原因，导致已建成的数据中心无法满足业务发展需求，则需要对数据中心进行扩建，因此，数据中心的可扩展性也需作为其基本指标。

## 4.5.2　绿色指标体系

绿色数据中心除应满足数据中心的安全性、可靠性、可用性、可扩展性四个基本质量指标，还需满足低能耗节能性、碳排放低碳性以及低成本经济性等三项绿色指标，如图 4.2 所示。

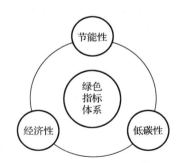

图 4.2　绿色数据中心绿色指标体系

1. 节能性

对于数据中心而言，节能性能耗指标通常按照行业的通用指标 PUE[43]来衡量。按照工信部发布的数据，在 2011～2013 年所规划建设的 255 个数据中心中，近

90%的设计 PUE 低于 2.0，平均 PUE 为 1.73。超大型、大型数据中心设计 PUE 平均为 1.48，中小型数据中心设计 PUE 平均为 1.80。

2013 年 1 月工信部等多个国家部委共同发布的《关于数据中心建设布局的指导意见》，明确提出了国家对数据中心的要求：对满足布局导向要求，PUE 在 1.5 以下的新建数据中心，以及整合、改造和升级达到相关标准要求（暂定 PUE 降低到 2.0 以下）的已建数据中心，在电力设施建设、电力供应及服务等方面给予重点支持。

因此，结合国家相关部委要求，并按照节能降耗的要求，对于新建数据中心的能耗指标要求为：PUE＜1.5 甚至更低。为达到数据中心的 PUE＜1.5 这一节能目标，不仅需要从数据中心本身的设计、设备选用等方面下工夫，也需要考虑数据中心建设地方的自然天气环境等情况。

数据中心的电力能耗中，IT 设备和空调系统占约 90%，其余部分占约 10%。对于同一数据中心而言，其 IT 设备、安防监控等系统的耗电量为定值，只有空调系统这一较大的用电模块的用电量会因为数据中心建设环境的不同而能有所降低，在一定温度范围内，当地的自然环境温度越低，数据中心的空调系统的耗电量越少，PUE 值越低，节能效果越明显。因此，数据中心建设地区的温度（一定范围内）越低，同一数据中心的能耗越低。

2. 低碳性

数据中心作为用电用水大户，其碳排放量也较大，但毫无疑问，数据中心的低碳要求也已经逐渐纳入政府等相关部门考虑的范围内。虽然现在数据中心尚没有明确的碳排放要求，但是作为耗能的建筑，其碳排放指标（Carbon Emission Index，CEI）[44] 也随同建筑一起被考核。碳排放的计算主要是用电量以及对应的用电来源的相应系数。因此，对于同一数据中心而言，其用电来源随着建设地区的不同而不同，碳排放量也不一样。

绿色数据中心的低碳指标要求主要从数据中心基础设施和设备本身，以及数据中心运维电力能耗及其消耗的能源结构两大方面满足。

数据中心基础设施建设和设备本身具有一定的碳排放数量，因此，降低碳排放的第一条就是在建设数据中心和购置数据中心设备如服务器、交换机、存储器等时，应选用节能低碳的材料或设备，保证生产制造低碳。

数据中心运维过程中会消耗大量电力能源，而电力能源中的火电则是主要的碳排放来源，因此，降低数据中心的电量消耗，使用清洁能源如水电、风电、太阳能电力等，都可降低碳排放指标。

世界各地的一批绿色数据中心在节能和低碳方面已形成一些典范：联邦快递将数据中心迁至寒冷干燥的落基山脉，雅虎著名的"鸡舍"数据中心则利用完全免费的空气自然对流进行降温。在靠近北极圈的冰岛，冬季平均气温-1～2℃，夏季不过 7～10℃，且拥有丰富的地热和风电资源。因此，为满足数据中心的节能要求和低碳要求，数据中心的选址和设计显得至关重要，天气、地理、可再生能源与清洁能源等都需划入考虑范畴。

### 3. 经济性

数据中心的建设者和使用者对于数据中心的建设和使用运维成本，以及数据中心的利润，则显得更加关注。数据中心总成本分为投资建设成本和运营成本两大块，投资建设成本指的是需要提前支出，并通过一段时间折旧消耗掉的，如数据中心的建设成本以及服务器的采购成本等；而运营成本则指设备实际运行的每个月开销，如电费、维修改造、现场人员工资等，TCO 大约可以通过等式表达，即

$$TCO=数据中心建设成本+数据中心运营成本$$

数据中心的建设成本差别很大，受不同等级设计、规模、地址、建设速度等条件的影响很大。增加可靠性和冗余程度会使得数据中心成本增加。总的来讲，数据中心的建设成本需要考虑建筑土地、楼宇建设（含室内外装修）、IT 设备购买、供配电系统与空调系统建设、投资折旧等方面。

数据中心的运营成本则来自带宽、电费、维修改造、现场人员工资、运维管理制度与实施情况等方面，而数据中心建设所在地区的带宽价格、气候条件、能源结构、税收高低、薪酬水平等也会对运营成本产生较大的影响。

## 4.5.3 　区域比较研究

数据中心的投资和使用方通过对比国内各地区的各方面因素，包括气候环境、地理环境、电力与能源结构、政策环境、产业环境、网络环境等，如图 4.3 所示，并根据自我需求和实际情况，选择适合的地区建设绿色数据中心。

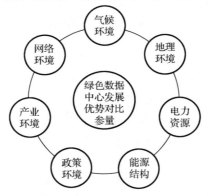

图 4.3　绿色数据中心建设地区主要对比参量

目前，国内已经基本形成以北方内蒙古、南方贵州省为主轴，其他省市包括北京（华北）、上海（华东）、四川（华西）、湖北湖南（华中）、广东福建（华南）等并肩发展的"2+N"绿色数据中心地区。各绿色数据中心集聚区的发展环境各有优劣。

考虑到部分地区部分数据较难获取，因此，通过选取年平均温度、年降水量、相对空气质量指数、地震带相对安全系数、核辐射相对安全系数、发电量、全社会用电

量、信息传输企业固定资产投资、网民数 9 大关键指标进行客观量化分析。主要绿色数据中心地区综合环境关键指标对比如表 4.2 所示。

表 4.2　国内主要数据中心建设地区综合环境关键指标对比

| 地区 | 气候环境 | | | 地理环境 | | 电力与能源结构 | | 产业环境 | 网络环境 |
|---|---|---|---|---|---|---|---|---|---|
| | 年平均温度/℃ | 年降水量/mm | 相对空气质量指数 | 地震带相对安全系数 | 核辐射相对安全系数 | 发电量/亿千瓦时 | 全社会用电量/亿千瓦时 | 信息传输企业固定资产投资/亿元 | 网民数/万人 |
| 内蒙古 | 6.1 | 336 | 1 | 1 | 1 | 3344 | 2017 | 148.9 | 1093 |
| 贵州 | 15.9 | 1384.1 | 0.7 | 0.5 | 1 | 1610 | 1047 | 14.95 | 1146 |
| 北京 | 14.1 | 578.9 | 0.2 | 1 | 1 | 293 | 874 | 183.4 | 1556 |
| 上海 | 18 | 1000 | 0.5 | 1 | 1 | 973 | 1353 | 87.93 | 1683 |
| 四川 | 15.3 | 992 | 0.8 | 0.5 | 1 | 2129 | 1831 | 106.2 | 2835 |
| 湖北 | 16.7 | 1182 | 0.7 | 1 | 1 | 2245 | 1508 | 329.3 | 2491 |
| 湖南 | 18.4 | 1271.6 | 0.8 | 0.5 | 1 | 1214 | 1347 | 121.1 | 2410 |
| 广东 | 22.1 | 1652.5 | 0.9 | 1 | 1 | 3644 | 4619 | 430.79 | 6992 |
| 福建 | 20 | 1672.7 | 0.9 | 0.5 | 1 | 1623 | 1579 | 207.93 | 2402 |
| 云南 | 17.5 | 1000 | 1 | 1 | 1 | 1748 | 1316 | 75.84 | 1528 |

为了对国内主要数据中心建设地区的各方面优势进行客观对比，拟建立科学严谨的数学模型，从数学角度进行定量分析。绿色数据中心集聚区建模对比分析流程如图 4.4 所示。

图 4.4　绿色数据中心集聚区建模对比分析流程

数学模型建立与分析的主要步骤如下。

1. 样本选择与数据选取

选取内蒙古、贵州、北京、上海、四川、湖北、湖南、广东、福建和云南的数据中心数据作为模型的数据来源。所用数据主要来自近三年的各省统计年鉴，以及《中国城市统计年鉴》《中国统计年鉴》等。

2. 相关性因子分析

通过对原始指标进行标准化处理之后，采用相关系数矩阵来检测因子分析模型的适用性和可行性。各指标相关性因子分析结果如表 4.3 所示。

从表 4.3 中得知，各指标变量的相关系数矩阵中大部分相关系数都大于 0.6，表明各指标变量间存在较强的线性关系，因子分析方法适合于评价模型。

表 4.3　各指标相关性因子分析结果

| 相关性 | 互联网普及率 | 年降水量 | 发电量 | 信息传输企业固定资产 | 地震带 | 空气质量指数 | 网民数 | 全社会用电量 | 年平均温度 |
|---|---|---|---|---|---|---|---|---|---|
| 互联网普及率 | 1.000 | −0.715 | 0.751 | −0.622 | −0.717 | −0.503 | −0.166 | −0.737 | 0.698 |
| 年降水量 | −0.715 | 1.000 | −0.971 | 0.926 | 0.985 | 0.878 | 0.486 | 0.638 | −0.988 |
| 发电量 | 0.751 | −0.971 | 1.000 | −0.893 | −0.964 | −0.914 | −0.480 | −0.698 | 0.979 |
| 信息传输企业固定资产 | −0.622 | 0.926 | −0.893 | 1.000 | 0.935 | 0.807 | 0.332 | 0.644 | −0.892 |
| 地震带 | −0.717 | 0.985 | −0.964 | 0.935 | 1.000 | 0.890 | 0.499 | 0.610 | −0.973 |
| 空气质量指数 | −0.503 | 0.878 | −0.914 | 0.807 | 0.890 | 1.000 | 0.661 | 0.433 | −0.914 |
| 网民数 | −0.166 | 0.486 | −0.480 | 0.332 | 0.499 | 0.661 | 1.000 | −0.265 | −0.581 |
| 全社会用电量 | −0.737 | 0.638 | −0.698 | 0.644 | 0.610 | 0.433 | −0.265 | 1.000 | −0.586 |
| 年平均温度 | 0.698 | −0.988 | 0.979 | −0.892 | −0.973 | −0.914 | −0.581 | −0.586 | 1.000 |

图 4.5～图 4.8 为主要指标因子（年平均温度、地震带、信息传输企业固定资产、空气质量指数）与评价系数的相关性关系。

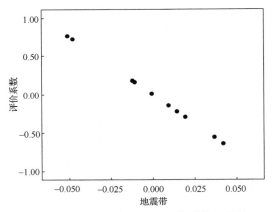

图 4.5　年平均温度因子与评价系数相关性

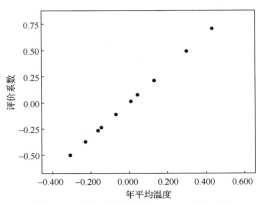

图 4.6　地震带因子与评价系数相关性

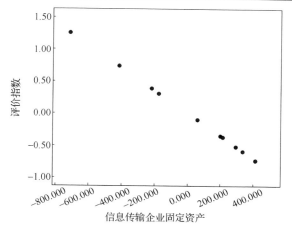

图 4.7　固定资产因子与评价系数相关性

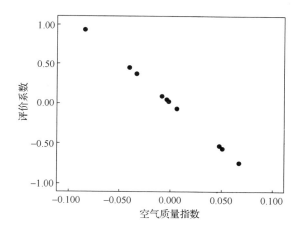

图 4.8　空气质量指数因子与评价系数相关性

#### 3. 模型建立

依据因子分析法，建立数学模型。根据因子分析法的核心思想，依据变量之间的相关性大小对各观测指标进行分组，将相关性较高的指标变量划分在同一组，将相关程度较小的变量放在一组。

研究分析数据中心建设地区发展优势评价的数学模型为

$$Y = 101.18 + 0.617X_1 - 0.005X_2 - 16.024X_3 - 10.017X_4$$
$$- 0.001X_5 - 0.003X_6 + 0.005X_7 + 0.003X_8 - 0.006X_9$$

其中，发展优势评价系数设为 $Y$；年平均温度设为 $X_1$；年降水量设为 $X_2$；空气质量指数设为$X_3$；地震带设为$X_4$；信息传输企业固定资产设为$X_5$；网民数设为$X_6$；发电量设为$X_7$；全社会用量设为$X_8$；互联网普及率设为$X_9$。

### 4. 定量分析与评价分类

通过代入各地区相关因素进行评价，按照评价分数分为两个等级，分数为95～100的地区为一类地区，为最适合建设数据中心的地区；分数为85～94的地区为二类地区，为较适合建设数据中心的地区。全国部分地区数据建设优势评价分数对比如图 4.9所示。

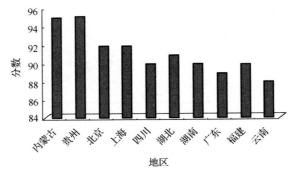

图4.9　全国部分地区数据建设优势评价分数对比

经过建模、分数量化评价，贵州省绿色数据中心建设优势评价得分为95.2分，内蒙古自治区和贵州省为一类地区，北京、上海、四川、湖北、湖南、广东、福建、云南等为二类地区。其分类结果如图4.10所示。

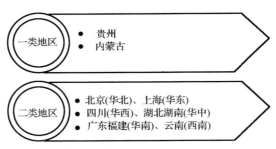

图4.10　全国数据中心建设地区评价分类

数据中心建设是一项庞大而复杂的系统工程，绿色数据中心的引入，更为数据中心的建设与实现设立了新的挑战。要建设合格的绿色数据中心，必须认真分析数据中心的关键指标结构，针对主要关键因素选择安全可靠优势评价得分最高的绿色数据中心建设区域，最大限度地实现节能降耗和节约资金，为下一代绿色数据中心构建提供依据。

# 4.6　本章小结

本章以核心竞争力理论为依据，对绿色数据中心行业的核心竞争力构建进行了分析和论证，并以贵安新区绿色数据中心为例，进行了竞争优势实证分析。本章研究表明，核心竞争力是从企业过去的成长历程中积累而产生的，而不是通过市场交易可获得的。贵安新区绿色数据中心通过商业模式、技术手段、内部管理、人力资源几方面的积累，形成群体的竞争优势，最终形成自己的核心竞争力；研究绿色数据中心基本指标体系，借助 PUE、CEI 和 TCO 指标剖析，深入分析影响绿色数据中心绿色指标的各项因素，采用因子分析法从年平均温度、年降水量、空气质量指数、地震带、信息传输企业固定资产、网民数、发电量、全社会用电量和互联网普及率九方面着手，构建了绿色数据中心运行优势评价数学模型，进行定量分析与评价分类，并根据计算得到绿色数据中心发展区域比较结果。

## 参 考 文 献

[ 1 ] Prahalad C K, Hamel G. The core competence of the corporation[J]. Knowledge & Strategy, 1999, 68(3): 41-59.

[ 2 ] 党传升. 高水平行业特色型大学核心竞争力评价与培育研究[D]. 北京: 北京邮电大学博士学位论文, 2012.

[ 3 ] 徐蓉蓉. 携程网核心竞争力的研究[D]. 上海: 上海外国语大学硕士学位论文, 2014.

[ 4 ] 亚当·斯密. 国富论[M]. 富强, 译. 北京: 北京联合出版公司, 2014.

[ 5 ] 亚当·斯密. 国民财富的性质和原因的研究(上卷)[M]. 郭大力, 王亚南, 译. 北京: 商务印书馆, 1979.

[ 6 ] 李嘉图. 政治经济学和税赋原理[M]. 周洁, 译. 北京: 华夏出版社, 2005.

[ 7 ] 王秉安. 企业核心竞争力理论探讨[J]. 福建行政学院学报, 2000, (1): 5-9.

[ 8 ] 虞群娥, 蒙宇. 企业核心竞争力研究评述及展望[J]. 财经论丛: 浙江财经学院学报, 2004, (4): 75-81.

[ 9 ] 金培. 竞争力经济学[M]. 广州: 广东经济出版社, 2003.

[10] 程国江, 马勇. 民营企业核心竞争力的构建策略[J]. 企业经济, 2005, (5): 59-60.

[11] 陈忠卫. 战略管理[M]. 大连: 东北财经大学出版社, 2007.

[12] 袁家新, 程龙生. 企业竞争力及其评价[M]. 北京: 华夏出版社, 2003.

[13] Prahalad C K, Hamel G. The core competence of the corporation[J]. Harvard Business Review, 1999: 81-82.

[14] 李建明. 企业核心能力分析[J]. 中国工业经济, 1998, (11): 53-57.

[15] 朱雨良. 企业国际化成长理论与途径研究——基于核心能力的战略思考[D]. 天津: 南开大学博士学位论文, 2000.

[16] 杨浩. 企业核心专长的意义及其确认[J]. 唯实, 2001, (7): 39-40.

[17] 朱捷. 绿色数据中心核心竞争力构建研究[D]. 杭州：浙江工业大学硕士学位论文, 2014.

[18] 王小波. 未来组织设计[M]. 北京：新华出版社, 2000.

[19] 熊胜绪, 王淑红. 资源学派的战略管理思想及其启示[J]. 中南财经政法大学学报, 2007, (1): 104-109.

[20] 樊昌志. 党报核心竞争力：从权威性到三位一体[J]. 新闻记者, 2004, (2): 11-12.

[21] 杜云月, 蔡香梅. 企业核心竞争力研究综述[J]. 经济纵横, 2002, (3): 59-63.

[22] 黄继刚. 核心竞争力的动态管理[M]. 北京：经济管理出版社, 2004.

[23] 李品媛. 企业核心竞争力研究——理论与实证分析[M]. 北京：经济科学出版社, 2003.

[24] 程杞国. 论企业的核心资产[J]. 发展论坛, 2000, (5): 23-24.

[25] 许正良, 王利政. 企业竞争优势本源的探析——核心竞争力的再认识[J]. 吉林大学社会科学学报, 2003, (5): 99-106.

[26] 江凌. 企业文化塑造核心竞争力的路径研究[J]. 企业研究, 2006, (3): 49-51.

[27] 徐阳华. 企业核心竞争力研究综述与前瞻[J]. 华东经济管理, 2005, 19(11): 29-35.

[28] 邓宏亮, 陈锡文, 奉钦亮. 从海尔经验看我国企业核心竞争力的培育[J]. 特区经济, 2005, (10): 352-353.

[29] 王毅, 陈劲, 许庆瑞. 企业核心能力：理论溯源与逻辑结构剖析[J]. 管理科学学报, 2000, 3(3): 24-32.

[30] Barton D L. Core capability and core rigidities: A paradox in managing new product development[J]. Strategic Management Journal, 1992, (13): 111-125.

[31] 廖霄, 吴劲松. 浅析绿色数据中心节能建设思路[J]. 现代计算机, 2014, 12: 33-37.

[32] 才让昂秀. 加强交通系统绿色数据中心建设的研究[J]. 交通建设与管理, 2015, 6: 350-354.

[33] 倪静. 绿色数据中心能耗评价指标体系研究[J]. 电气应用, 2014, 4: 89-93.

[34] 洪波. 对构建绿色数据中心的探讨和展望[J]. 金融科技时代, 2013, 10: 65-67.

[35] 王娟琳, 封红旗, 丁宪成. 绿色数据中心资源整合研究与实践[J]. 信息技术, 2013, 5: 63-66.

[36] 张冀川. 绿色数据中心体系研究[J]. 电脑开发与应用, 2013, 26(8): 57-60.

[37] 周晓雄, 姜智勇. 有线电视网络新一代绿色数据中心建设的方法[J]. 计算技术与自动化, 2012, 31(2): 110-114.

[38] Kiani A, Ansari N. Toward low-cost workload distribution for integrated green data centers[J]. IEEE Communications Letters, 2015, 19(1): 26-29.

[39] Tseng F H, Chen C Y, Chou L D. Service-oriented virtual machine placement optimization for green data center[J]. Mobile Networks and Applications, 2015, 20(5): 556-566.

[40] Guan X J, Choi B Y, Song S J. Energy efficient virtual network embedding for green data centers using data center topology and future migration[J]. Computer Communications, 2014, 69: 50-59.

[41] Dou H, Qi Y, Wang P J. Workload scheduling algorithm for minimizing electricity bills of green data centers[J]. Journal of Software, 2014, 25(7): 1448-1458.

[42] 邢伟超. 绿色数据中心管理框架及能耗监控系统[D]. 上海：复旦大学硕士学位论文, 2012.

[43] 马永锁. 解读绿色数据中心 PUE 指标[J]. 建筑电气, 2012, 8: 54-58.

[44] 李新运, 吴学锰, 马俏俏. 我国行业碳排放量测算及影响因素的结构分解分析[J]. 统计研究, 2014, 31(1): 56-62.

# 第5章 贵州绿色数据中心发展优势

近年来，贵州在大数据的道路上快速前进，得益于其在大数据发展方面的优势。可以用三句话总结贵州大数据的发展特点：一是天赐加良机，立足气候凉爽、地质稳定、电力充足等先天优势，抓住了稍纵即逝的窗口期，与世界处在同一起跑线上；二是笨鸟加先飞，虽然"家底"薄，但是敢于先发声，在以"月"为单位变化的大数据行业成了领路人；三是领跑加群跑，政府领跑、企业群跑，大数据生态链逐步形成。本章主要从自然生态、能源储备、人才支撑、政府战略、发展进程和产业生态等方面阐述贵州绿色数据中心发展优势。

## 5.1 引　　言

大数据的出现引发了全球范围内深刻的技术与商业变革，已经成为全球发展的趋势以及国家和企业间的竞争焦点，直接关系到国家安全、社会稳定、经济发展和民生幸福等诸多方面。大数据的发展实际上对能耗、安全、环境等方面的要求高，例如，存储、处理大数据的设备需要能源供给支持，需要合适的温度散发热量，需要稳定的环境保证设备的安全。随着大数据的发展，人们更加注重选择合适的产业基地，发展绿色数据产业。

位于我国中部和西部地区的结合地带的贵州省，连接成渝经济区、珠三角经济区、北部湾经济区，是我国西南地区的重要经济走廊。在部分业内人士看来，直到现在，很多人都没有搞清楚大数据到底是什么。但贵州从一开始就很明确，先做大数据的两大基础工程：一个是数据中心，一个是呼叫中心。虽然两个中心看起来都不高级，甚至有点低端，但其实是必须做的。实际上，从气温和能源来说，贵州被公认为是中国南方最适合建设数据中心的地方。数据中心最大的特点是高耗能，电力成本占整个支出成本的50%~70%，其中一半为机器设备散热需要的空调费。而贵州得天独厚，气候凉爽，与此同时，贵州的电力资源极为丰富，是西电东输的主要电源省，不但可以为数据企业提供稳定的电力支持，而且具备一定的价格优势。正因为如此，目前，中国移动、联通、电信三大运营商都将南方数据中心建在贵州。2015年，整个贵州省的服务器规模为20余万台，未来规划建设服务器规模200万台。呼叫中心方面，包括蚂蚁金服、华为、富士康在内的多家巨头都将客服中心放在了贵阳。

目前，贵阳的呼叫中心坐席已经达到10万席，计划到2017年扩张至20万席。除了接地气的基础工程，贵州还勾勒出了一张顶层设计的蓝图：贵州建设了全国第一家省级政务云平台"云上贵州"，目前该系统汇聚政务信息 50000GB 数据量，日均数据调用量已达到 10 亿次。政府部门掌握了最多的数据，但是这些数据往往仅限于在各自系统内流通，各个部门之间较难实现数据交换，这也被认为是中国推动大数据战略的难点之一。而贵州拿出了"壮士断腕"的决心：贵州省政府专门做出规定，除有特殊需求外，贵州省所有省级政务部门将不再自建机房，为政府数据资源整合、共享、开放和利用提供了条件。

贵州公安交警云是国内首个运行在公安内网上的省级交通大数据云平台。官方数据显示，目前，贵州交警将全省 5.33 万家运输企业、59.9 万名运输驾驶人、1755 家重点监管企业、5.3 万台重点监管车辆、4341 家租赁企业、3.5 万台租赁车辆全部纳入动态监管，在全国率先实现了对凌晨不按规定时间行驶的"红眼客车"的精准查缉。为了使大数据的面更大、更广，2015 年贵州省公安厅交通管理局还与蚂蚁金服旗下的芝麻信用共同开发了全国首个面向驾驶人开展信用管理的驾驶人征信系统——"贵州省重点车辆驾驶人从业综合评分系统"，成为驾驶人履职能力和是否适合驾驶重点车辆的重要评估依据，实现对重点驾驶人的科学动态评估。贵州正变为国内外大数据领域内从业者的"实验田"，但比起高级的数据云，对于普通贵州人而言，他们眼中的大数据更多的是生活会不会更便利，网络能不能更快捷。贵州的地形是"八山一水一分田"，2015 年贵州省决定：2016 年，贵州全省乡镇以上的城镇实现移动网络全覆盖，全省高速公路、高速铁路沿线实现移动网络全覆盖。移动网络的建设也具体体现到居民的生活中。2016 年 1 月，蚂蚁金服发布 2015 年支付宝用户的全民账单。让人惊讶的一个结果是，2015 年，贵州的移动支付笔数占比在全国排名第二，达到 79.7%，也就是说，有近 8 成的贵州人平时用手机、iPad 等移动终端在网上购物和消费，这一数字比北上广深等一线城市的数字都高很多。这也从一个侧面说明，贵州老百姓对科技的拥抱和接纳，有着非常高的接受度。

在贵州省经信委主任马宁宇看来，2014 年贵州开始做大数据，比国内其他地区"抢跑"了两年。从一知半解的"门外汉"，到各种发展要素越来越全，贵州正变为国内外大数据领域内从业者的"实验田"。"无论是业内专家，还是草根创客，贵州大数据的'朋友圈'越来越大。"他说。过去两年来，他一直是贵州大数据战略的具体执行者。可以说，大数据的到来，让贵州与发达地区真正站在了同一起跑线上，而贵州的先行先试，也无疑为国家的大数据战略杀出一条新路。

近年来，贵州省抓住国家西部大开发战略实施机遇，面向贵州经济社会跨越式发展的需求，以大数据应用作为产业发展的战略引领，坚持"应用驱动、创新引领，政府引导、企业主体，聚焦高端、确保安全"原则，通过改革、开放、创新，挖掘数据资源价值，集聚大数据技术成果，形成大数据企业集群，全面提升大数据产业发展支撑能力、大数据技术创新能力和大数据安全保障能力，努力建成全国领先的大数据资源集聚地和大数据应用服务示范基地。

贵州在绿色数据中心方面发展得如此迅速，得益于该省在自然生态、能源、人才、

产业生态、各级政府政策等方面的优势。这些有利于大数据发展的优势，使得近年来
贵州省的大数据产业蒸蒸日上。接下来，本章将详细阐述贵州省在绿色数据中心发展
方面所具备的优势条件。

## 5.2　自然生态优势

贵州气候环境优良，地理结构稳定，能源资源充足，能源结构适宜，可满足大中
型绿色数据中心建设的关键指标，如图 5.1 所示，绿色数据中心发展产业自然生态环
境优势明显。

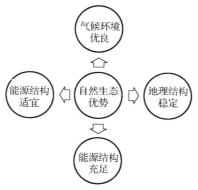

图 5.1　贵州自然生态优势

贵州位于华南板块，跨上扬子陆块、江南造山带和右江造山带三个次级大地构造
单元[1]。在贵州中部，特别是贵安新区范围内地层发育齐全、岩浆活动微弱、薄皮构
造典型、地壳相对稳定，发生破坏性地震的可能性极低。20 世纪以来，全国除贵州、
浙江两省和香港特别行政区以外所有的省、自治区、直辖市共发生 6 级以上地震近 800
次[2]。贵州省通信管理局副局长郭智翰表示，三大电信运营商把大数据中心建在贵州
省贵安新区能最大限度地保证大数据中心远离地质灾害。此外，贵州地处长江、珠江
流域上游，毗邻华中，是发达的华南进入西南的必经之路，又处于大西南南下出海的
交通枢纽位置。这对于打造立足西南、辐射全国、影响东南亚的全国大数据产业创新
发展先行区是有利的地理位置。

贵州发展信息产业生态气候条件优越。信息产业的发展对于生态气候条件有着自
身特有的要求，例如，平均气温低，便于处理和存储数据的服务器有效冷却。以贵阳
为例，经济社会发展具有明显的生态示范城市效应，贵安新区的生态气候条件就很优
越。在贵安新区周边，年平均气温 15.1℃，夏无酷暑，冬无严寒。空气清新，达到世
界卫生组织设立的清新空气负氧离子标准的上限。海拔适中，在 1000m 左右，紫外线
辐射为全国乃至全球最少的地区之一，非常适合人居。

贵州省社科院区域经济研究所所长黄勇说："贵州优厚的生态气候条件与世界上

以发展信息产业闻名的美国硅谷、印度班加罗尔非常相似。这样的宜居条件对于高智商、高知识、高投资、高收入的人有很强的吸引力[3]。"

## 5.2.1 气候环境优良

贵州位于我国亚热带西部，云贵高原斜坡上，属于亚热带季风气候，东半部在全年湿润的东南季风区内，西半部处于无明显的干湿季之分的东南季风向干湿明显的西南季风区的过渡地带。由于地处低纬度，高海拔，离海洋较近，境内中部隆起，向东、南、北三个方向逐渐降低，横亘于四川盆地、重庆山地、丘陵和广西丘陵之间，加以山脉纵横，河流交错蜿蜒，致使地形地势甚为复杂，从而形成了气候的复杂性和多样性。

贵州的气候温暖湿润，属亚热带湿润季风气候。气温变化小，冬暖夏凉，气候宜人。2002 年，省会贵阳市年平均气温为 14.8℃。从全省看，通常最冷月（1 月）平均气温多在 3～6℃，比同纬度其他地区高；最热月（7 月）平均气温一般是 22～25℃，为典型夏凉地区。降水较多，雨季明显，阴天多，日照少。2002 年，9 个市州地所在城市中，降水量最多的是兴义市，为 1480mm；最少的是毕节市，为 687.9mm。受季风影响，降水多集中于夏季。境内各地阴天日数一般超过 150 天，常年相对湿度在 70%以上。受大气环流和地形等影响，贵州气候呈多样性，"一山分四季，十里不同天"。2015 年贵州省平均温度如图 5.2 所示。

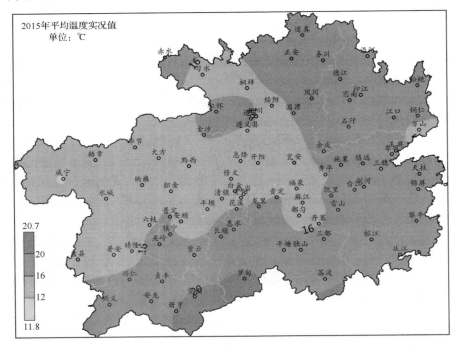

图 5.2　2015 年贵州省平均温度图

　　贵州的气候环境适合绿色数据中心的发展。以贵州省贵安新区为例，贵安新区属亚热带季风湿润气候，年平均温度为 15℃左右，全年平均气温高于 27.2℃的只有 7 月和 8 月两个月。其他城市则是 3 个月以上。在保持通风良好的情况下，在贵安新区建设数据中心需要启动制冷系统的时间为两个月，而其他地方则是 3～4 个月，至少多 1 个月，贵安新区（贵阳）极限温度与最高气温之间的温差只有 0.8℃，而其他城市少则 0.8℃，多的达到 5.8℃，即使在 7、8 月，贵安新区（贵阳）最低气温与极限温度的温差是 6.2～7.2℃，远大于其他城市（其他城市只有 2℃左右），温度优势非常明显，贵安新区年降水量为 1100～1300mm，是天然的"大空调""大氧吧"，紫外线辐射属全国最少的地区之一。贵安新区（贵阳）2014 年气温情况见表 5.1，其相应温度图如图 5.3 所示。

表 5.1　贵安新区（贵阳）2014 年气温情况

| 全年平均气温 | 一月 | 二月 | 三月 | 四月 | 五月 | 六月 | 七月 | 八月 | 九月 | 十月 | 十一月 | 十二月 |
|---|---|---|---|---|---|---|---|---|---|---|---|---|
| 月均最高气温/℃ | 10.3 | 7.9 | 14.4 | 20.3 | 22.3 | 24.8 | 27.6 | 27.3 | 25.9 | 21.8 | 13.2 | 8.2 |
| 月均最低气温/℃ | 2.6 | 2.3 | 7.5 | 13.2 | 15.1 | 18.9 | 20.2 | 19.5 | 18.2 | 14.0 | 8.6 | 2.0 |

数据来源：15 天气网

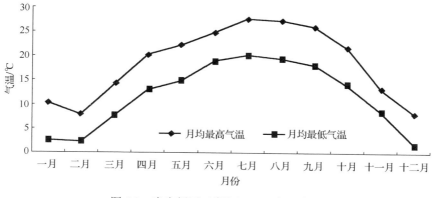

图 5.3　贵安新区（贵阳）2014 年温度图

## 5.2.2　地理结构稳定

　　贵州地貌属中国西部高原山地，境内地势西高东低，自中部向北、东、南三面倾斜，平均海拔在 1100m 左右[4]。境内最高处为毕节地区赫章县珠市乡的乌蒙山韭菜坪，海拔 2900.6m；最低处为黔东南州黎平县地坪乡水口河出省处，海拔 147.8m。境内山地和丘陵占 92.5%。岩溶地貌发育非常典型，喀斯特出露面积 109084km²，占全省国土总面积的 61.9%。贵州地质结构相对较稳定。有记载以来，我国除贵州、浙江外，其他省份都发生过 6 级以上地震，60%的省份发生过 7 级以上地震。以具体的贵州大数据聚集的贵安新区为例，该地区地质结构稳定，远离地震带，重大自然灾害风险低，是贵州省地势最为平坦开阔、用地条件最好、开发建设成本最低的地区，周围无核辐射源，适宜建设面积达 570km$^2$。

　　良好的自然生态优势使得贵州具有别的地区所没有的优势。可以说无与伦比的生态气候优势，使贵州成为大数据企业青睐的沃土。凉爽的气候与稳定安全的地质条件兼备，在全国很多地区难以达到。业内专家评价说：贵州是天造地设的"中国机房"[5]。

　　贵安新区地质结构稳定，远离地震带，重大自然灾害风险低，是贵州省地势最为平坦开阔、用地条件最好、开发建设成本较低的地区，周围无核辐射源，适宜建设面积达 570km$^2$。贵州省地震带分布情况如图 5.4 所示。

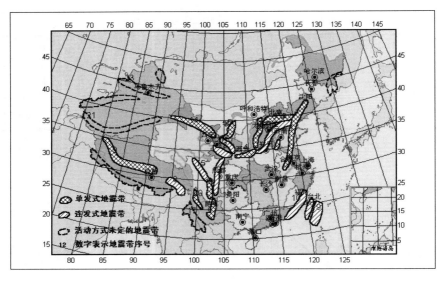

图 5.4　贵州省地震带分布情况

## 5.2.3　能源资源充足

　　贵州作为南方重要的能源基地，是"西电东送"的源头，能源资源优势突出，以煤炭为主的能源产业是贵州的重要产业之一[6]。贵州电能既有巨大的煤矿藏量又有丰富的水利资源作为支撑，形成了"水火互济"的独特优势。不仅如此，近年来，贵州风电、光伏发电、生物质能发电等新兴能源也得到长足的发展。三大电信运营商建设的大数据中心对电力的要求高，上百万台的服务器也需要水冷散热，依托贵州丰富的资源，信息产业如鱼得水，前景辉煌。

　　除此之外，制造电子元件所需的多种矿产储量方面，贵州在全国名列前茅。据省经济和信息化委员会副主任曾宇介绍，信息产业前端产业链所需的制造电子元件的原材料主要是铝、钾、锰等矿产。这些矿产贵州在全国具有难以替代的地位，这就为信息产业的发展提供了又一个有力保障[3]。

### 1. 煤炭资源

从总体上来说，我国能源资源以煤炭为主，煤炭、水资源相对丰富，石油、天然气相对贫乏[7]。贵州省煤炭资源具有分布广、储量大、种类全、埋藏浅、易开采的特点。贵州省含煤面积 7.50 万平方公里，占全省土地面积的 42.58%，87 个县（市、区）中有 74 个产煤。至 2000 年底，居中国江南诸省之冠，有"江南煤海"之称。探明煤炭资源储量 533.32 亿吨，主要分布在全贵州省七大煤田。其中：织纳煤田 171.92 亿吨，占 32%；六盘水煤田 167.82 亿吨，占 31%；黔西北、黔北煤田 165.41 亿吨，占 31%；这三大煤田累计探明煤炭储量 505.15 亿吨，占全省的 94.72%。兴义煤田、黔东南煤田、贵阳煤田、黔东北煤田等四个煤田累计探明煤炭储量 28.17 亿吨，仅占 5.28%。全省已探明的煤炭储量居全国第五位，其中炼焦煤 51 亿吨，居全国第四位。总量比江南 11 省区之和 476 亿吨还多 57 亿吨，且开发利用程度低，后备储量大，预测全省埋深 2000m 以上的煤炭资源总量为 2419 亿吨。在已探明的煤炭储量中硫份小于 1.5% 的优质煤资源量为 184 亿吨。低硫煤资源主要分布在六盘水煤田的盘江、水城矿区，织纳煤田的纳雍矿区和黔北煤田中。在预测的 2419 亿吨煤炭中，硫份小于 1.5% 的优质煤达 720 亿吨，煤田中尚有丰富的煤层气资源，据现有煤田勘察钻孔瓦斯资料预测，全省 2000m 以上的煤层气资源量约为 31511 亿立方米，其中 1500m 以上的煤层气预测资源量为 23347 亿立方米，总量居全国前列[8]。贵州各煤田探明资源储量如表 5.2 所示。

表 5.2　贵州各煤田探明资源储量表　　　　　　　　　　（单位：亿吨）

| 煤田 | 采煤 | 普查 | 详查 | 精查 | 合计 |
|---|---|---|---|---|---|
| 兴义煤田 | 17.03 | 0.04 | — | — | 17.07 |
| 六盘水煤田 | 13.07 | 31.40 | 38.08 | 85.27 | 167.82 |
| 织纳煤田 | 95.40 | 27.65 | 21.52 | 27.35 | 171.92 |
| 贵阳煤田 | 0.13 | 2.22 | 1.75 | 0.87 | 4.97 |
| 黔西北、黔北煤田 | 146.75 | 9.90 | 1.30 | 7.46 | 165.41 |
| 黔东北煤田 | 0.21 | 0.44 | 0.08 | 0 | 0.73 |
| 黔东南煤田 | 0.51 | 1.46 | 1.87 | 1.56 | 5.40 |
| 合计 | 273.1 | 73.11 | 64.6 | 122.51 | 533.32 |

### 2. 水能资源

水电有可能以无碳排放的方式满足中国增长的能源需求，很多水利工程已经带来成倍的效益[7]。贵州河流密布，比降陡、落差大，多年平均降雨量达 1191mm，水力资源丰富。根据 1979 年普查资料，全省水力资源理论蕴藏量为 1874.50 万千瓦（属于长江流域的 1107.50 万千瓦，占 59.10%；属于珠江流域的 767 万千瓦，占 40.9%），为全国水力资源总蕴藏量的 3.60%，仅次于西藏、四川、云南、新疆、青海等省（区），居第 6 位。其中可开发资源为 1325 万千瓦，随着勘测设计工作的不断深入，对一些河流进行连续运转的分析，可开发资源不断提高，至 2000 年增至 1640 多万千瓦。特别是横贯贵州的乌江，是长江上游右岸较大的支流，全长 1037km，在贵州境内河段长 874.10km，流域面积 66830km$^2$，为全省总面积的 37.95%。乌江多年平均流量 1650m$^3$/s，年径流量 520 亿立方米，接近黄河的水量。在贵州境内比降为 2.33m/km，落差 2036m，水能蕴藏量 754.90 万千瓦，规划分 9 个梯级（全流域共 10 个梯级，其中一个在邻省）进行开发，堪称全国水电开发的"富矿"之一[8]。

### 3. 矿产资源

位于云贵高原东部的贵州，系隆起于四川盆地与广西、湘西盆地或丘陵之间的高原山区。在长达 10 多亿年的地质演变历史中，具有良好的成矿地质条件，造就了当今贵州矿产资源丰富、分布广泛、门类较全、矿种众多的优势格局，并成为全国重要的矿产资源大省之一。通过长期的地质勘察与研究，特别是 20 世纪 50 年代以来不断的大量工作，至 2002 年已发现矿产 110 种以上（含亚矿种），发现矿床、矿点 3000 余处。在发现的矿产中，有包括能源、黑色金属、有色金属、贵金属、稀有稀土分散元素、冶金辅助原料非金属、化工原料非金属、建材及其他非金属、水气等九大类矿产在内的 76 种，不同程度探明了储量。在已探明的储量矿产中，依据保有储量统一对比排位，贵州名列全国前十位的矿产达 41 种，其中排第一～第五的有 28 种。居首位的达 8 种，列第二、第三的分别为 8 种与 5 种。尤以煤、磷、铝土矿、汞、锑、锰、金、重晶石、硫铁矿、稀土、镓、水泥原料、砖瓦原料以及多种用途的石灰岩、白云岩、砂岩等矿产最具优势，在全国占有重要地位[9]。

### 4. 贵安新区能源资源

贵安新区的电力供应便捷且稳定，贵安新区现有发电装机容量 120 万千瓦，随着安顺电厂扩建以及塘寨电厂的建设竣工，发电装机容量可增加到 480 万千瓦。

贵安新区内现有 500kV 变电站 4 座，220kV 变电站 18 座，规划新建 500kV 变电站达 7～8 座，变电总容量 15750～18000MVA。同时新建 220kV 变电站，总数共达 36～40 座，变电总容量达 9000～21600MVA，具有充足的电力资源环境，可确保大型和超大型数据中心的电力供应。众多变电站采用自动化、信息化、智能型的地理信息系统（Geographic Information System，GIS）先进设备，安全可靠，输出电力稳定，部分变电站甚至属于现代花园式、密闭型、紧凑型无人值班变电站，与传统敞开式变电站相比，具有占地面积小、设备全密封不受环境干扰、运行可靠性高、检修周期长、维护工作量小、运行费用低、无电磁干扰等优点。贵安新区变电站分布如图 5.5 所示。

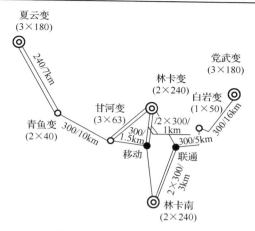

图 5.5　贵安新区变电站分布

　　贵安新区所在的贵州省水能资源蕴藏量居全国第六位，其中可开发量占全国总量的 4.4%。黔中水利枢纽区域内可供水量为 16.95 亿立方米/年。主干渠直抵区域内的松柏山水库，区域水量丰富，水质优良，达国家二类水质，供水方便，完全可保证区域的各类供水需要。

## 5.2.4　能源结构合理

　　2013 年我国的能源结构调查中，化石能源占比超过 90%（煤炭石油占比为 85.3%，天然气占比为 5.1%），非化石能源 9.6%；而贵州省化石能源占比低于 83%（煤炭石油占比 81.3%，天然气占比 0.8%），非化石能源占比 17.9%。贵州省非化石能源比例远高于国家平均非化石能源比例，贵州省主要使用水电、太阳能、风电、光伏发电等清洁能源和可再生能源，新能源电力充足[10]。贵州省能源结构与全国能源结构对比如图 5.6 所示。

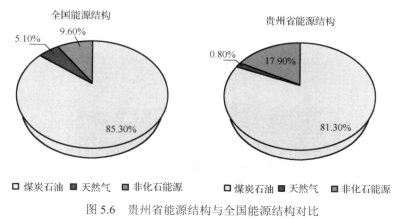

图 5.6　贵州省能源结构与全国能源结构对比

贵州省的非化石清洁能源主要有水电、风电、太阳能电力等，绿色低碳，生态环保，能源构成中清洁能源的比例高于全国水平。

贵安新区的战略定位为生态文明示范区，今后新区主要使用水电、太阳能、风电、光伏发电等清洁能源和可再生能源，新能源电力充足。

1. 水能资源充足

贵州省水能资源蕴藏量大，分布相对集中，技术可开发国内装机容量为 2336.5 万千瓦，居全国第六位。乌江和南、北盘江水能资源最为丰富。西部大开发以来，水能资源得到深度开发。

截至 2013 年，水能资源开发强度已达到 96.7%。

2. 风能资源充足

在全国的风能资源分布图上，贵州和四川、甘南、陕西、湘西、岭南在内的地区一起，被划分为四类资源区，年均风速为 2m/s。根据贵州省风电发展规划，2015 年风电机规模将达到 400 万千瓦，风力发电量充足。2013 年底贵州省各市并网风电装机容量情况如表 5.3 所示。

表 5.3　2013 年底贵州省各市并网风电装机容量情况

| 序号 | 名称 | 装机容量/万千瓦 |
|---|---|---|
| 1 | 毕节地区 | 54.3 |
| 2 | 六盘水 | 9.5 |
| 3 | 黔东南州 | 4.96 |
| 4 | 黔南州 | 25.65 |
| 5 | 贵阳市 | 7.95 |

3. 太阳能资源充足

贵州省平均年总辐射为 3615.72MJ/m$^2$，日照时数在 998.9～1740.7h，平均为 1220h；根据规划，2020 年太阳能光伏发电装机将达到 50 万千瓦，2030 年太阳能光伏发电装机将达到 100 万千瓦[11]。正在建设的太阳能光伏电站如图 5.7 所示。

图 5.7　正在建设的太阳能光伏电站

　　上述资源条件充分肯定了贵州省在能源方面能够保障数据中心的稳定、持续运行。例如，2014 年 6 月底，总投资 2.2 亿元的富士康绿色隧道数据中心完工。处于垭口之间的数据中心，四季风速为 2～3m/s，全年采用自然冷却，每年可节约 900 万度电，被人们称为"绿色生态"数据中心。中国电信董事长说："考察了全国多个省市，最终决定将大数据中心落地贵州。贵州拥有得天独厚的生态与能源优势，完全有望成为大数据产业的'桥头堡'"[12]。贵州这块"风水宝地"，正如同一块强磁，吸引着越来越多的企业。

## 5.3　发展进程优势

　　贵州省在各级政府的不断支持和引导下率先而行，正以大步伐走出绿色数据中心的发展阶段优势，已经站在绿色数据中心产业高速发展的新起点。以贵州省贵安新区为例，其具备图 5.8 所示三个发展进程优势。

图 5.8　贵安新区发展进程优势

### 5.3.1　基础设施完备

　　贵安新区电子信息产业园孵化园作为"贵安云谷"重要的产业孵化和引领基地，目前已建成 11 栋共 12.7 万平方米标准厂房 20 个，4 年累计投入 663 亿元，基本建成 330km 城市路网、1 座自来水厂、5 个污水处理厂、多个变电站和 150km 市政综合管网等一批公建配套设施，确保绿色数据中心可以随时开始建设，基础设施随时候用。

　　其中，"七横四纵"骨干路网已建成黔中、贵安、兴安、百马、金马五条大道，贵安新区轨道交通也拉开建设大幕，新区初步形成内畅外联的城市路网。贵安新区基础配套设施如图 5.9 所示。贵安新区基础设施如图 5.10 和图 5.11 所示。

图 5.9　贵安新区基础配套设施

图 5.10　贵安新区基础设施一

图 5.11　贵安新区基础设施二

## 5.3.2　产业应用领先

贵州省在全国率先规划了大数据产业，并作为重点的战略性新兴产业加以培育，贵州省政府在全省范围内积极推广大数据、云计算，率先建成了"云上贵州"系统平台，以工业云、食品安全云等行业应用云为代表的"N 朵云"工程正在积极推进之中，云服务、大数据应用市场正在加速形成[13]。

贵安新区作为全省大数据产业发展的重点区域，现已引进了中国电信云计算贵州信息园等重大基础设施项目，腾讯集团、东软集团、上海延华集团等智慧生活、健康大数据应用企业，以及富士康等传感及智能终端制造企业入驻，落地项目总投资约150 亿元，部分企业已入驻基于贵安信投-富士康绿色数据中心的云平台，快、平、稳的应用大数据、发展云平台，产业规模与推广应用领先规模化和实用化所带来的经济效益已展露峥嵘，如图 5.12 所示。

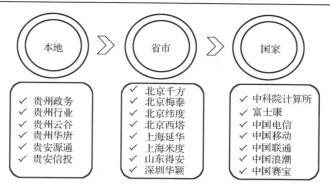

图 5.12　贵安新区绿色数据中心产业领先

## 5.3.3　绿色效益明显

　　绿色数据中心的绿色效益体现在直接效益和间接效益两个方面：直接效益主要体现为数据中心使用者的直接经济利益，如能耗减少、碳排放降低、利用率提高等，以及绿色数据中心设计、建造、使用等过程中节约的成本等；间接效益主要体现在由于能耗减少、碳排放降低、利用率提高而减轻环境压力所带来的社会效益，以及由于设计、建造、使用等过程中节约成本，从而减小经济的压力所带来的社会效益。贵安新区运用最新理念和先进技术成果，率先设计建设 PUE 值优于全国平均水平的超大规模数据中心，可为广大数据中心客户带来巨大的经济效益，也可为全社会带来巨大的能源环境效益，如图 5.13 所示。

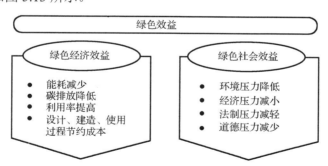

图 5.13　贵安新区绿色效益

　　基于贵安新区良好的产业综合生态环境优势，贵州省贵安新区倡导节能低碳、经济高效的建设标准和发展理念出台相关扶持及优惠政策，大力支持绿色数据中心在贵安新区的落户和发展，指导投资单位充分利用气候和地理优势。建造 PUE 优于全国平均水平的节能数据中心，坐实节能效益，落实能源结构优势和生态文明政策，引入清洁能源为运营单位降低数据中心碳排放，坐实减排效益，并重点在绿色数据中心建设成本费用和绿色数据中心的运维成本费用等方面（土地资源、楼宇建设、设施配套、设备购置、工程实施、水电成本等），按照一事一议的优惠政策进行专项扶持，具有明显的价格成本、使用成本等经济优势，坐实经济效益。

综上所述，贵安新区根据社会经济发展规律和绿色数据中心生命周期成本的构成特点，以绿色效益为主要驱动力，抓住节能、降费、提效能产生可观的绿色经济效益的重点，树立减排、守法、立德可产生客观的绿色社会效益的典范，贵安新区绿色数据中心发展的绿色效益已逐步明显。

## 5.3.4　产业基础优良

贵阳的电子产业起步较早，20 世纪 50～60 年代就以 011、061、083 基地为核心，布局形成了航空、航天、电子三大产业体系[14]。当前，在做大产业存量的同时，积极进行优先的产业增量，以创新驱动、转型升级为载体，以中关村贵阳科技园统筹全市产业和园区发展，形成了先进科技资源持续引入的有效机制，着力构建大数据产业发展生态环境。2014 年全市新注册大数据及关联企业 227 家，云上企业超过 2900 家，上线产品达 1.4 万个，阿里巴巴、惠普、富士康、亿赞普等一大批国际国内知名企业相继入驻，越来越多的人才、技术、服务等要素汇集贵阳，为发展大数据产业提供了后续的有力支撑。

富士康第四代产业园已落户贵安新区，贵州富士康示范工厂在贵阳高新区已建成投产，电子信息产业链不断完善，配套支撑能力不断提升；以 011、061、083 三大基地为核心的航空、航天、电子装备行业快速发展，大幅提升产业自主创新能力；电子材料配套能力逐步提升。对锂离子电池正极材料，银粉浆料、钯粉等电子浆料和电子级磷化工产品，金属镓等半导体材料和稀土磁性材料生产已具备很好的基础。

# 5.4　产业生态优势

## 5.4.1　政策环境配套

贵安新区作为国家级新区，从其概念阶段到建设阶段再到发展阶段，都受到中共中央、国务院国家各部委、贵州省等各级政府的领导关怀和政策支持，并将这些关怀和政策转化为实际的资金和行动，根据上级部门的支持政策，新区自身也制定和落实了支持绿色数据中心发展的组合政策，如图 5.14 所示。

党中央、国务院高度重视贵州省的发展，先后出台的《全国主体功能区规划》《关于进一步促进贵州经济社会又好又快发展的若干意见》《西部大开发"十二五"规划》和《黔中经济区发展规划》等政策规划，都明确了对贵州省的支持政策。2014 年 1 月 6 日，国务院批复设立国家级新区，确立了贵安新区作为西部地区重要的经济增长级、内陆开放型经济新高地和生态文明示范区的战略定位，进一步加大了对贵州省发展的支持力度。

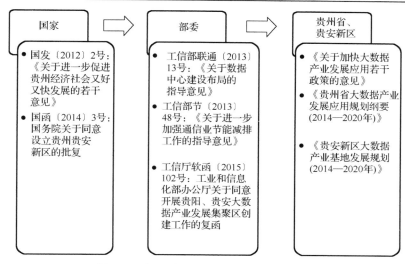

图 5.14　各级政府对贵安新区的政策支持

1. 国家大力支持贵安新区绿色数据中心发展

2012 年，国务院发布了《关于进一步促进贵州经济社会又好又快发展的若干意见》（国发〔2012〕2 号），其中，明确提出"加快建设贵安新区，重点发展装备制造、资源深加工、战略性新兴产业和现代服务业"，对贵安新区发展以及贵安新区现代服务业发展提出明确支持。

根据国务院《关于依托黄金水道推动长江经济带发展的指导意见》和《长江经济带综合立体交通走廊规划（2014—2020 年）》精神，贵安新区正在积极申请参与长江经济带建设，依托国家大数据产业发展集聚示范区，以新一代信息技术和产业变革为契机，充分发挥云计算大数据发展优势，培育和壮大战略性新兴产业。

2. 工信部等部委全面促进贵安新区绿色数据中心发展

工信部等多部委就数据中心的节能减排等方面，面向全国发布了一系列的政策支持与引导文件，包括《关于数据中心建设布局的指导意见》（工信部联通〔2013〕13 号）、《关于进一步加强通信业节能减排工作的指导意见》（工信部节〔2013〕48 号），并针对贵州贵安新区的大数据相关产业实行重点支持（工信厅软函〔2015〕102 号），批复同意贵安新区在财税扶持、土地供应、数据中心供电机制、数据资产估值及金融服务等多方面扶持大数据产业发展的针对性政策探索。

3. 省、区政府重点推动贵安新区绿色数据中心发展

贵安新区作为国家级新区，享有国家赋予的财税、投资、金融、产业、土地、人才等方面先行先试特殊政策。同时，贵州省委、省政府举全省之力加快建设贵安新区，能够有效整合和集成全省数字资源，加快建设贵安新区大数据基地。贵安新区结合贵

州省《关于加快大数据产业发展应用若干政策的意见》《贵州省大数据产业发展应用规划纲要（2011—2020 年）》等贵州省级文件精神与指示，进一步贯彻落实相关政策，针对绿色数据中心与大数据产业，制定切实有效的具体政策扶持，主要有以下几点。

（1）对数据中心项目实行土地"点供"政策。在贵安新区基地建设投资 10 亿元以上的数据中心项目，涉及的国有土地使用权出让收益，按规定计提各种专项资金后的土地出让收益市、县留存部分，用于支持项目建设。

（2）支持有较强集成能力的信息提供商建设大数据服务平台，提供大数据分析公共支撑、重点领域应用等集成共享服务。对大投资的企业给予符合国家税收优惠政策的支持，支持大数据基地建设自备电厂，通过直供电、资金补贴和奖励等方式降低要素成本。

（3）支持科技创新，引导高等院校、科研机构和大数据产业联盟、行业协会等相关组织及成员企业参与我省大数据相关产业发展，促进大数据领域产学研用结合，并对科技创新项目给予资金支持及补助。

（4）建立大数据产业投融资体系，并整合省、区两级财政资金设立大数据产业发展专项资金，贵州省和贵安新区自 2014 年起连续 3 年，每年各安排不少于 1 亿元用于支持大数据产业发展。

（5）加强人才队伍建设。支持贵州有条件的大数据企业与科研院所、高校、职业院校合作建立教育实践和培训基地，对在贵安新区建立实训基地的企业，经认定，根据规模一次性给予 50 万～200 万元的奖励。

## 5.4.2　产业链条齐备

贵安新区通过国家支持、贵州省支持、新区支持，结合其得天独厚的气候、交通、地理、产业等优势，已经建立健全的绿色数据中心产业发展的上、中、下游全产业链环境，如图 5.15 所示。

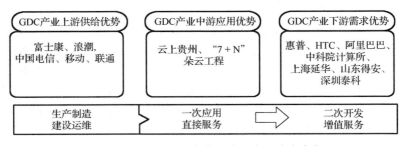

图 5.15　贵安新区绿色数据中心产业生态齐备

1. 绿色数据中心产业上游基础供给充足

绿色数据中心产业上游主要指提供绿色数据中心基础设施和整体/系统设计、建设等的供应商，如 IT 设备供应商、数据中心设计院、数据中心建设企业等。目前，贵安新区已入驻富士康和浪潮集团等数据中心所用设备和产品研制企业，中国电信、中国移动、中国联通、贵安信投-富士康等已建立绿色数据中心。

### 2. 绿色数据中心产业中游应用环境广泛

贵州省委省政府统一部署搭建的全国首个省级政府数据统筹管理、交换、共享云服务"云上贵州"系统平台落户贵安新区，同时政务云、交通云、工业云、旅游云、商务云、食品安全云、环保云等"7+N"朵云工程在贵安新区也取得重大进展。

### 3. 绿色数据中心产业下游应用需求巨大

贵州贵安新区大力发展大数据、云计算等信息技术产业效果显著，惠普、HTC、阿里巴巴等一大批国际国内软件开发商、大数据分析技术公司云集贵安，软件超市、3D 打印、呼叫外包、电商平台、网络营销、基因服务等一批数据增值服务企业不断入驻，从而形成绿色数据中心产业下游大量应用需求。

## 5.4.3　网络支撑有力

国内最大的网络服务提供商——以贵安新区中国电信云计算贵州信息园和内蒙古的超大型数据中心为两大节点，规划建设服务全国的数据中心专用承载网，确保在 20ms 时间内将信息从数据中心传输到用户端。中国联通将贵州云计算基地作为重点布局的全国型数据中心，网络环境不断优化。贵州省积极推动信息基础设施三年行动计划，到 2017 年全省互联出省带宽达到 4000Gbit/s，贵安新区带宽达 1000Gbit/s。

近年来，中国电信、移动、联通三大运营商数据中心落户贵安新区，惠普、中电乐触、高新翼云、翔明科技等企业和北京市供销合作总社正在贵阳建设 50 万台服务器规模的数据中心，数十家银行、保险等金融机构也将数据中心搬到贵阳，使贵阳及周边区域成为国内乃至全球最大的数据聚集地之一。从现在全国的数据中心布局看，贵阳是长江以南重要的大数据节点城市，而且是南方数据灾备中心。这些都让贵阳从信息产业的末梢变成了中枢节点，成为大数据市场的中心地段。

## 5.4.4　教育基础坚实

贵安新区拥有大学城和职教城，如图 5.16 所示。

大学城拥有 3 个院士工作站、1 个博士后流动站、5 个博士学位授权店、1 个博士培养项目、38 个一级学科硕士学位授权点、238 个二级学科硕士学位授权点、15 个专业学位硕士点、1 个国家级重点实验室、1 个国家级工程实验室、1 个国家级工程技术研究中心等，同时规划建设贵州微软 IT 学院、中印 IT 学院、腾讯 OTO 创业基地，为新区大数据与数据中心发展提供了人才储备保障。规划到 2020 年，贵安新区将形成设施配套、专业齐全、人才聚集、环境优美、全省唯一的职业教育示范区。同时，贵州省是劳务输出大省，属于劳动力富集地区。2012 年贵州省外出务工人口超过 800 万。企业入驻后将有大量外出务工人员回流，而且用工成本相对较低。

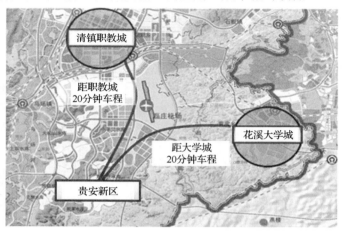

图 5.16　贵安新区周边教育资源分布

## 5.4.5　人才发展强劲

根据贵州的区位特征、经济社会发展的态势、人才竞争的大环境，综合分析人才发展的新形势、新情况，贵州人才发展具有"六大优势"[13]。

1. 具有集聚人才的区位优势

贵州是西南陆路交通枢纽，在全国"两横三纵"城市化战略格局中位于"一横一纵"交通大动脉的交汇点，是连接珠三角、成渝、广西北部湾、长株潭、滇中等重要经济区和西北、西南通往珠三角、东南亚的战略通道，是国家建设创新体系的战略新支点，具有集聚创新人才的区位优势，有利于创新效应叠加倍增。

2. 具有人才发展的良好生态人文环境

贵州生态环境优美，文化底蕴深厚，正在创建全国生态文明引领区，并加快建设世界知名、国内一流的旅游目的地、休闲度假胜地和文化交流的重要平台。清新的空气、宜人的气候、优美的生态环境、悠久的历史文化、兼容并蓄的创新精神，有利于建设创新人才和高新技术集聚高地。

3. 具有较强的人才发展态势竞争力

《中国区域人才竞争力报告》显示，贵州人才发展态势竞争力居全国第 6 位，仅次于重庆、安徽、广西、云南、江苏；在西部省区中居于第 4 位。其中，人才使用效益增长率居全国第 2 位，每万名劳动力中的研发（R&D）人员增长比例、人均医疗卫生支出增长率分别居全国第 3 位，专业技术人才占从业人员比例的增长率、医疗卫生支出占国内生产总值的比例的增长率并列居全国第 4 位，从业人员人均研发经费支出增长率、人才资本占总人力资本比例的增长率、企业家人才总数增长率分别居全国第 5 位、第 8 位、第 9 位。

**4. 具有较强的人才创新竞争力**

贵州是全国创新体系承接东西、沟通南北的重要节点，在区域协同、军民协同、企地协同、校地协同、科技金融协同等"协同创新"方面具有一定的优势。据《中国区域人才竞争力报告》显示，贵州人才创新竞争力居西部省区第 4 位、全国第 17 位，在西部省区中比较具有优势。其中，从业人员人均新产品产值、新产品产值在总产值中的占比居西部省区第 2 位，高新技术产业产值、高新技术产业产值在规模以上工业产值占比、规模以上工业企业新产品产值、专利申请量、从业人员人均专利申请量、从业人员人均发明专利申请量、从业人员人均专利授权量等均居西部省区的第 5 位。

**5. 具有较大的人才开发潜力**

贵州人力资源丰富，但人口素质相对较低、人才总量相对较少。2012 年，全省人力资源总数为 2685 万人，但人才资源总数仅有 284.34 万人，占人力资源总数的 10.59%，农村实用人才总量仅占乡村从业人员的 3.0%，人才开发空间巨大。加大人才资源开发、加快提升人口素质、推进人口资源向人力资源转化具有较大潜力。

**6. 中低端人才充沛，劳动力红利持续释放**

信息产业的发展除了需要高端人才，也需要众多的中低端人才。贵州省的中低端人才充沛，人口红利效应凸显。对此，专家黄勇称，将普通劳动力转化为有一定专业技能的劳动力，持续释放全省"劳动力红利"，是贵州省经济发展的要求。目前，贵州省实施的教育"9+3"计划（巩固提高 9 年义务教育，实行 3 年免费中等职业教育），正是为了实现这一目标。

此外，专家曾宇也表示，高端人才的缺乏是贵州省信息产业发展的短板。目前，省经济和信息化委员会也正和相关单位积极对接，制定人才引进计划和优惠政策。贵州交通条件的日益改善和优厚政策条件创造的就业、创业环境也将为高端人才"走进来，留下来"营造环境。北京中关村科技园以及物联网产业园区在贵州的设立，也将为贵州输送技术并培养储备大批技术人才。

## 5.5　贵州优势吸引投资者

2015 年 6 月，贵州省贵安新区发布《贵州贵安新区绿色数据中心发展报告》，经过建模、分数量化评价，贵州省数据中心建设优势评价得分最高，达 96.2 分，属一类地区。其中，贵安新区已经成为国内绿色数据中心的集聚地和先行区。目前，我国数据中心总量已超过 40 万个，年耗电量比三峡电站一年的发电量还要多。以高耗能和低利用为代表的传统数据中心向绿色化、集约化转型是必然趋势。为此，工信部电子第五研究所编制了该报告，建立评价绿色数据中心建设地区的参考模型，并对国内重要地区进行比较分析。

通过对年平均温度、年降水量、地震带相对安全系数、核辐射相对安全系数、发电量、用电量、互联网普及率等关键指标进行客观量化分析。贵州得分超过 95 分，与内蒙古自治区同属一类地区，高于北京、四川、云南等地。报告指出，贵安新区气候环境适宜，地质结构稳定，电力资源充足，能源结构优异，政策环境完备，产业链条齐备，网络支撑有力，人才配套全面，是我国建设和发展绿色数据中心的优先地区，产业综合生态环境优势明显。

正因贵州省在大数据产业、绿色数据中心发展方面的优势，近年来，贵州省吸引了国内外投资者的目光。

## 5.5.1　省政府与高通公司合作

2016 年 1 月 17 号，贵州省政府和美国高通公司在北京共同宣布签署战略合作协议，旨在整合双方优势资源，加快贵州大数据综合试验区的创新，助推中国互联网+、大数据国家战略发展；同时，建立起国际一流的服务器芯片企业，立足贵州辐射全国，推动中国服务器处理器技术和集成电路产业的发展。

### 1. 贵州大数据探索走向最核心

作为西部省份的贵州，2013 年以来，结合生态、气候、能源、地理等优势实施大数据发展战略，成为第一个获批开展大数据产业发展集聚区创建的省份，也是国家明确的大数据综合试验区，贵州由此步入了大数据发展快车道。2014 年贵州省的 GDP 增速为 10.8%，高于全国平均水平 3.4 个百分点，增速居全国第二位；2015 年，贵州全省 GDP 增速一季度、上半年和前三季度分别为 10.4%、10.7% 和 10.8%，2015 年全年保持 10% 以上增长。

在短短三年中，贵州省委、省政府率先谋篇布局，科学规划，贵州大数据产业已成为贵州经济后发赶超、弯道取直的重要抓手。2014 年 1 月，国务院批准设立贵安新区，这标志着贵安新区建设上升为国家战略。随后的 2 月，贵州省印发了《关于加快大数据产业发展应用若干政策的意见》和《贵州省大数据产业发展应用规划纲要（2014—2020 年）》。

为了更好地迎接云时代的到来，贵州省在大数据探索走向更深入、更核心的过程中，有意携手国际一流的高科技公司，整合利用优势资源，推动对行业领先技术和区域人才的投资，共同为贵州和整个中国在高新技术引领增长与创新方面打下坚实的基础，加快推动大数据产业的发展。

2.　美国高通公司：携巨大优势进军服务器芯片领域

据市场研究机构 IDC 的测算，作为数据中心的核心产品，2015 年中国数据中心服务器 CPU 芯片的市场规模为 370 万片，到 2020 年，将达到 860 万片，年增长率约为 18%，市场发展前景十分看好。美国高通公司着眼于这一重大市场机遇，正致力于打造一个基于 ARM 架构服务器技术的、可满足新一代数据中心需求的生态系统。作为世界 500 强企业，美国高通公司在全球无线通信技术和半导体产业处于领导地位，在技术、人才和创新上拥有极强的优势。目前，全球搭载高通骁龙处理器的智能手机发货量已经超过 10 亿部。此外，随着万物互连时代的来临，移动技术为各个产业带来了深刻变革，美国高通公司的芯片和技术已经应用到了汽车、无人机、机器人、智慧城市、医疗健康、物联网等领域。

在这样的大背景下，美国高通公司宣布将携自身在芯片设计、研发方面多年积累的资源和优势，进军数据中心芯片领域，更好地满足云计算、大数据、物联网迅猛发展对于数据中心的需求，这与贵州发展大数据产业的战略以及国家大力推动集成电路产业发展的行动计划不谋而合。

3.　贵州、美国高通公司携手重塑中国数据中心产业新格局

经过贵州省政府与美国高通公司的多次密切沟通，双方决定结成战略合作伙伴关系。根据战略合作协议，贵州省政府和美国高通公司将合资成立贵州华芯通半导体技术有限公司，致力于设计、研发、销售面向中国市场的服务器芯片。另外，随着合作的推进，贵州省政府和美国高通公司还将发挥各自的优势，整合双方优势资源，进一步拓宽合作领域，深化合作内容，实现优势互补、互利共赢、共同发展。

贵州华芯通半导体技术有限公司首期注册资金为 18.5 亿人民币（约 2.8 亿美元），贵州方面占股 55%，美国高通公司方面占股 45%。美国高通公司将向合资企业许可其服务器芯片专有技术，将提供研发流程和实施经验，以支持新公司获得商业机遇和成功。由此，美国高通公司开发的先进技术与专长，也将助力中国快速构建并推动其自主半导体技术与基础设施的发展。

贵州华芯通半导体技术有限公司注册地为贵州贵安新区，并在北京设有运营机构，还将聘用业界顶尖的工程技术人才。近年来，贵州省交通基础设施明显加强，经济社会发展全面提速，大数据产业发展方兴未艾。贵安新区作为国务院 2014 年批准设立的国家级新区，是贵州省大数据产业发展的重要载体，建设目标是国家重要的大数据产业发展集聚区和大数据综合试验区。贵安新区以大数据战略行动为总纲，规划建设超过 250 万台服务器的绿色数据中心集聚区，已吸引中国电信、中国联通、中国移动落地建设数据中心，华为、阿里、腾讯、微软等知名企业已经与贵安新区开展合作。

此次战略合作意义深远。首先，集成电路作为国民经济发展的基础性、先导性、战略性产业，是整个信息产业的基石，得到了国家的大力重视与支持。此次贵州省政

府和美国高通公司的战略合作无疑将为中国集成电路产业在生产方式、商业模式和增长模式的创新上提供更多有益探索，提升中国的集成电路整体水平。其次，本次合作涵盖从服务器芯片的设计开发到市场营销、资本运作等多个层面，必将推动中国芯片行业的技术进步，推动贵州大数据产业向核心进军，提高产业整体竞争力。

贵州省政府常务副省长秦如培表示：国家高度重视发展集成电路产业，制定了《国家集成电路产业发展推进纲要》，设立了国家集成电路产业发展投资基金，推进集成电路产业的发展。此次，美国高通公司携行业领先的服务器芯片技术与贵州合作，是对市场和技术进行全面审慎分析后的战略选择，也是贵州发展集成电路产业的重大机遇。相信双方合作一定能够结出丰硕成果。

美国高通公司总裁德里克•阿博利表示：今日宣布的合作内容是美国高通公司在中国深入合作并继续扩大在中国的投资非常重要的一步。过去 20 多年里，我们一直与中国的合作伙伴积极合作，而此次与贵州省开展战略合作将进一步加强我们在中国市场的协作关系。我们不仅将提供投资资金，还将向合资公司许可我们的服务器技术，并提供研发流程和实施经验支持。这充分表明我们在中国作为战略合作伙伴的承诺。

美国高通公司高级副总裁兼数据中心业务群组总经理阿南德•钱德拉塞卡尔表示：建立服务器技术合资公司使贵州省和美国高通公司双方实现互利共赢，我们将共同抓住中国数据中心的重大机遇。

4. 贵州、美国高通公司合作意义

在 2016 新年伊始发布的此项战略合作，无疑也掀开了美国高通公司在中国发展新的篇章。回顾美国高通公司过去 21 年在中国的历史，会发现这家跨国企业始终将重要的研发力量积极投资于中国，并深入参与了中国通信行业跨越式发展的历程，帮助中国手机制造商走向海外，实现全球化发展。与此同时，美国高通公司对本地厂商的帮助也获得了合作伙伴的高度认可。

在提升中国集成电路产业升级方面，2014 年 7 月，中国内地规模最大、技术最先进的集成电路晶圆代工企业——中芯国际集成电路制造有限公司与美国高通公司共同宣布，双方在 28nm 工艺制程和晶圆制造服务方面紧密合作；同年 12 月，中芯国际宣布成功制造 28nm 美国高通公司骁龙 410 处理器。

2015 年 6 月 23 日，美国高通公司与中芯国际、华为等公司签订合作协议，共同投资成立中芯国际集成电路新技术研发（上海）有限公司，新公司将致力于开发下一代互补金属氧化物半导体（Complementary Metal Oxide Semiconductor，CMOS）工艺，研发 14nm CMOS 量产技术等。

此次贵州与美国高通公司的合作，得到了国家的高度关注和大力支持。当日亲临签约现场的国家部委领导希望双方携手之后共同努力，以最快的速度，在最短的时间内推动合作项目向前发展，并根据市场需求开发高端产品，提高自主研发能力，逐步探索建立制造基地，实现携手共进、互利共赢。

## 5.5.2　贵州携手富士康

2013 年 7 月 20 日，贵州省政府与富士康科技集团在贵阳签署战略合作框架协议，双方致力于在电子信息、商贸流通、生态旅游、人力资源培训、资源深加工等领域展开项目合作。

富士康入黔"正逢其时"，是贵州发展理念深化、发展机遇叠加、发展优势凸显的结果。贵州的发展优势凸显，发展势头强劲，发展前景广阔。贵州与富士康成功牵手的背后，有着多重启示。富士康落户贵州，是看中了贵州建立在生态文明理念上强劲的后发优势。选择在生态文明贵阳国际论坛期间与贵州签署合作协议，本身也是富士康对贵州在生态文明方面先行先试的认同、尊重。富士康来了，是一个重要的节点性事件，说明贵州打造生态文明先行区的理念和实践，符合高端、新兴的产业发展方向，可以赢得有影响、有实力的"志合者"，从而获得后发赶超的支撑力量。富士康落户贵州，是贵州自身努力争取的结果。

市场经济是"候鸟经济"，哪里成本低、哪里服务好，企业就到哪里投资发展。这其中，基础设施是关键。贵州经过不懈努力，基础设施条件特别是交通得到了切实改善，作为西部陆路交通枢纽的地位得到不断巩固和提升，"近海、近边、近江"的区位优势凸显出来。作为国家"十二五"规划的五大城市新区之一，贵安新区良好的生态与产业建设环境也让富士康的投资信心更加坚定，"将在此建最新的工厂、最新的研发基地、最新的生产工艺。"同时，领导重视、高位推动，市场化运作及政府推动相结合的全程跟踪引资"服务链"催生了令人惊讶的"贵州速度"：富士康来了，说明贵州发展平台的打造和服务保障体系建设，经得起国际大企业的考验。山清水秀、空气清新、气候适宜，大自然对贵州的特别偏爱在新的时代正在凸显价值。

## 5.5.3　三大运营商汇聚贵州

2015 年 9 月 29 日，贵州省政府联手三大运营商（中国电信、中国移动和中国联通）在京召开主题为"云上贵州中国数谷"的数据资源招商推介活动，向拥有海量数据资源的国家部委、行业协会、知名企业发出邀请，积极争取国家级数据中心进驻贵州，加快数据集聚。这是继启动全国首个大数据综合试验区建设之后，贵州再度发力落实国务院《促进大数据发展行动纲要》。自 2014 年至今的数次大规模产业招商，共为贵州带来 200 多个大数据项目落地。

1. 构建国家级数据中心　助贵州发展"弯道取直"

发展以大数据为引领的电子信息产业，让贵州走出了一条有别于东部、不同于西部其他省份的发展新路。贵州围绕"数据从哪里来、数据放在哪里、数据谁来应用"三个问题，坚持"数据是资源、应用是核心、产业是目的、安全是保障"四个理念，以优势聚资源，以应用带发展，重点打造"基础设施层、系统平台层、云应用平台层、增值服务层、配套端产品层"产业链五个层级。

贵州将打造三大国家级数据中心，即依托三大运营商打造国家大数据内容中心；集聚一批开展数据分析、提供数据服务的增值服务企业，形成国家大数据服务中心；开展数据交易和结算，形成数据商品化的市场机制，将贵阳、贵安建成国家大数据金融中心。

2. 携三大运营商　完善产业链全国数据

贵州大数据看似"野心勃勃"，实则趋势所致。2013 年，三大运营商（中国电信、中国移动和中国联通）先后选择将大数据中心落户贵州贵安新区，总投资 150 亿元，规划建设机柜超 10 万个、服务器超 200 万台，与全球第二大互联网企业亚马逊服务器规模相当，完全具备存储、应用大量数据的条件。2015 年，国家工信部先后批复贵州贵安新区创建首个国家级大数据产业发展集聚区和国家绿色数据中心示范地区，新区是工信部认可的中国南方唯一适合建设数据中心的区域，也是三大运营商共同布局建设集团数据中心的地方。

2015 年 6 月，以世界级最新第四代绿色大数据园区建设标准建设的中国电信云计算贵州信息园 1 期率先完工，吸引了腾讯、淘宝等知名企业入驻。对此，中国电信（贵州）公司相关负责人介绍说，贵州信息园采用由离心水冷、板式换热和新风系统组成的综合新风节能系统，PUE 小于 1.3，在绿色节能上实现低能耗、无污染，园区实现能源效率最大化和环境影响最小化。

2015 年 7 月，按照国际最先进的 T3+～T4 数据中心标准建设的中国联通贵安云数据中心，获得了国家旅游局灾备中心的认可，成为首个国家级数据中心落户贵州的服务平台。对此，中国联通（贵州）公司相关负责人介绍说，（贵安）云计算基地项目总投资约 60 亿元，兼具绿色节能、柔性可变、灵活定制、网络通达、安全可靠、专业运营六大特点，是国家级数据信息、容灾备份、后援支持基地，是面向长江经济带、珠江经济带、"一带一路"区域的重要数据资源节点，也是中国联通网络骨干节点。

2015 年 10 月，以国家 A 级以上、移动集团 5 星级标准为目标建设的中国移动（贵州）大数据中心一期工程即将完工，并具备 3000 个机柜装机能力，约 2000 个标准托管机柜。中国移动（贵州）公司负责人在介绍招商政策时承诺，对于租用中国移动（贵州）大数据中心的客户，公司承诺相关设施和服务的价格不高于周边省份，不高于北京、上海、广州，不高于内蒙古。同时，客户还可以获得数据中心所在地的贵安新区管委会给予的相应支持。

贵安新区管委会以三大运营商集团公司建在贵安新区的数据中心为核心，吸引全国各类拥有数据资源的部委、行业以及龙头企业入驻，并促成其应用及开发，发展不同方向的数据产业链，培育多形态、相关联数据产业生态体系，使数据企业和贵州大数据产业共同发展，共同受益。贵州省中国电信云计算基地如图 5.17 所示。

图 5.17　贵州省中国电信云计算基地

## 5.5.4　贵州大数据发展大事记

　　贵州在绿色数据中心方面的发展优势，使得其在大数据产业方面快速发展，表 5.4 列出了 2013 年以来，贵州在大数据方面的发展大事记[15]，充分展示了贵州省在大数据方面的发展概况，也从侧面肯定了贵州省所具有的优势。

表 5.4　贵州大数据发展大事记

| 时间 | 大事记 |
| --- | --- |
| 2013 年 9 月 8 日 | 贵阳市人民政府与中关村科技园区管理委员会在贵阳国际生态会议中心正式签署战略合作框架协议，双方共同打造的"中关村贵阳科技园"揭牌，"全国生态文明示范城市"与"国家自主创新示范区"两个国家级示范区成功结合 |
| 2013 年 10 月 21 日 | 总投资 70 亿元的中国电信云计算贵州信息园在贵安新区开工，一期服务器容量为 100 万台。同日，富士康贵州第四代绿色产业园在贵安新区开工 |
| 2013 年 12 月 16 日 | 中国联通（贵安）云计算基地正式开工，计划投资约 50 亿元。同日，总投资 20 亿元的中国移动（贵州）数据中心项目也在贵安新区开工 |
| 2014 年 2 月 25 日 | 贵州省人民政府印发《关于加快大数据产业发展应用若干政策的意见》和《贵州省大数据产业发展应用规划纲要（2014—2020 年）》。明确将从多方面发力，推动大数据产业成为贵州经济社会发展的新引擎 |
| 2014 年 3 月 1 日 | 贵州北京大数据产业发展推介会在北京举行，正式拉开贵州大数据发展大幕 |
| 2014 年 3 月 27 日 | 第四届中国数据中心产业发展联盟大会暨 IDC 产品展示与资源洽谈交易大会上，贵阳被评为"最适合投资数据中心的城市" |
| 2014 年 5 月 1 日 | 《贵州省信息基础设施条例》正式颁布实施，该法规是全国第一部信息基础设施地方法规。2014 年 9 月 14 日，中国"云上贵州"大数据商业模式大赛正式启动，在全国率先开放政府数据目录，借此募集商业模式，激发优秀创意，助推大数据电子信息产业发展。2014 年 10 月 15 日"云上贵州"系统平台开通上线，该平台是全国第一个省级政府数据统筹存储、管理、交换、共享的云服务平台 |
| 2014 年 5 月 28 日 | 贵州省大数据产业发展领导小组成立 |
| 2014 年 8 月 21 日 | "2014 贵阳云计算——大数据高峰论坛暨大数据产业技术联盟揭牌仪式"在贵阳隆重召开，给贵州发展大数据带来了深远的影响 |

续表

| 时间 | 大事记 |
|---|---|
| 2014 年 9 月 14 日 | 2014 中国"云上贵州"大数据商业模式大赛正式启动，在全国率先开放政府数据目录，借此募集商业模式，激发优秀创意，助推大数据电子信息产业发展 |
| 2014 年 10 月 15 日 | "云上贵州"系统平台开通上线，该平台是全国第一个省级政府数据统筹存储、管理、交换、共享的云服务平台 |
| 2014 年 11 月 21 日 | 贵州省人民政府正式印发《贵州省信息基础设施建设三年会战实施方案》，启动信息基础设施建设三年会战 |
| 2014 年 12 月 | "2014 阿里云开发者大会西南峰会"在贵阳召开，贵州与阿里巴巴集团进一步加强合作 |
| 2015 年 1 月 6 日 | 贵阳市委、市政府下发《关于加快大数据产业人才队伍建设的实施意见》，为贵阳打造成为全国大数据产业先行区和西部智能终端产业基地提供人才支撑 |
| 2015 年 2 月 12 日 | 工信部批准创建贵阳贵安大数据产业发展集聚区，首个国家级大数据发展集聚区正式"落户"贵州 |
| 2015 年 3 月 | 《贵安新区推进大数据产业发展三年计划（2015—2017）》出炉，贵安新区将实施完善"贵安云谷"基础设施、建立大数据资源平台、搭建公共服务平台、加速产业集聚示范等重点工程和项目 |
| 2015 年 4 月 14 日 | 全国首家大数据交易所在贵阳成立，通过线上大数据交易系统，撮合客户进行大数据交易定期评估数据供需双方，为大数据交易提供一个公平、可靠、诚信的数据交易环境 |
| 2015 年 5 月 1 日 | 贵阳全域免费 WiFi 项目一期投入运行，市民在筑城广场、会展中心等地搜索"d-guiyang"信号并连接后，即可免费上网。贵阳全域免费 WiFi 工程作为贵阳城市"块"数据汇聚平台和信息惠民工程的重要组成部分，让贵阳实质性跨入了大数据时代 |
| 2015 年 5 月 24 日 | 京筑创新驱动区域合作年会举行，由北京市科学技术委员会和贵阳市人民政府共同建立的大数据战略重点实验室揭牌 |
| 2015 年 5 月 26 日 至 29 日 | 全球首次以大数据为主题的峰会和展会——贵阳国际大数据产业博览会暨全球大数据时代贵阳峰会举行 |
| 2015 年 7 月 15 日 | 科技部正式函复贵州省人民政府，同意支持贵州省开展"贵阳大数据产业技术创新试验区"建设试点 |
| 2015 年 8 月 31 日 | 国务院印发《促进大数据发展行动纲要》，明确支持贵州等建设大数据综合试验 |
| 2015 年 9 月 18 日 | 贵州省召开新闻发布会，正式启动贵州大数据综合试验区建设 |
| 2015 年 11 月 17 日 | 贵阳市公安交通管理局与百度地图签署战略合作框架协议，双方依托交通大数据资源和百度公司优势技术，在数据挖掘与民生应用方面开展深入合作，贵阳市实时路况信息可在百度地图上查询 |
| 2015 年 11 月 30 日 | 上海贝格计算机数据服务有限公司与贵安新区签订共建贵安大数据小镇合作协议，双方合作共建贵安数据小镇，规划人口一万，年产值 30 亿元，目标成为中国最大的大数据采集与清洗基地，实现互惠互利、合作共赢 |
| 2015 年 12 月 1 日 | 贵州省政府与 IBM 签署云计算大数据产业合作备忘录，双方将围绕大数据及云计算技术，在人才培养、技术创新研发、新技术应用、产业发展等方面展开全面合作 |
| 2016 年 1 月 8 日 | 全国首家大数据资产评估实验室在贵阳正式揭牌，该实验室建成后将为企业数据资产进行评估、定价，让数据资产进入企业资产负债表，让沉睡的数据资产产生价值 |
| 2016 年 1 月 8 日 | 全国首家大数据金融产业联盟正式落户贵阳，这一联盟以贵阳国家级大数据综合试验区为基地，将为政府、企业大数据发展提供新平台 |
| 2016 年 1 月 15 日 | 贵州省十二届人大常委会第二十次会议第三次全体会议高票表决通过了《贵州省大数据发展应用促进条例》，全国首部大数据地方法规在贵州诞生 |

续表

| 时间 | 大事记 |
| --- | --- |
| 2016 年 1 月 17 日 | 全球芯片巨头高通和贵州省人民政府签署了战略合作协议，并为合资企业贵州华芯通半导体技术有限公司揭牌。合资公司将专注于设计、开发并销售供中国境内使用的先进服务器芯片，首期注册资本 18.5 亿元人民币，贵州方面占股 55%，美国高通公司方面占股 45%。合资公司注册地为贵州贵安新区，在北京设有运营机构 |
| 2016 年 1 月 17 日 | 在北京举行的中国电子信息创新创业高峰论坛上，2016 中国国际电子信息创客大赛暨"云上贵州"大数据商业模式大赛正式启动 |
| 2016 年 2 月 25 日 | 国家发展改革委、工信部、中央网信办发函批复，同意贵州建设国家大数据（贵州）综合试验区，这是全国首个国家级大数据综合试验区 |

# 5.6　本　章　小　结

本章从自然生态优势、发展进程优势、产业生态优势等方面展开，描述贵州发展绿色数据中心和大数据产业得天独厚的优势；以及近年来贵州与高通公司、富士康和三大运营商（中国电信、中国移动和中国联通）的合作历程。

## 参 考 文 献

[ 1 ] 戴传固, 胡明扬, 陈建书, 等. 贵州重要地质事件及其地质意义[J]. 贵州地质, 2015, 32(1): 1-9.

[ 2 ] 千龙网. 我国强震及地震带分布情况[J]. 科技档案, 2008, (6): 52.

[ 3 ] 罗婧. 贵州: 资源禀赋得天独厚 比较优势备受瞩目[N]. 贵州日报, 2014-02-27.

[ 4 ] 黎平. 贵州: 多样的湿地[J]. 森林与人类, 2013, (7): 4-5.

[ 5 ] 吕慎. 大数据 看贵州[N]. 光明日报, 2015-02-28.

[ 6 ] 韦艳. 贵州能源工业发展思路探索[J]. 理论与当代, 2001, (11): 19-21.

[ 7 ] 《中国能源发展报告》编委会. 中国能源研究报告: 区域篇[M]. 北京: 中国统计出版社, 2006.

[ 8 ] 申振东. 贵州能源经济发展研究[D]. 昆明: 昆明理工大学博士学位论文, 2007.

[ 9 ] 张涤. 浅析贵州矿产资源及其开发利用[J]. 贵州地质, 2003, 20(3): 150-153.

[10] 马长青, 吴大华. 贵安新区发展报告(2014)[M]. 北京: 社会科学文献出版社, 2015.

[11] 杨通江, 陈仕军, 文贤馗, 等. 贵州地区太阳能资源应用潜力分析[J]. 贵州电力技术, 2013, (10): 25-26.

[12] 王璐瑶, 周清. 蓝海弄潮 "云"飞扬贵州为什么能发展大数据? [N]. 贵州日报, 2015-07-10.

[13] 于杰, 吴大华. 贵州人才发展报告(2013)[M]. 北京: 社会科学文献出版社, 2014.

[14] 吴文俊. 以优势聚资源 以应用带发展[N]. 西南商报, 2015-01-13.

[15] 李坤. 贵州大数据发展大事记[J]. 当代贵州, 2016, (10): 22-23.

# 第6章　贵州绿色数据中心发展典型案例

本章列举若干贵州绿色数据中心发展的典型案例，并结合这些案例，对绿色数据中心相关理论与技术的实际应用进行比较详尽的探讨与分析。

## 6.1　典　型　案　例

在国务院、工信部等多部委大力推进高耗能和低利用的传统数据中心向低耗能、低碳排放的绿色数据中心转型的同时，绿色经济社会和绿色信息社会也通过市场手段，进一步要求绿色数据中心的快速发展。

贵安新区在国务院、工信部、贵州省等各级政府部门的大力支持下，抢先抓住机遇，引领绿色数据中心发展与集聚，更以其得天独厚的产业综合生态环境优势，结合切实有效的优惠政策支持，吸引一批大型绿色数据中心顺利入驻，并已形成绿色数据中心示范典型。

### 6.1.1　贵安信投-富士康绿色隧道数据中心

贵安信投-富士康绿色隧道数据中心位于贵安新区富士康第四代绿色产业园内，占地 $2518m^2$（约合 4 亩），投资约 13000 万元，以冬暖夏凉的隧道方案兴建数据中心基础设施，满载 12 个集装箱，6000 台服务器，达 3 亿 GB 数据存储量，满载 1500kW 用电量。

贵安信投-富士康绿色隧道数据中心在规划设计时，充分利用当地的自然环境特点，实现了超高效、超节能的制冷系统设计与运用。根据贵州多年的季风条件和年均温度，有效运用喀斯特地形，于山与山之间的垭口，以简易的方式建立类隧道式数据中心，不但加强了自然风力，且有效运用季风及烟囱效应排放热气，从而形成动态自然冷却技术为数据中心制冷，其能耗指标 PUE<1.1，在全国范围乃至世界范围均属前列。贵安信投-富士康绿色隧道数据中心实景如图 6.1 所示，贵安信投-富士康绿色隧道数据中心热流仿真示意如图 6.2 所示。贵安信投-富士康绿色隧道数据中心节能降耗情况如表 6.1 所示。

图 6.1　贵安信投-富士康绿色隧道数据中心实景

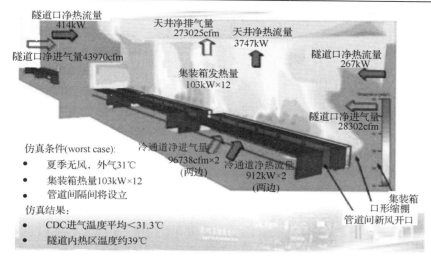

图 6.2　贵安信投-富士康绿色隧道数据中心热流仿真示意

**表 6.1　贵安信投-富士康绿色隧道数据中心节能降耗情况**

| | 贵安信投-富士康集装箱数据中心（PUE=1.1） | 传统数据中心（PUE=2.0） |
|---|---|---|
| 服务器负载/kW | 96 | 96 |
| 集装箱电量/kW | 105.6 | 192 |
| 隧道耗电/kW（集装箱×12） | 1267.2 | 2304 |
| 节省电力/年/(kW·h) | 9082368 | — |
| 可减少二氧化碳排放量/kg | 4177889 | — |
| 一年减少植树量/hm² | 417.7 | — |

## 6.1.2　中国电信云计算贵州信息园

中国电信云计算贵州信息园（数据中心）项目用地 585 亩，总投资 70 亿元，建筑面积 340000m²，将建成 23 个数据中心，3 个动力中心，3 个配套中心，提供 6 万个机架，85 万台服务器海量计算存储能力，PUE 值达 1.32。项目一期建设用地 200 亩，投资 30 亿元，建筑面积 40000m²，提供超 5000 架机架，超 8 万台服务器的能力，由 4 座单体面积 8200m² 的数据中心机房与 1 座面积为 5000m² 的动力中心楼和 3000m² 的综合楼工程组成。2015 年 6 月，一期工程的前期先导工程有 276 个机架，5510 台服务器，已经投产。

中国电信云计算贵州信息园（数据中心）采用了高效水冷离心式冷水机组+自然冷却的双冷源系统，制冷效果好，PUE 值低。

中国电信云计算贵州信息园（数据中心）采用集中式冷冻水型恒温恒湿机房专用空调[1]，冷冻水供/回水温度为 10℃/16℃，冷冻水空调系统主机采用 10kV 高效水冷离心式冷水机组，性能系数（Coefficient of Performance，COP）值不小于 5.6。该项目数据中心充分利用自然冷源，机房配置智能新风空调系统，冷却水系统配套板式换热器利用冷却塔免费制冷，当室外环境温度较低时，可以关闭制冷机组，采用自然冷却和板式换热器进行换热，这样减少了开启冷水机组的时间，并减少了大量能源消耗。

中国电信云计算贵州信息园（数据中心）制冷系统具体运行工况模式如下。

模式1：冷却塔免费供冷+智能新风供冷（室外环境温度≤6.6℃）。

模式2：冷却塔免费供冷+冷机供冷+智能新风供冷（冷机供冷作为补充）（室外环境温度6.6℃<$T$≤13.5℃）。

模式3：冷机供冷+智能新风供冷（冷机供冷作为补充）（室外环境温度13.5℃<$T$≤18.2℃）。

模式4：冷机供冷+智能新风供冷（智能新风供冷作为补充）（室外环境温度18.2℃<$T$≤26℃）。

模式5：冷机供冷（室外环境温度$T$>26℃）。

根据室外自然环境温度，对中国电信云计算贵州信息园（数据中心）的制冷系统按照上述五种模式进行针对性的控制，可以有效降低制冷系统能耗，从而有效地降低PUE值，实现节能降耗、低碳减排的目的，其具体PUE值统计分析情况如表6.2所示。

表6.2　中国电信云计算贵州信息园（数据中心）PUE值分析

| 序号 | 用电设备名称 | 设备容量/kW | 功率因数 cos $\phi$ | tan $\phi$ | 计算负荷 | | | 备注 |
|---|---|---|---|---|---|---|---|---|
| | | | | | 有功 $P_{30}$ | 无功 $Q_{30}$ | 视在 $S_{30}$ | |
| 1 | 不间断电源输入端 | 7113 | 0.9 | 0.48 | 7113 | 3445 | 7904 | 考虑高压直流 0.97效率 |
| 2 | 充电功率 | | 0.9 | 0.48 | | | | |
| 3 | 冷冻冷却水泵 | | 0.8 | 0.75 | | | | |
| 4 | 低噪声冷却塔 | 750 | 0.8 | 0.75 | 750 | 216 | 360 | 年运行平均功耗 |
| 5 | 冷冻水空调末端 | | 0.9 | 0.48 | | | | |
| 6 | 建筑用电 | 208 | 0.85 | 0.62 | 208 | 129 | 245 | |
| 7 | A11动力中心 | 172 | 0.85 | 0.62 | 172 | 107 | 202 | 年运行平均功耗 |
| 8 | 其他 | 44 | 0.9 | 0.48 | 44 | 19 | 44 | |
| 9 | 小计1 | | 0.89 | 0.5 | 8287 | 3916 | 9166 | |
| 10 | 低压无功补偿 | | | | | -1181 | | |
| 11 | 小计2 | | 0.95 | 0.33 | 8287 | 2735 | 8727 | |
| 12 | 变压器损耗 | | | | 124 | 137 | 238 | |
| 13 | 小计3 | | | | 8411 | 2871 | 8888 | |
| 14 | 高压冷水机组 | 665 | 0.8 | 0.75 | 665 | 499 | 831 | 年运行平均功耗 |
| 15 | 小计4 | | 0.93 | 0.39 | 9076 | 3370 | 9682 | |
| 16 | PUE | | | | 1.32 | | | |

中国电信云计算贵州信息园区作为中国电信"4+2"云计算数据中心之一，按照集团公司"统一规划，分步实施，全员覆盖"的原则，全力打造高科技、低成本、绿

色节能的信息园，建成国内领先水平的大规模云计算数据中心、云计算研发应用示范基地，面向政府、企业、公众客户提供业界领先的主机托管、资源出租、系统维护等方面的云计算运行与支撑服务。形成以核心企业为龙头、中小企业为配套支撑、"绿色、高效、创新"的国家级数据中心和国家级战略性新兴产业发展示范区。

## 6.1.3　中国移动（贵州）数据中心

中国移动（贵州）数据中心项目总投资 20 亿元，用地 275 亩，总建筑面积 190000m²，能容纳 4.6 万个机架，65 万台服务器，PUE 值 1.39。项目分三期实施，一期：新型绿色数据中心 24900m²，机房维护支撑用房 9000m²，仓储用房 10000m²。二期：新型绿色数据中心 83000m²。三期：新型绿色数据中心 41500m²，机房维护支撑用房 19900m²。一期建筑面积 44500m²，建设新型绿色机房、仓储用房、生产支撑用房及配套设施等，规划建设机架 3000 个，提供 18000 台服务器，现已完成项目建设。

中国移动（贵州）数据中心项目采用高效离心式冷水机组与利用室外自然冷源即冷却塔间接供冷方式进行制冷，在原有系统上串联板式换热器，并增加切换管路和阀门，制冷效率高，PUE 值低，全年平均 PUE 值为 1.393 左右，最大 PUE 值为 1.44 左右，最小 PUE 值为 1.23 左右，其 PUE 值具体统计分析情况如表 6.3 所示。

表 6.3　中国移动（贵州）数据中心项目 PUE 监测分析

| 运行工况 | 时长/h | 设备总功耗/kW | 空调总功耗/kw | 电源损耗功耗/kW | 建筑照明等功耗/kW | PUE | 平均 PUE |
|---|---|---|---|---|---|---|---|
| 冷水机组工况 | 5829 | 13191 | 4259.00 | 1319.1 | 197.865 | 1.44 | |
| 冷却塔供冷工况 | 948 | 13191 | 1557.56 | 1319.1 | 197.865 | 1.23 | 1.393 |
| 部分自然冷却 | 1983 | 13191 | 2908.28 | 1319.1 | 197.865 | 1.34 | |

中国移动（贵州）数据中心项目为中国移动建设的高标准、高规格、高品质的有核心竞争力的数据中心。借助贵安新区区域优势，整合本地区的优势资源形成地区发展的强动力，并扩大自身影响力，引导周边区域联动发展；其定位为满足贵州省及周边数个省市的移动通信服务。

## 6.1.4　中国联通（贵安）云计算基地

中国联通（贵安）云计算基地项目总投资 60 亿元，用地约 610 亩，是中国联通在全国布局的十大云计算基地之一，计划建筑面积 320000m²，建设机架 7.2 万个，总服务器数量可达 100 万台，项目分三期建设。现正在开展一期项目建设，一期项目共修建单体建筑 5 栋，总建筑面积 35910m²，建成机架 4200 个，20000 台服务器，PUE 值设计为 1.6，将于 2015 年 6 月份安装机架 100 个，服务器 1300 台。

中国联通（贵安）云计算基地数据中心采用集中空调系统，使用高效的冷水机组、水泵等，降低空调系统的能耗；水机组采用变频技术，可以在机房装机负荷较小或室外低温时保持较高的能效比；水泵采用变频技术，在机房装机负荷较小时降低水泵功耗，达到节能效果。同时，机房专用空调配置嵌入式控制器（Embedded Controller, EC）风机，根据机房负荷变化，调整风机风量，以降低风机的功率，降低机房空调能耗，最终实现 PUE 值为 1.6。

中国联通（贵安）云计算基地主要满足互联网、云数据等业务发展需求以及配套的运行维护等管理及辅助用房需求；初步规划贵安基地建成之后，其业务范围将覆盖西南，辐射华南，服务全国。

## 6.1.5　高通公司服务器芯片基地

高通公司是全球领先的通信及芯片技术研发公司，十分重视研究和开发，并已经向100 多位制造商提供技术使用授权，涉及世界上所有电信设备和消费电子设备的品牌。

高通公司与贵安新区共同组建具有独立法人资格的服务器芯片公司，服务器芯片公司股东包括高通公司、技术团队、贵安新区、国家产业基金及战略合作伙伴。

服务器芯片公司注册地为贵安新区。该公司负责承接高通公司服务器芯片技术，并在此基础上研发设计新型服务器芯片。双方商定，力争将服务器芯片公司打造成服务器芯片领域的一流企业，带动贵安新区相关产业发展，帮助贵安新区成为西部地区的重要经济增长极、大数据产业基地。具体目标是到 2020 年至少占有中国服务器芯片领域 50%的市场份额，产值约 100 亿人民币。

## 6.1.6　苹果公司数据中心

1. 项目背景

1）苹果公司发展概况

苹果公司是由史蒂夫·乔布斯等创办的一家美国领导型高科技公司。苹果公司经历了成立公司—公司上市—新品研发—衰落时期—重回辉煌五个发展阶段。该公司业务范围涉及硬件产品，包括Mac计算机系列、iPod媒体播放器、iPhone智能手机和 iPad 平板电脑；在线服务包括iCloud、iTunes Store和App Store；消费软件包括OS X和iOS操作系统、iTunes 多媒体浏览器、Safari网络浏览器，还有iLife和iWork创意及生产力套件。苹果公司在全球高科技企业中以善于创新而闻名世界。

2）苹果公司全球业务布局

苹果是全球化产业链布局的代表性企业。在苹果的整体管理下，iPhone 的设计、生产、营销处于高效运作之中。苹果在全球性布局中，实现了收放有度，在掌握产业链高端环节的基础上，致力于运用企业外部资源，有效整合内外部资源，实现资源的高效利用。重点是苹果始终把握着全球化布局的主导权，掌握着核心的环节。同时，苹果还努力在全球化布局中，以改变产业规则为目标，构造起行业领头地位，成为行业的典范企业，从而带动企业的发展。在苹果的管理中，"快人一步"也是重要的因素。从 iPhone 系列手机的推出可以发现，苹果其实是以快制胜的，在快速发展的市场中占据主动，以领先于竞争对手的产品率先赢得消费者，占领市场。

从 2015 年苹果公司布局大盘点的报道数据上看，在苹果第二季 580.10 亿美元总营收额中，有 69% 来自国际市场。其中大中华区以 168.23 亿美元超越欧洲，跃居苹果最大的海外市场，同比增长 71%，远高于苹果在其他区域市场的增速，同时也成为苹果当季营收唯一环比上升的地方。苹果 CEO 库克称中国是令人惊叹的市场，他表示中国即将超过美国，成为苹果最大的市场。

在苹果移动互联网的服务中，云存储和数据中心的数量越多，分布越广，越有利于面向本地用户提供 iCloud 云存储等服务。数据离 iOS 设备用户越近，用户越容易获得快速便捷的应用服务，从而提高用户忠诚度。因此，从中国到加勒比小岛，苹果正在全球各地布局，扩建云存储数据中心。

综上可知，中国已成为苹果发展移动互联网业务最大的海外市场，苹果公司在中国建设使用云存储数据中心已势在必行，据外媒报道，苹果正计划与中国服务器供应商浪潮集团在中国内地和中国香港合作建设数据中心。

3）苹果公司国内外建设数据中心模式

苹果公司在国内外建设数据中心的模式主要分为自建和租用两种。首先是自建数据中心，苹果为了减少对第三方云服务商的依赖，更倾向于自建数据中心，例如，苹果公司开启 Project McQueen 计划，为降低对亚马逊和微软等公共云服务的依赖，苹果加大了自建数据中心的力度。目前，微软与亚马逊仍为苹果服务器供应商，但随着数据需求的飞速增长，苹果开始想摆脱第三方服务器，自建数据中心，以达到减少支出并提高数据安全性的目的，这给了其他厂商发展机会。另外苹果还在国外租用第三方数据中心，如苹果与中国电信合作，租用中国电信数据中心存储在华用户的数据并为用户提供业务服务。虽然租用数据简便快捷，但从长远来看，成本远比自建数据中心要高，且不可避免地存在数据信息泄露等安全隐患，因此在中国自建数据中心已成为苹果公司的不二选择。

2. 贵安新区优势分析

贵安新区是国务院 2014 年 1 月批复成立的国家级新区，位于贵州省贵阳市和安顺市结合区域，是黔中经济区核心地带，地质结构稳定，气候环境温和，能源结构合理，产业政策完善，综合环境良好，是建设和集聚大中型绿色数据中心的首选地。

1）自然环境良好

贵安新区属亚热带季风湿润气候，年平均温度为 15℃左右，全年平均气温高于27.2℃的只有 7 月和 8 月两个月。在保持通风良好的情况下，在贵安新区建设数据中心需要启动制冷系统的时间为两个月，而其他地方则是 3~4 个月，至少多 1 个月。贵安新区（贵阳）极限温度与最高气温之间的温差只有 0.8℃，而其他城市少则 0.8℃，多的达到 5.8℃，即使在 7、8 月，贵安新区（贵阳）最低气温与极限温度的温差是 6.2～7.2℃，远大于其他城市（其他城市只有 2℃左右），温度优势非常明显。贵安新区年降水量 1100～1300mm，是天然的"大空调""大氧吧"，紫外线辐射属全国较少的地区之一。贵安新区地质结构稳定，远离地震带，重大自然灾害风险低，是贵州省地势最为平坦开阔、用地条件最好、开发建设成本较低的地区，周围无核辐射源，适宜建设面积达 570km$^2$。

2）人才支撑有力

贵安新区拥有大学城和职教城。大学城拥有 3 个院士工作站、1 个博士后流动站、5 个博士学位授权店、1 个博士培养项目、38 个一级学科硕士学位授权点、238 个二级学科硕士学位授权点、15 个专业学位硕士点、1 个国家级重点实验室、1 个国家级工程实验室、1 个国家级工程技术研究中心等，同时已建有贵州微软 IT 学院、中印 IT 学院，为新区大数据与数据中心发展提供了人才储备保障。规划到 2020 年，贵安新区将形成设施配套、专业齐全、人才聚集、环境优美、全省唯一的职业教育示范区。同时，贵州省是劳务输出大省，属于劳动力富集地区。2012 年贵州省外出务工人口超 800 万。企业入驻后将有大量外出务工人员回流，而且用工成本相对较低。

3）产业基础扎实

贵州省在全国率先规划了大数据产业，并作为重点的战略性新兴产业加以培育，目前，贵州省是国家唯一批准的大数据综合试验区、大数据产业发展集聚区、南方数据中心基地、绿色数据中心试点示范基地。贵州省政府在全省范围内积极推广大数据、云计算，率先建成了"云上贵州"系统平台，以工业云、食品安全云等行业应用云为代表的"N 朵云"工程正在积极推进之中，云服务、大数据应用市场正在加速形成。贵安新区作为全省大数据产业发展的核心区域，现已引进了三大电信运营商数据中心、富士康绿色数据中心和华为数据中心等重大基础设施项目，腾讯集团、东软集团、上海延华集团等智慧生活、健康大数据应用企业，以及富士康等传感及智能终端制造企业入驻，部分企业已入驻基于贵安信投-富士康绿色数据中心的云平台，产业规模与推广应用领先，规模化和实用化所带来的经济效益已展露峥嵘。

4）政策优势明显

贵安新区作为国家级新区享有国家赋予的财税、投资、金融、产业、土地、人才等方面先行先试特殊政策。同时，贵安新区结合贵州省《关于加快大数据产业发展应用若干政策的意见》《贵州省大数据产业发展应用规划纲要（2014—2020 年）》等贵州省级文件精神与指示，进一步贯彻落实相关政策，针对绿色数据中心与大数据产业，制定了切实有效的具体政策扶持。

3. 合作模式

根据 2008 年国务院颁布的《外商投资电信企业管理规定》等政策，外商投资电信行业，必须和中国投资者合资经营，且不能绝对控股，即经营基础电信业务投资比例不超过 49%，增值业务不能超过 50%，我们提供三种合作模式供参考选择。

1）成立合资公司

由浪潮集团有限公司、贵州省广播电视台、贵安电子信息产业投资有限公司共同组成甲方，苹果公司作为乙方。甲方与乙方共同合作在贵安新区注册成立合资公司，合资公司自建并运营苹果贵安数据中心，为苹果中国业务提供服务。根据《外商投资电信企业管理规定》的有关要求，建议由甲方控股且出资 55%，乙方出资 45%，注册资金由甲、乙双方约定且符合我国有关法律法规。

2）外包数据中心

按照苹果的标准，由贵安新区投资代建或贵安新区与民间资本共同投资代建数据中心，苹果外包租用。

3）与电信运营商合作

苹果与贵安新区、三大电信运营商三方合作，共同投资建设苹果贵安数据中心；苹果与电信运营商合作，充分运用三大电信运营商牌照直接为苹果提供服务。

4. 工作推进

1）合作模式建议与理由

经分析，贵安新区大数据产业发展领导小组办公室建议采用方式一，即"成立合资公司"合作模式。

之所以选择与浪潮集团有限公司等企业合作，原因在于一是浪潮集团是中国本土综合实力强的大型 IT 企业之一，在中国互联网服务器市场上的份额超过 60%，另外还拥有阿里巴巴、百度、微软和 IBM 等客户资源；浪潮相对于惠普等美国公司而言，其服务器和后续服务可谓物美价廉；相对于同样拥有廉价属性的曙光、联想、华为而言，浪潮具有比较优势，特别是在大型机的运营和维护方面很有经验；在商业上对苹果和浪潮都是双赢，如果苹果手机的中国用户数据全部存储在自建的苹果贵安数据中心，那么对于数据本地化和中国信息安全也是一大利好；虽然自建数据中心前期花费较大，但从长远来看，自建数据中心比租用第三方服务更为实惠。浪潮的服务器虽然依赖国外技术（x86+Linux），但采用中国厂商的服务器对信息安全而言也是非常可靠的。二是贵州省电视台具备网络内容服务商（Internet Connect Provider，ICP）牌照，可为用户提供及时、全面的贵州广播电视台各类资讯和视频/音频在线点播及直播服务。苹果与之合作，可快速拓展在华业务范围。三是贵安电子信息产业投资有限公司承担贵安新区电子信息产业园的开发、建设、经营和综合管理、基础设施建设等工作。苹果与之合作，可为苹果贵安数据中心建设提供更加优质高效的本地化服务。

2）推进时序

（1）注册公司。2016 年 12 月底前办理完成注册合资公司全部手续；2017 年 1 月底前协助完成合资公司机构设置，2017 年 2 月启动合资公司各岗位人员引进工作；2017 年 5 月合资公司正式运营。

（2）规划设计建设。按照苹果公司要求，由新区协助完成苹果贵安数据中心项目规划设计全面工作，规建局会同经济发展局、国土局、环保局、农水局、工商局、城管局、消防支队、供电服务中心及三大运营商于 2016 年 12 月完成新建数据中心选址相关工作，2017 年 2 月完成征地工作，2017 年 4 月完成项目全部规划设计，2017 年 5 月启动建设。

（3）IDC 和 ISP 牌照办理。由贵安新区管委会领导起头，新区各部门积极和三大电信运营商、贵州省通信管理局对接，争取 IDC 和 ISP 牌照办理事宜的支持。2017 年 5 月完成 IDC 牌照办理，2017 年 9 月完成 ISP 牌照办理。

3）需要解决的重要问题

（1）成立工作领导小组。为了有序推进苹果贵安数据中心项目加快建设，需成立苹果贵安数据中心项目推进工作领导小组，组长由新区主要领导担任，副组长由管委会分管领导担任，领导小组成员由经济发展局、电子园（综保区）、办公室、规建局、国土局、环保局、农水局、工商局、城管局、消防支队、供电服务中心、大数据办及三大运营商等单位主要负责人组成。领导小组工作职责为统筹推进项目实施工作，每季度召开一次领导小组会议，负责需要解决的重大问题。领导小组下设苹果贵安数据中心项目推进工作领导小组办公室，办公室设在经济发展局，由经济发展局局长担任办公室主任。办公室负责领导小组日常工作及领导交办的其他工作。

（2）争取上级支持。积极争取国家网信办、工信部、发改委等国家部委在财税优惠、资金保障、人才引进、IDC 和 ISP 牌照办理等方面的大力支持，从而为苹果公司提供更加便捷高效的服务。

（3）加强人才团队建设。依托花溪大学城、清镇职教城开展数据中心人才培训。支持建立苹果教育实践和培训基地，积极引进数据中心专业骨干人才，夯实苹果数据中心人才队伍。

# 6.2　绿色数据中心建设实践

## 6.2.1　绿色数据中心选址

数据中心作为一个大型基础设施，位置的重要性自然不言而喻。我国数据中心国家规范《电子信息系统机房设计规范》（GB 50174—2008）和美国 TIA942 标准对机房的位置给出了详细的要求[2,3]，如表 6.4 所示。

表 6.4　GB 50174—2008 关于数据中心选址的描述

| 项目 | 技术要求 | | | 备注 |
|---|---|---|---|---|
| | A 级 | B 级 | C 级 | |
| 机房位置选择 | | | | |
| 距离停车场距离 | 不宜小于 20m | 不宜小于 10m | — | — |
| 距离铁路或高速公路的距离 | 不宜小于 800m | 不宜小于 100m | — | — |
| 距离化学工厂中的危险区域、掩埋式垃圾处理厂的距离 | 不应小于 400m | 不应小于 400m | — | 不包括各场所自身使用的机房 |
| 距离军火库 | 不应小于 1600m | 不应小于 1600m | 不宜小于 1600m | 不包括军火库自身使用的机房 |
| 距离核电站的危险区域 | 不应小于 1600m | 不应小于 1600m | 不宜小于 1600m | 不包括核电站自身使用的机房 |
| 有可能发生洪水的地区 | 不应设置机房 | 不应设置机房 | 不宜设置机房 | — |
| 地震断层附近或有滑坡危险区域 | 不应设置机房 | 不应设置机房 | 不宜设置机房 | — |
| 机场航道 | 不应靠近 | 不宜靠近 | — | — |
| 高犯罪率的区域 | 不应设置机房 | 不宜设置机房 | — | — |

TIA 942 标准中对不同分级的选址要求如表 6.5 所示。

表 6.5　TIA 942 标准中对不同分级的选址要求

| 序号 | 选址注意事项 | T3 级标准 | T4 级标准 |
|---|---|---|---|
| 1 | 接近洪水危险区域 | 不在百年一遇的水灾危险区域，或者距离五十年一遇的水灾危险区域的距离不小于 90m | 距离百年一遇的水灾危险区域的距离不小于 90m |
| 2 | 接近海岸或者内陆水路 | 距离不小于 90m | 距离不小于 800m |
| 3 | 接近主要交通要道 | 距离不小于 90m | 距离不小于 800m |
| 4 | 接近机场 | 距离为 1.8～48km | 距离为 1.8～48km |
| 5 | 接近主要大城市 | 距离不超过 48km | 距离不超过 48km |

单位和企业在数据中心选址上更多考虑的是企业自身的便利性，而忽略了数据中心是一项系统工程。从选址的角度看，数据中心还有以下几个方面的因素需要考虑：地理条件、配套设施、成本因素、政策环境、人才资源、社会经济环境[4,5]。

### 1. 地理条件

在地震、台风、洪水多发区域不宜建设数据中心，尽量远离重大的军事目标和重大工程，以免成为打击的对象，数据中心不宜建在犯罪率高发的地区，周边不宜有大的危险因素（加油站、危险品仓库、监狱等）[6]。IT 设备受到粉尘、有害气体、振动冲击、电磁场干扰等因素影响时，将导致运算差错、误动作、机械部件磨损、缩短使用寿命，因此在机房位置选择上，应尽可能远离产生粉尘、有害气体、强振源、强噪声源等场所，避开强电磁场干扰。应远离无线电干扰源、广播发射台、雷达站、高压线等，以防止对 IT 设备的干扰。数据中心内无线电干扰场强，在频率为 0.15～1000MHz

时，不应大于 126dB；磁场干扰环境场强不应大于 800A/m；从节能的角度上来看，数据中心应建立在空气清洁度较高，常年平均气温较低的地区，更有利于降低后期运行费用[2]。

## 2. 配套设施

电力因素：数据中心在选址的时候必须要明确当地电力的分布条件以及在未来几年内的趋势。如果当地有其他重要的公用设施在未来的几年内电力需求大幅上涨，那么有可能使数据中心的电力得不到充足的供应。电力的价格也是数据中心选址的关键，不同地区的电力价格差别很大。我国的内蒙古、青海、黑龙江等地充分利用电力价格低廉的优势逐步吸引国内外的相关企业进驻该地建设数据中心[7]。

网络因素：数据中心选址另外要考虑的一个问题就是网络的接入问题，这直接关系到数据中心的业务质量[8]。数据中心的工作性质实际上就是对电子信息的处理、传输、交换、存储、计算等一系列工作，它与通信的关系密不可分，其所在地区的电信网络基础设施应该较为健全或发达。

## 3. 物业因素

1）建筑物要求：数据中心各功能房间荷载要求

（1）数据中心：$10.0kN/m^2$。

（2）电池室：$16.0kN/m^2$。

（3）冷冻机房、柴油发电机房：$12.0kN/m^2$。

（4）配件间、变电室：$10.0kN/m^2$。

（5）气瓶间：$10.0kN/m^2$。

（6）空调机房：$10.0kN/m^2$。

（7）办公用房：$2.5kN/m^2$。

（8）吊挂荷载：$1.2kN/m^2$。

建筑物层高要求：主机房的净高应根据机柜高度和通风要求确定，且不宜小于 2.6m。

2）供电容量要求

数据中心对电力容量的需求非常大，在选址时应该优先考虑拥有足够电力的地方，以保证数据中心的用电需求。要保证数据中心的日常用电，可自行向所属供电局申请成为供电局的直接用户，即电力直供户或高压自管户，可自建高压供电系统等。

3）机房位置

对于建设在多层或高层建筑物内的数据中心，应对设备运输、管线敷设、雷电感应和结构荷载等问题进行综合考虑和经济比较；采用机房专用空调的数据中心，应具备安装空调室外机的建筑条件[9]。在多层或高层建筑物内设立电子信息系统机房时，有以下因素影响主机房位置的确定。

（1）设备运输：主要考虑为机房服务的冷冻、空调、UPS 等大型设备的运输，运输线路应尽量短。

（2）管线敷设：管线主要有电缆和冷媒管，敷设线路应尽量短。

（3）雷电感应：为减少雷击造成的电磁感应侵害，主机房宜选择在建筑物低层中心部位，并尽量远离建筑物外墙结构柱子（其柱内钢筋作为防雷引下线）。

（4）结构荷载：由于主机房的荷载标准值远远大于建筑的其他部分，从经济角度考虑，主机房宜选择在建筑物的低层部位。

机房专用空调的主机与室外机在高差和距离上均有使用要求，因此在确定主机房位置时，应考虑机房专用空调室外机的安装位置。

4）其他因素

（1）数据中心应尽量靠近永久性道路，具备较好的市政条件，便于解决水、电、通信线路等。

（2）数据中心附近应无严重环境污染源。

（3）数据中心附近应无产生较强振动的设备。

（4）数据中心附近应无较强电磁干扰源。

## 6.2.2　绿色数据中心基础设施设计

### 1. 建筑

数据中心机房的门窗应该密闭并用良好的隔热材料，墙壁、地板、天花板应该进行隔热处理，在建筑设计上降低能耗主要是通过提高建筑保温性能，采用热回收技术和智能照明技术等。

### 2. 通风与空调

1）空调负荷的计算

空调系统的冷负荷主要是服务器等电子信息设备的散热[10]。电子信息设备发热量大（耗电量的 97%转化为热量），热密度高，因此电子信息系统机房的空调设计主要考虑夏季冷负荷。机房空调夏季冷负荷计算应包括以下几部分。

（1）外部设备发热量。

（2）主机发热量。

（3）照明设备散热计算。

（4）人体发热量。

（5）围护结构的传导热。

（6）从玻璃窗透入的太阳辐射热。

（7）换气及户外侵入负荷。

（8）其他负荷。

　　随着通信设备能耗的不断上升，还要考虑规划一定区域来满足至少未来 5 年内数据通信设备高能耗密度增长的需求。

　　2）空调及通风方式

　　（1）风冷空调。

　　风冷空调是数据中心传统的制冷解决方案，单机制冷能力一般都在 50～200kW，一个数据机房一般都安装多台才能满足需要。风冷精密空调能效比相对比较低，在大型数据中心中使用存在以下不足。

　　① 安装困难。

　　② 在夏天室外温度很高时，制冷能力严重下降甚至保护停机。

　　③ 精密空调维护保养工作量大，费用较高。

　　（2）离心式水冷空调系统。

　　离心式水冷空调系统是目前新一代大型数据中心的首选方案，其特点是制冷量大并且整个系统的能效比高（一般能效比在 6 左右）。

　　离心式制冷压缩机与活塞式制冷压缩机相比较，具有下列优点。

　　① 单机制冷量大，在制冷量相同时它的体积小，占地面积少，重量较轻。

　　② 工作可靠、运转平稳、噪声小、操作简单、维护费用低。

　　③ 蒸发器和冷凝器的传热性能高。

　　由上述可以看出，水冷空调系统比较复杂，成本比较高，维护也有难度，但是能满足大型数据中心的冷却和节能要求。

　　（3）自然冷却。

　　使用冷却水直接蒸发自然冷却，可在原有的冷冻水系统上进行配置，需要配备比原有设计容量更大的冷却塔。通过使用板式热交换器，隔离了冷冻水系统与冷却水系统并传递两侧的热量。目前这种自然冷却方式被大规模地使用。

　　上述自然冷却水冷空调系统中具有以下三种工作方式。

　　① 夏天完全靠冷冻机制冷，通过阀门控制使得板式换热器不工作。

　　② 冬天完全自然冷却，冷冻机关闭，通过阀门控制冷冻水和冷却水，只通过板式换热器。

　　③ 春秋季节部分自然冷却。

　　冷却水和冷冻水要首先经过板式换热器，采用双冷通阀控制，可以实现尽可能长的自然冷却。在室外温度高于完全自然冷却但又低于室内温度的时候，可以实现混合自然冷却方式。自然冷却方式完全利用室外冷空气自然冷却，而且不需要消耗水资源。

　　（4）冷热通道封闭。

　　一种是封闭冷通道节约能源。数据中心最佳的风流组织是地板下送风，天花板上回风，精密空调设置单独的设备间，冷热通道隔离并实现冷通道封闭。冷通道封闭要求做到以下几点。

① 地板安装必须不漏风。

② 冷通道前后和上面要求完全封闭，不能漏风。

③ 机柜前部的冷通道必须封闭，没有安装设备的地方必须安装盲板。

④ 地板下电缆、各种管道和墙的开口处要求严格封闭，不能漏风。

⑤ 地板下除消防管道外，尽可能不要安装任何线槽或管道等。

还有一种是热通道封闭。国外的一些项目采用热通道封闭技术，一般是在机柜后门安装通到天花板的热通道，取得了一定的节能效果。

3. 电气

数据中心机房十分重要，但数据中心机房内的所有设备不是同等重要的。因此，对机房内的用电设备进行有效合理的区分，制订不同等级的供电方案，避免无用的供电容量和供电设备冗余，既减少了供电系统的投资，也降低了运行能耗，机房配电分类与定级如下。

1）机房照明

（1）常规照明：宜采用市电两路供电保证，负荷等级为二级。

（2）重要保障区间照明用电：应采用一级保障等级的电源，除双路市电外，需要自备柴油发电系统供电保障，负荷等级为一级。

（3）消防照明：除双路市电、自备柴油发电系统供电保障外，应有应急电源供应（Emergency Power Supply，EPS）的保障，负荷等级为准重要负荷级。

2）计算机设备用电

主要单纯为计算机类负荷，对电源质量要求较高，有多种的供电需求保障要求。对上级供电系统无不良影响，为特别重要的负荷等级。

3）机房空调设备用电

精密空调风机、冷冻水系统作为重要基础保障设施，采用双路市电供电、柴油机组备份保障。并采用 UPS 保障、负荷等级为特别重要负荷级。消防排烟系统，采用双路市电供电，负荷等级为一级。

4）机房消防系统用电

消防系统用电主要是消防设备用电、消防报警监控系统用电、消防紧急广播系统用电、消防电缆控制设备用电等消防设施的用电，负荷等级为一级。

由于计算机设备的运行必须基于电力保障基础，数据中心的电力系统最重要的考虑因素为电力系统的可靠性、可扩展性、可管理性以及电力系统的效率，以达到能耗最低而安全度最高的目的。

4. 机房网络及通信设备

数据设备的用电，90%以上最终转变为热量，需要更多的空调来散热。在满足业务需求或同样处理存储能力的设备中，选用低功率设备无疑是数据中心节能减排的关键。

1）网络及服务器

刀片式服务器采用一体化设计思路，每一块刀片实际上就是一块系统母板，类似于一个独立的服务器。刀片式服务器的耗电量和制冷要求比同样功能的机架式服务器降低 25%～40%。

2）管理数据

管理数据遏制数据过度增长的首要方法就是事先阻止数据激增。企业的磁盘卷通常都含有数百万个重复数据对象。这些对象被修改、分发、备份和归档时，重复数据对象也重复存储，据调查，普通企业存储的数据有 50%可以删除。

3）虚拟化

虚拟化是支持在单台机器上运行多个应用程序工作负载的技术。每个工作负载都有独立的计算环境和服务级别目标，消除了在一台专用服务器上只能运行一个工作负载的情况，从一个控制点管理虚拟化中的资源，从而改善运营情况。

4）云计算

云计算实际上是将众多服务器、存储设备、网络资源统一、集中起来，形成巨大的资源池，用户真正获得"按需取用"的计算能力、存储空间和其他服务。基于云计算的动态节能指 IT 管理系统可根据业务量变化，动态调整调用的资源数量，以提高资源利用率，降低运营能耗和运营成本，可节省 9%左右的能耗。

5）用电系统收集

新型的信息化系统都内置了测量电耗的测量功能和热敏传感器，可利用这些功能显示当前的用电值，便于根据系统的整体状态采取措施。

对数据中心的能耗而言，应回到基本策略，如果不能测量，则无法改进。所以跟踪能量利用是控制能耗的必然手段。对于原有的系统可采用智能电源分配单元，提供连接设备的电耗信息和环境信息（温度、湿度）。

## 6.2.3　绿色数据中心节能设计

1. 建筑场地物理环境节能

数据中心场地系统建设是一项综合性、专业性很强的系统工程。场地物理环境节能是绿色数据中心节能的关键之一。重视物理环境节能，不仅是为了达到节能的效果，还关系到数据中心场地系统运行稳定、安全可靠，尤其会给机房精密专用空调系统的稳定运行、节能减耗打下良好的基础[4]。计算机机房的环境必须满足计算机等各种电子设备和工作人员对温度、湿度、洁净度、电磁场强度、噪声干扰、安全保安、防漏、电源质量、振动、防雷和接地等的要求，一个合格的现代化计算机机房，应该是一个安全可靠、舒适实用、节能高效和具有可扩充性的机房。

1）基础建设节能

绿色数据中心基础建设要求包括限制有害建筑材料的使用和机房设计要满足内外维护结构密闭、保温性能好。精密空调运行的主要负荷来源于数据中心热交换的需求，对于一个密闭的数据中心，精密空调除湿、加湿的负荷很轻。如果数据中心密闭存在问题，外界源源不断的高温、高湿气体进入机房，迫使精密空调处于夏季超负荷除湿、冬季超量加湿运行状态，空调运行要多消耗 35%～55%的电能[3]。因此，数据中心建设时，外围结构不仅要保障窗户密闭保温，墙体也应进行装饰性保温。

2）机房适量补充新风实现节能

新风是工作人员的需要，也是机房维持正压的需要。按传统补充方式，无论机房空调风量基数大小，新风量一般都取 5%。10000m³ 新风热负荷在北京地区夏季为 114kW，广州地区为 145kW，相当于 2～3 台精密空调（55kW）的制冷量，超量的新风会极大地降低降温除湿耗电量，带来更大的投资回报。因此，由于新风补充不当而人为给机房造成高温、高湿、尘埃超标的不合格物理环境，应引起业界的高度重视。改进办法就是充分利用自然冷却，例如，安装调节风门，自动调节从室外进入的空气。当室外气温和湿度满足设定的温度、湿度点时，调节风门自动开启，室外空气经过滤后进入冷却系统，反之则关闭。

2. 环境动力基础设施节能

UPS 和精密空调自身节能是现代绿色数据中心场地设备节能首选的目标。研究表明，数据中心输入的电能在经过环境动力基础物理层时，损耗的能源达到 50%左右。由此可见，从关键电源和制冷设备入手、提高基础设施的效率，才是建立绿色数据中心的治本之道。

1）UPS 设备节能

传统的节能方案更多地关注 UPS 的可靠性，但随着"数据中心消耗着大量的电能"这个事实被越来越多的企业所重视，UPS 自身效率的提高已经成为节能的重要部分。由于冗余问题，许多数据中心的 UPS 运行负载率只有 30%左右，UPS 的供电效率为 50%～60%。针对这一情况，厂商争相研发新技术，使 UPS 在低负载率下也能具有高效率，例如，采用低损耗的逆变器、控制器、驱动电路以及缓冲电路就可以减少 30%的空载损耗。另外，通过选用模块化 UPS，可随负载变化自动调节负载率，使负载使用率提高，空载损耗减小，输出效率可提高到 95%～97%；通过增加有源滤波，减少对电网的谐波干扰，满足绿色数据中心对 UPS 的要求。

2）精密空调自身节能

如果说数据中心的电力消耗为 100%，空调的耗电则在 40%左右，是机房当之无愧的"用电大户"；随着刀片式服务器和其他高密度设备的使用，数据中心越来越热，也需要更多的制冷。因此，有效提高制冷效率，无疑可以让数据中心更加节能。由于传统机房中空调送出的冷风不能 100%送达服务器端，大部分机房空调的效率也仅在 50%左右。要想实现空调的节能，一方面可以从气流的组织设计着手改进，另一方面可以选择机架式新型空调，采用导入式的制冷方式，解决刀片架构的散热问题。机架式新型空调的制冷单元可放在服务器机柜边上，让冷热空气直接在机柜和空调之间以最短的路径循环，这种空调制冷容量可随 IT 负载的变化而变化，可以处理更高的热负载密度，弥补传统机房空调风道长、能耗高的弊端，可省电 30%～40%[3]。另外，精密空调采用模块化组合运行，可提高冷凝器效率，降低能耗。

3）可升级、可扩展电源及制冷设计节能

传统数据中心多采用一次到位的工程设计，这样不仅导致采购 UPS 和空调等设备时投资过高，还提高了后期能源消耗和服务成本。事实上，过度规划和不足设计都是导致数据中心能耗高和效率低的原因。因此，正确的做法应该是根据未来的需求划分为几个阶段，分阶段采购所需的机房设施。可升级电源及制冷设备解决方案就是根据"边使用边升级"的理念而设计的，能为数据中心节省超过一半的电力和制冷损耗。

4）机柜合理摆放节能

机柜通常被认为只是一种机械支架，除了放置服务器，没有任何其他的价值。但事实并非如此，它对节能和散热起着至关重要的作用。首先是机柜的盲板问题，这是被超过 90%的数据中心管理者所忽略的。通常，没有盲板的机柜缺少自然屏障，服务器产生的热空气有可能被重新吸入设备进气口，从而造成气流短路。其次是机柜的摆放方式。很多数据中心的机柜一排排同向摆放，前排服务器排出的热气被后排服务器吸收，冷热气流混合，大大降低了空调的制冷效率。此外，有的数据中心为了美观，购买带有玻璃门的机柜，玻璃门阻碍了气流的流通，成为散热的大忌。所以，选择有盲板的新型机柜，采取"面对面、背对背"的排列方式以形成冷热通道，减少冷热空气混合是机柜能耗问题的绿色解决之道。

5）提升容量规划管理水平节能

目前，数据中心的机房管理正向精确化发展，行之有效的电源及制冷容量规划和管理已成为节能的必备条件。通过对机柜环境进行实时检测，避免不必要的供电和制冷容量的产生。例如，用户可通过实时了解电流大小的变化来调节出风口的大小，以达到节能效果；还可对机房环境进行实时监控，精确了解机房电流、温度、湿度，控制空调、UPS 等设备的运行，从而达到提升效率、节约能源的目的；同时，降低数据中心物理配置（服务器、存储和网络设备等）的复杂性，并以此来减少占地空间，节约电力消耗。

## 3. IT 设备节能

IT 设备节能（主机、存储虚拟化及服务器刀片化等）使得 IT 设备的运算速度、存储处理能力加倍，而体积、功耗增加有限，从而提高 IT 设备微环境核心部件热交换的效率。据 Storage IO Group 统计，存储设备占数据中心全部能耗的 37%～40%。因此选用低能耗环保硬盘和采用多核的 x86 芯片技术来提高数据中心的处理能力，将实现设备级的节能。一般小尺寸硬盘 SFF（Small Form Factor）能比传统硬盘 LFF（Large Form Factor）功耗降低 20%～40%，目前市场上的 1TB 硬盘平均功耗为 13.5W，环保硬盘可以平均节省功耗 4～5W（40%）。

## 4. 智能化控制节能

为了防止能效低下，先要从基准测量开始，如果不知道电力耗用情况，就不知道要关注哪些方面。电力耗用的测量应包括 IT 系统、UPS、冷却装置、照明系统等。通过准确测量能源耗用情况，实现各系统的智能控制进而节能。统计显示，70%～80%的数据在服务器中不经常被访问，因此可以通过共享高功耗设备、分级存储（把长时间不访问的数据存在二级存储上，减少一级备份量）、平衡在线介质和离线介质的功耗，采用战略信息系统（Strategic Information System，SIS）技术（单一实例存储，清除存储于磁盘上的备份和归档中的相同文件及邮件的副本，将相同的内容只存一份）、节省耗材（如磁带等）等手段，节省人力和降低成本。

## 5. IT 系统的虚拟化与整合

虚拟化和集约化技术可以提高服务器的利用效率。利用虚拟化技术，不仅可以削减物理硬件的能源消耗，还能通过管理软件查看、监视和管理企业分布在不同地方的服务器。IDC 就认为，虚拟化不仅应用在服务器端，更应该从基础架构级别来实现数据中心的虚拟化，将 PC、存储、网络都纳入虚拟化的范畴，把不同的资源整合成不同的资源池，通过统一的管理界面进行调配，实现分布式资源调度和管理，进而节约能耗。数据存储和恢复的整合优化也有助于节约能耗。目前，为了保存生产和业务数据，商业银行各个部门都在进行备份，包括正常的数据备份、为远程或本地灾难发生后业务恢复进行的备份、为归档进行的备份、为其他部门查询或审计进行的备份等。如果不进行优化，而是整盘、整带地进行备份，那么 1TB 的实际生产数据存储可能要占用多达 40TB 的空间；在出现破坏时，数据恢复也大多需要整盘、整带进行，耗时又占用空间。因此需要将备份、在线、归档数据进行统一的全方位管理、存储和控制，减少存储占用空间；面对数据恢复，业界提出采用直接读取恢复（面向对象级恢复）的方法，不需要恢复整个数据库、磁盘、磁带，而是只恢复数据库中损坏的一个表、一个记录、一个块或一个邮件，即小颗粒恢复，借此提高效率。虚拟化技术的应用思路如图 6.3 所示。

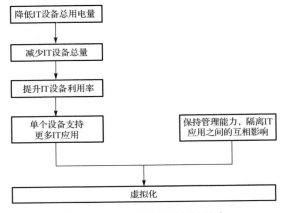

图 6.3　虚拟化技术的应用思路

## 6.2.4　绿色数据中心 IT 设备规划

绿色数据中心规划可以按照以下步骤进行。

（1）需要根据实际的业务需求和将来的需求规划，确定需要的基本服务器、存储设备及网络设备等 IT 设备的类型及数量，是否可以满足需求。

（2）根据所需服务器及应用程序的情况，进行虚拟化评估，评估哪些服务器不能虚拟化，哪些服务器可以虚拟化，可以虚拟化到多少台虚拟服务器上。再规划服务器、存储设备、网络设备及网络拓扑结构。

（3）根据已确定的所需 IT 设备，采用模块化设计原则，规划所需的 UPS 和制冷系统，并依据模块化设计的原则，为将来的数据中心的扩容打下基础。并以此规划机房所需的其他部分，如机房装饰系统、智能化弱电系统等，以绿色节能为目标。

（4）根据所需的 IT 设备及机房设备，规划机房系统监控、IT 设备系统监控及系统管理，提高服务水平，达到智能化的目标。

数据中心的 IT 设备选型首先应该根据业务的需求，来确定所需的服务器、存储设备及网络设备等的类型及数量，并选用绿色节能的服务器、存储设备及网络设备。

通过虚拟化来规划数据中心，可减少服务器数量，降低能耗，提高服务水平，是建设绿色数据中心的一个关键环节。

绿色数据中心是一个基于虚拟化架构的、模块化的、可扩展的、绿色节能的数据中心。绿色数据中心的 IT 设备首先应该以虚拟化为架构，通过虚拟化整合服务器，把多台资源利用率低的服务器整合到一台服务器上，这样就可以有效减少服务器数量，节约空间，同时也不会降低应用效率[11]。绿色数据中心的 IT 设备也应该是模块化的、可扩展的，可以按照实际的需求购买添加服务器和存储设备，可以让新购买的服务器和存储设备加入原有的架构里，从而达到先行增长，而不是跳跃性增长，以这样的方式增长就可以节约很多购买 IT 设备的费用，避免一次到位地购买，也就可以减少很多不必要的能耗。IT 设备规划分析如图 6.4 所示。

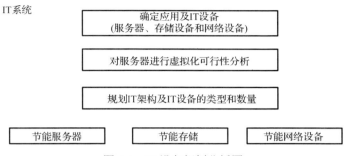

图 6.4　IT 设备规划分析图

## 6.2.5　绿色数据中心服务器规划

1．规划要求

随着全球信息化、数字化进程逐步加快，服务器应用正呈直线上升趋势。数据中心也需要越来越多的服务器来支撑业务的发展。因此，对于绿色数据中心的主要组成部分服务器进行规划有着重要意义。

目前在数据中心中，造成能耗浪费的主要问题如下。

数据中心中还有很多老旧的服务器，由于原来在上面的应用被淘汰或迁移到新的服务器上等原因造成这些服务器已没有实际有用的应用在运行，而因为没有有效地管理，这些服务器还在正常开机运行，造成了能耗的浪费。传统的服务器都朝着提高服务器性能的方面发展，在提高性能的同时，也造成了功耗的逐步增长，大多没有考虑到节能这一因素。

因此，在对绿色数据中心的服务器进行规划时，需要考虑的主要有以下几点。

对于数据中心服务器要进行资产整理，关闭不再需要的老旧服务器，如果还有应用运行且系统为遗留系统，可考虑迁移到虚拟化服务器上。

在绿色数据中心的服务器规划时应考虑采用绿色节能的服务器，选择针对能耗进行了有效优化的服务器。刀片式服务器由于在一定的空间中集成多台服务器、以太网交换机、光纤交换机，众多设备共用一套电源，比传统服务器、交换机更节能。

2．绿色节能服务器规划

目前很多服务器厂家都已朝着节能方向发展，越来越多的节能新技术已应用到服务器上。在采用新技术提高整体性能的同时，也采用许多新技术来达到对服务器的节能效果。

在一个数据中心中服务器往往是数量最多的，而且耗电量也往往是最大的，因此计算机的选型对于绿色数据中心尤为重要，计算机耗电量大的部分主要有 CPU、内存、硬盘、风扇、电源等部件。

从 Dell 公司对服务器能耗的研究数据图（见图 6.5）可以看出，在一台服务器中，CPU 的能耗将占到整台服务器的 32%，电源模块将占据 21%，硬盘占据 13%，内存占据 6%，芯片组占据 4%。下面将分析大型绿色数据中心的服务器规划目标。

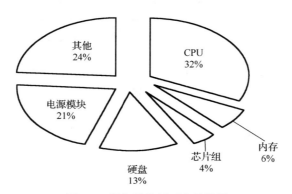

图 6.5　服务器能耗研究数据图

首先，移除闲置不用的物理服务器，一旦闲置服务器移除，数据中心的管理人员应当考虑将服务器当中尽可能多的应用软件搬移到虚拟机上，这样 IT 设备可以提高利用率。可以采用 VMware 公司的"分布式电源管理技术"把虚拟机放到数量尽可能少的物理服务器上，然后自动关闭闲置服务器的电源。这样能将数据中心的电能需求减少将近 20%。

# 6.3　本 章 小 结

本章介绍了富士康绿色隧道数据中心、三大运营商（中国电信、中国移动和中国联通）数据中心和云计算基地、高通公司服务器芯片基地、苹果公司数据中心等贵州绿色数据中心发展典型案例；并从选址、基础设施设计、节能设计、IT 设备规划和服务器规划等方面描述了绿色数据中心建设实践。

## 参 考 文 献

［1］　张成泉. 机房工程——智能建筑工程技术丛书[M]. 北京：中国电力出版社, 2007.

［2］　卜一德. 绿色建筑技术指南[M]. 北京：中国建筑工业出版社, 2008.

［3］　连之伟，马仁民. 下送风空调原理与设计[M]. 上海：上海交通大学出版社, 2006.

[ 4 ]　王其英. UPS 供电系统综合解决方案[M]. 北京: 电子工业出版社, 2005.

[ 5 ]　周伏秋, 谷立静, 孟辉. 数据中心节能和优化布局研究[J]. 电力需求侧管理, 2011, 13(3): 1-3.

[ 6 ]　杨根发. 绿色数据中心节能分析——数据中心机房节能分析[J]. 智能建筑与城市信息, 2010, (7): 7-11.

[ 7 ]　孙德和. 新一代数据中心建设方兴未艾[J]. 信息化建设, 2011, (7): 50.

[ 8 ]　赵阳. 数据中心节能降耗实施途径探讨[J]. 陕西电力, 2011, 39(2): 80-83.

[ 9 ]　吴甜, 刘利祥, 虎嵩林. 绿色数据中心的服务器节能机制与策略[J]. 微电子学与计算机, 2011, 28(8): 108-111.

[10]　杨国荣, 胡仰耆, 马伟骏. 数据中心空调设计初探[J]. 建筑电气, 2009, 28(12): 21-26.

[11]　曹承属, 涂强, 王晔. 数据中心电源与环境监控管理系统[J]. 建筑电气, 2009, 28(12): 14-17.

# 第7章 贵州高校绿色数据中心设计与实现

贵州高校信息化建设已经走过了摸着石头过河的时期，基础网络设施基本到位，管理、科研、教学、服务等各项应用已经在搭建好的基础网络平台上如火如荼地展开了。随着各项应用的扩展，教育行业在数据中心的 IT 基础设施建设方面不断加大投入，部署大量多样化高性能的服务器、交换机、路由器等关键基础设施，最终导致 IDC 的能耗增速惊人。高能耗的 IDC 使得贵州高校在扩大信息化规模时顾虑重重。目前越来越多的贵州高校已经意识到，传统的"重性能、轻节能"的方式有很多弊端，在 IDC 的建设上，必须走"低能耗、高产出"的新路，必须打造绿色的数据中心。本章以贵州高校绿色数据中心建设为背景，根据现有数据中心的特点，为解决绿色数据中心建设，从用户的需求分析入手，比较详细地论述贵州高校绿色数据中心设计与实现的过程。首先分析目前绿色数据中心技术的发展和绿色数据中心的建设现状与问题，对贵州高效数据中心建设的需求进行全面而深入的分析。然后，论述绿色数据中心方案设计思路，对整个绿色数据中心的机房工程部分的设计、IT 设备节能技术和系统管理进行详尽设计，并重点对绿色数据中心的虚拟化设备管理软件平台的选择比较进行详细论述。

## 7.1 发展和建设现状

在 20 世纪 80 年代初期，我国开始着手制定机房建设方面的国家标准。1989 年我国颁布了《计算站场地技术条件》（GB 2887—1989），统一了机房建设的各项指标，使机房建设从此有了统一的标准[1]。在此期间随着 UPS、机房专用空调等保障设备的引进，以及监控设备、消防报警及灭火设备在机房中的使用，从硬件上为机房建设提供了系统的保证。计算机机房一般处于单个机房运行的状态，即在机房内其处理、存储的能力都比较强，但在不同地区的机房之间的数据交换却出现了一些问题。这样各个行业及部门均在各处大量建设本地机房来处理、存储本地数据以提高使用效率。随着网络建设的飞速发展，大量数据的传输成为可能，各个机房之间数据传输顺畅，但随之而来的新问题是分散在各地大量的中小机房的稳定性及数据的安全性又出现了隐患。因此，在各个行业及部门均开始建设大规模的数据中心机房，对数据的处理、存储进行集中，以提高稳定性并有效降低运行及维护成本。各个数据中心机房采用高速网络相连通，使各个数据中心机房形成一个强大的机房群，进一步提高了机房的可靠性及设备的使用效能，并使建设统一的冗余备份成为可能。现在的数据中心建设已成为一个由多个专业组成的系统工程，它包括智能建设工程的各个专业，主要包括装饰系统、电气系统、接地及防雷系统、空调通风系统、消防系统、配电系统、综合布线系统、设备及环境监控系统、KVM 系统等[2]。

贵州高校数据中心建设现状主要体现在下列四个方面。

### 1. 需要建设数据中心的单位对"绿化"的认识不足

目前绝大多数需要建立数据中心的单位，对数据中心"绿化"认识不足[3]。在系统规划时，只是看到了数据中心的处理能力如何、磁盘阵列要多大、网络怎么规划、UPS 如何配置等情况。而对数据中心的能耗、空调、环保设计还缺乏认识，或者根本没有对数据中心的节能、降耗、运营成本等进行综合考虑。节能减排是国家可持续发展的战略决策，还需要加大力度提高 IT 行业对建设"绿色数据中心"的认识，并且要求任何单位在进行数据中心规划时，都要考虑数据中心的"绿化"问题。

### 2. 真正做到节能、降耗的 IT 产品还不多，用户选择空间不大

数据中心的"绿风"虽然已经吹起，市场潜在需求很大，但技术驱动的动力不足，也就是说，真正能保证数据中心的效能且节能、降耗、环保的 IT 产品少，无论是服务器、网络、存储还是 UPS 都品种少，门类不全，希望 IT 业生产厂商和研制单位尽快研制出数据中心"绿化"的系列产品，在绿色数据中心建设中，充分发挥技术驱动的作用。

### 3. 绿色数据中心建设缺少统一的标准和规范

绿色数据中心建设的春风已经吹起，但是什么是绿色数据中心、绿色数据中心应该参照什么标准设计等，没有一个公认的概念和标准，这对贵州高校绿色数据中心的建设发展不利。要更快地出台这方面的规范和标准，指导贵州高校数据中心的建设。

### 4. 数据中心整体架构需要变革

实际上目前使用的服务器架构已经沿用了几十年，存在的问题已经浮出水面，刀片机的问世使服务器的架构设计向前迈进了一步，但也带来了通风散热的问题，数据中心众多的网络设备、存储设备等，虽然通过网络连接起来，但实际上仍是一个个独立的群体。数据中心设备的整合、优化，进行集约化、集成设计已经提到了日程。要提高服务器的效率和整个数据中心的效能，使其具有节能降耗和降低整体成本的功能，就要求数据中心和服务器的体系架构设计必须变革，用户在期待新一代服务器时期的到来[4-6]。近年来，许多知名的 IT 厂商，如 Cisco 和富士通等，也纷纷推出各自的绿色数据中心解决方案。

## 7.2　关　键　技　术

绿色数据中心是指数据机房中的 IT 系统、照明和电气等能取得最大化的能源效率和最小化的环境影响。绿色节能是绿色数据中心的主要标志，也是数据中心是否"绿色"的唯一衡量标准。通过采用绿色环保材料、低耗能设备、虚拟化、节能技术和自

动化管理技术，可以降低数据中心的能耗，达到节能、环保和低排放的绿色标准，为贵州高校节省信息运维成本，提高信息绩效水平。

## 7.2.1 虚拟化技术

### 1. 虚拟化技术概念

虚拟化是一种从逻辑角度出发的资源配置技术[5]，是指计算元件在虚拟的基础上而不是真实的基础上运行。虚拟化可使物理硬件与操作系统分开，从而提供更高的 IT 资源利用率和灵活性。虚拟化允许具有不同操作系统的多个虚拟机在同一实体机上独立并行运行。每个虚拟机都有自己的一套虚拟硬件（如 RAM、CPU、网卡等），可以在这些硬件中加载操作系统和应用程序。无论实际采用了什么物理硬件组件，操作系统都将它们视为一组一致标准化的硬件。虚拟机封装在文件中，因此可以快速对其进行保存、复制和部署。可在几秒钟内将整个系统（完全配置的应用程序、操作系统、BIOS 和虚拟硬件）从一台物理服务器移至另一台物理服务器，以实现零停机维护和连续的工作负载整合，从而提高效率、灵活性和响应能力，减少设备数量，降低 IT 系统的能耗。

### 2. 虚拟化技术类型

虚拟化技术之所以会被广泛地采用，都有其应用背景，当前虚拟化技术大致看来主要有以下几种类型：拆分、整合、迁移。

1）拆分

某台计算机性能较高，而工作负荷小，资源没有得到充分利用。这种情况适用于拆分虚拟技术，可以将这台计算机拆分为逻辑上的多台计算机，同时供多个用户使用。这样可以使此服务器的硬件资源得到充分利用。

适用面：性能较好的大型机、小型机或服务器。

目的：提高计算机的资源利用率。

2）整合

当前有大量性能一般的计算机，但在气象预报、地质分析等领域，数据计算往往需要性能极高的计算机，此时可应用虚拟整合技术，将大量性能一般的计算机整合为一台计算机，以满足客户对整体性能的要求。

适用面：性能一般的计算机。

目的：通过整合，获得高性能，满足特定数据计算要求。

3）迁移

（1）将一台逻辑服务器中闲置的一部分资源动态地加入另一台逻辑服务器中，提高另一方的性能。

（2）通过网络将本地资源供远程计算机使用。Windows 下的共享目录、Linux 下的 NFS 等，还包括远程桌面等。

目的：实现资源共享，实现跨系统平台应用等。

### 3. 虚拟化的实现形式

#### 1）硬件虚拟化

不需要操作系统支持，可直接实现对硬件资源进行划分，任一分区内的操作系统和硬件故障不影响其他分区。

代表：HPnPAR。

#### 2）逻辑虚拟化

不需要操作系统支持，在系统硬件和操作系统之间以软件和固件的形式存在，任一分区的操作系统故障不影响其他分区。

代表：IBMDLPARS、HPvPAR、VMware ESX Server、Xen。

相对硬件虚拟模式而言，逻辑虚拟模式会占用一定比例的系统资源。目前大型主机的虚拟效率一般在 95% 以上，虚拟化损耗为 2%～3%；AIX 和 HP-UX 上的虚拟效率在 90% 以上，虚拟化损耗约为 5%；而 x86 架构上的虚拟效率则在 80% 左右，虚拟化损耗大约为 20%。

#### 3）软件虚拟化

需要主操作系统支持，在主操作系统上运行一个虚拟层软件，可以安装多种客户操作系统，任何一个客户系统的故障不影响其他用户的操作系统。

代表：VMware GSX Server 和微软 Virtual Server 2005。

#### 4）应用虚拟化

需要主操作系统支持，在单一操作系统上使用，在操作系统和应用之间运行虚拟层，任何一个应用包的故障不影响其他软件包。

代表：Solaris Container 和 SWsoft Virtuozzo。

### 4. 服务器虚拟化

服务器的虚拟化就是将一台物理服务器通过软件的方式在这台服务器上虚拟出很多虚拟服务器，被虚拟出的服务器称作虚拟机，每个虚拟机可以有自己的 CPU、内存、硬盘、网卡等虚拟硬件，同时虚拟机之间都是以独立的方式存在的，互不干扰。虚拟机上可以安装不同类型的操作系统和应用程序，以此来满足不同的 IT 硬件需求。

VMware vSphere 是业界领先且最可靠的虚拟化平台，将应用程序和操作系统从底层硬件分离出来，从而简化了 IT 操作，将数据中心的业务在简化但恢复能力极强的 IT 环境中运行。VMware vSphere 重要组件：①ESX，在物理服务器上运行的虚拟化层，它将处理器、内存、存储器和资源虚拟化为多个虚拟机；②VMotion，可将正在运行的虚拟机从一台物理服务器迁移到另一台物理服务器，而不需要中断服务；③DRS，通过为虚拟机收集硬件资源，动态分配和平衡计算容量；④DPM，群集需要的资源减少时，DPM 会将工作负载整合到较少的服务器上，将不需要的服务器置于待机模式，工作负载需要增加时，再恢复服务器在线状态，保证服务级别的同时最大限度地减少电力消耗，同时保障虚拟机不中断、不停机；⑤HA，可在硬件或操作系统发生故障的情况下于几分钟内自动重新启动所有应用程序，实现经济高效的高可用性。

　　以某贵州高校的数据中心为例，现有的应用平台由 42 台 PC 服务器及两台企业级数据库服务器组成，支持着全校多个业务系统的运行，包括 WWW、E-mail、DNS、教务系统、网络教学平台、计费管理系统、资产管理系统、一卡通系统、视频点播系统等。通过对服务器进行虚拟化规划，将其移植到 10 台 IBM 3850 服务器上，每台服务器安装虚拟化软件 VMware 系统，利用每台 IBM 服务器的强大处理能力，生成 10台虚拟机服务器，而每台虚拟机等同于 1 台物理服务器，利用原有的 PC 服务器安装 VMware Virtual Center 软件，集中管理整个虚拟化系统，保留原有两台数据库服务器。

　　为实现数据集中存储、集中备份及在线迁移等功能，配置了 EMC CLARii ON CX3-40 光纤存储，组成 SAN 架构，由 VMware 虚拟架构套件生产出来的虚拟机的封装文件都存放在 SAN 存储阵列上[6]。通过共享的 SAN 存储架构，可以最大化地发挥虚拟架构的优势，在线迁移正在运行的虚拟机（VMware VMotion），进行动态的资源管理（VMware DRS）和集中的基于虚拟机快照技术的 Lan Free 的整合备份（VMware VCB）等，而且为以后的容灾提供扩展性，并奠定架构上的良好基础，系统的拓扑图如图 7.1 所示。

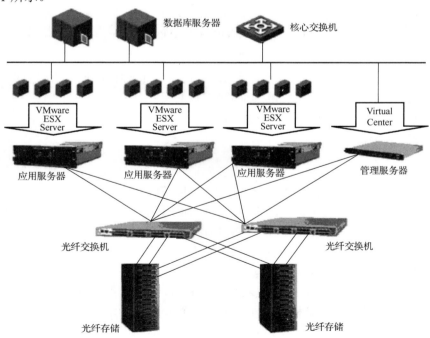

图 7.1　贵州某高校数据中心虚拟化服务器系统的拓扑图

在实施服务器虚拟化管理过程中，既涉及如何将物理资源虚拟化的问题，又涉及管理虚拟环境的问题，这是虚拟化管理的两个重点。从技术角度而言，资源虚拟化的技术方案要具体，从管理角度考虑，虚拟化管理更要规范。因此，在贵州高校数据中心中，既要重视物理环境的管理，更要重视虚拟环境的管理。

## 7.2.2　节能技术

近年来，贵州高校基本上是按照专家的四点建议开展数据中心建设的。IT 设备节能主要包括服务器虚拟化、提高机房制冷效率、低功耗处理器节能及 UPS 自身节能等。

### 1. 服务器虚拟化节能

在高性能服务器中部署虚拟化软件 **VMware ESXI**，将物理服务器分割成多个相对独立的虚拟主机（服务器），将校园多种应用（办公自动化、科技管理、人事管理、后勤管理、学团管理、综合信息查询、教学资源、电子学习、一卡通服务、身份认证、网络管理、智能域名解析等）部署在不同的虚拟主机内，以实现业务隔离。网管人员可以通过虚拟机管理软件，规范管理物理主机，还可以实时加入新主机并实现主机间的动态迁移等。这种便捷性大大提高了数据中心的效率。**VMware** 的动态负载均衡使压力时段不同的多种应用在各自的峰值时段能够得到足够的处理性能。从而提升物理服务器使用效率，减少物理服务器数量，有效降低了 IT 设备能耗。

### 2. 机房制冷节能

机房节能是指在额定的用电功率下，使用技术手段尽可能降低电能消耗及减少二氧化碳排放。绿色网格（**The Green Grid**）组织，定义了两种测量数据中心能耗指标的方法[7-10]。第一种，电源使用效率（PUE）=数据中心总输入功率÷IT 负载功率。PUE 是一个比率，基准是 2，越接近 1 表明能效水平越好。第二种，数据中心基础架构效率（DCiE）=IT 设备负载功率÷数据中心总输入功率×100，DCiE 是一个百分比值，数值越大越好。目前，PUE 已经成为国际上比较通行的数据中心电力使用效率衡量指标。

为了提高制冷系统的效率，12 个机柜摆放采用机柜前门对前门（间距 1.5m）的方式。在机房内形成热风区和冷风区，热风区空间大于冷风区 2 倍以上。冷热风区采用玻璃墙隔离，使冷、热空气能够正常流通，不形成混流。部署水平送风型的精密空调（制冷设备能耗≤IT 设备能耗的 50%），采用按需调配制冷方案，设定冷风区 26℃，尽量缩短空调制冷风道，将冷风直接吹向服务器、存储器及网络设备前面板。将冷热通道和适应性调节结合起来，以达到节能的目的。

### 3. 低功耗处理器节能

服务器均采用 Intel 系列低功耗处理器，处理器功耗大大低于普通版本的处理器，如表 7.1 所示。

表 7.1　服务器 CPU 能耗比较

| 服务器节点 | 普通 CPU | 低功耗 CPU | 功耗差 | CPU 数量 | 节能 |
|---|---|---|---|---|---|
| 2U 服务器 | X5650(2.66GB,6C,95W) | L5640(2.26G,6C,60W) | 35W | 30 台 | 1050W |
| 4U 服务器 | X7560(2.26GB,8C,130W) | L7555(1.86G,8C,95W) | 35W | 24 台 | 8400W |
| 节能总计 | 1990W | | | | |

采用 Intel 低功耗处理器后，服务器 CPU 功耗下降了 1990W。另外，低功耗处理器带来了服务器发热量的降低，也就降低了服务器的散热要求，可以保持服务器散热风扇在较低的转数运行，从而进一步降低服务器功耗。从以往的测试结果来看，使用低功耗处理器的服务器，相比使用类似参数普通处理器的服务器，节电 2%以上。

4. UPS 自身节能

UPS 主机选择转换功率较高，并与 IT 设备负载适配的 UPS 高频机。高频机通常采用绝缘栅双极型晶体管（Insulated Gate Bipolar Transistor，IGBT）进行高频开关整流，并完成功率因数校正。即高频机去掉了输出变压器，节省了资源，减轻了重量，降低了耗电量，提高了效率，是节能环保的机型。

目前，数据中心 IT 设备消耗电能大约 32.97kW，40kVA 的高频 UPS（输出功率因数 0.8）满载耗电能 8kW，额定制冷量 12.5kW，精密空调耗电能 5.32kW（室内机 5.1+室外机 0.22）。夏季，双空调运行，PUE=（32.97+8+5.32×2）÷32.97=1.57；冬季（含初春和深秋等季节），单空调运行，PUE=（32.97+8+5.32）÷32.97=1.40。本系统采用了低功耗的 CPU 和虚拟服务器技术，使 IT 设备总功率降低了 30%。采用按需调配制冷方案（冷风区 26℃），降低了机房制冷量的需求，使机房整体功耗降低了 30%以上。

## 7.2.3　自动化技术

数据中心自动化，就是要具备虚拟化技术、运营协调、网络负荷管理、服务器自动化、存储自动化、策略设置等完整自动化功能，可帮助用户充分应对业务和管理挑战，实现手工流程自动化，在节约成本的同时，真正帮助企业实现安全、高效和 7 天（每周）×24 小时（每天）无人值守的新一代数据中心。

国际权威市场分析机构 Forrester 对数据中心自动化的定义使硬件、软件和流程能够协调工作，从而简化 IT 操作的方法组合，将高度手工作业的流程自动化，辅助 IT 运营和 IT 服务管理团队交付从设计到运营维护的各项服务。在数据中心自动化部署已进入执行和管理阶段的今天，Forrester 指出，数据中心自动化包括全面的搜索、配置和变更管理、IT 流程编排和变更控制等。

数据中心自动化应涵盖应用程序管理自动化、客户端自动化、网络自动化、服务器自动化、存储自动化等方面。对用户来说，市场上可供选择的自动化解决方案很多。不过，由于自动化解决方案囊括了 IT 基础架构的各个组件，涉及服务器、存储、网络、客户端以及流程的自动化，要选择一个能真正帮助企业自动化管理 IT 基础设施的解决方案并非易事，在选择过程中要特别注意下面四个方面。

1. 是否突破瓶颈、支持硬件扩容

硬件设备的扩容是包括企业业务管理者和 IT 经理在内的所有经理人最常面对的问题。企业只要存在一天，就会有成百上千的新信息产生，为了保存这些不断增加的重要业务信息，硬件设备必须扩容。而扩容后，大量的机器如何管理，是非常恼人的问题。

业务服务自动化解决方案中至少要实现服务器和存储自动化。以存储自动化为例，管理平台需要支持各种标准，能够通过互联网的平台整合不同厂商的存储设备资源，包括 SAN、NAS 和 DAS。同时，还要有完备的基本功能，包括发现设备、绘制拓扑图、制作报表、设置安全、记录事件、定义策略、作业顾问和自动执行等。这样才能帮助企业的 IT 部门和服务供应商实现一个既经济又高效的存储基础架构，以降低运营和投资成本，满足服务等级需求，改善业务与 IT 的关联关系。

此外，面对补丁更新时间长、配置缺乏控制、宕机和额外成本等诸多挑战，自动化解决方案还需要提供企业服务器及应用的全生命周期管理，并具备弱点警告等多项功能，以帮助企业自动化整合管理服务器。

2. 能够虚实合一、支持虚拟化管理

许多企业已经迈出了虚拟化应用的步伐，但伴随着虚拟化技术应用的不断深入，物理及虚拟化统一管理等问题随之而来。为此，自动化管理解决方案需要提供对混合环境的管理功能，最好能够集成关键 IT 管理系统，实现标准运维和信息技术基础架构库（Information Technology Infrastructure Library，ITIL）流程的自动化，对企业的数据中心运维提供大量即买即用的工作流。

同时，面对各类的告警风暴、大量告警升级、工作流不一致、忙于救火、缺乏审计记录，以及过多分散的 IT 管理工具等困惑，自动化管理的调度要能够通过对分散的数据中心管理系统的变更进行协调，帮助企业应对最为严峻的管理挑战。流程调度还要能够实现整个 IT 生命周期的变更控制流程的自动化，集成关键管理系统，实施并改进 ITIL 流程，同时协调数据中心变更。这一过程应经济高效，能够使 IT 流程实现自动化，从而消除手动操作，避免错误操作。

3. 管理有道、支持法规遵从

自动化管理解决方案还必须满足法律规范，这也是当前企业社会责任中不可缺少的一环。同时，还应具有网络自动化功能，提供对设备、配置和变更的实时监控，降低错误及宕机概率，实现管理所有设备。

4. 以一敌百、降低成本攀升

追求业务的增长，同时降低成本，提高效率是企业不断发展壮大的保证。如何从员工身上获得更大的"性价比"是企业必须处理好的一环，而提高流程效率以减少返工、将手工操作程序自动化以提高工作效率等是实现这一目标的有效办法。在数据中心自动化的方案中必须提供相应的支持，如通过自动化解决方案中的客户端自动化服务功能，大幅降低 IT 基础设施中的客户端运营成本，优化客户端环境，并提升整个基础设施的能力和业务成效，从而最终达到最佳的应用效率。

# 7.3　方 案 设 计

## 7.3.1　设计原则

贵州高校绿色数据中心方案的设计将在追求绿色、节能的前提下，本着总体规划、分步实施的态度，综合考虑系统结构、技术措施、设备选择、系统实施和应用过程等方面，力求数据中心建成后能真正符合学校教学、管理等应用的需要。在数据中心规划和设计中，严格遵守以下原则。

1. 系统的可扩展性

数据中心机房的模块化设计必须支持未来增长的需要，满足数据中心业务发展需求，机房环境系统的设计必须满足供配电、综合布线、机房空间、承重、空调等方面的扩充要求。

2. 系统的高可用性

业务连续性、数据的重要性要求企业 IT 系统需要提供高可用性的系统，能够提供 7×24 小时不间断服务，不仅应用系统需要高可用性，而且机房工程的配电系统、UPS、制冷系统、综合布线等机房系统都需要能够支持高可用性。

3. 绿色环保节能

设计采用环保材料，并以绿色节能为标准，在各个环节设计中尽量考虑绿色节能的设计方案，降低能耗，达到绿色节能目标。

4. 系统的可管理性

由于数据中心具有一定的复杂性，随着业务的不断发展，管理的任务必定会日益繁重。所以在数据中心设计建立一套全面、完善的机房监控和系统管理系统，应具有智能化可管理的功能，实现先进的集中管理监控，实时监控、监测整个计算机机房的运行状况，实时多种报警方式，简化机房管理人员的维护工作，从而为中心机房安全、可靠地运行提供最有力的保障，并能够为 IT 设备提供 IT 生命周期管理。

## 7.3.2　需求分析

为了建设好绿色数据中心，在数据中心建设的初期一定要做好数据中心的需求分析。需求分析设计、建设的关键是具体设计绿色数据中心时首先要完成的工作。因此，通过对贵州高校数据中心现状和建设绿色数据中心的需求进行全面而深入的分析，我们确定了绿色数据中心建设的要求。

首先是数据中心机房的建设。数据中心机房建设主要包括以下几个方面。

## 1. 装修工程

为保障机房内计算机系统和通信设备能正常动作，一个严谨的环境标准是必不可少的。机房内的任何问题不仅影响到系统的正常动作，还会对系统造成损坏。中心机房作为信息服务中心和数据处理、数据传输中心，要能够 7×24 小时不间断工作，具有一定的扩容能力，场地环境要求严格，整体安全系数要高，因此机房装修内容包括：吊顶安装及天面处理、隔断及墙面外理、地面防静电地板安装及地面处理、门安装、防尘外理等。中心机房建设应选择中档偏上的装修档次，并要求满足以下条件。

（1）装饰选用的材料必须全部符合国际标准或国内优质标准。

（2）所有材料应具备环保、阻燃、无毒、防火性能好；安全耐用，不易变形，美观不变色；不起尘，易清洁，吸音效果好；防静电、抗电磁干扰等性能。

## 2. 供配电系统

动力配电系统，主要是合理分配动力用电，是整体机房高可用性的后盾。计算机机房负载分为主设备负载和辅助设备负载。主设备负载指计算机及网络系统、计算机外部设备及机房监控，这部分供配电系统称为"设备供配电系统"，其供电质量要求非常高，应采用 UPS 通过 UPS 配电箱进行供电且 UPS 的输入、输出电缆分开敷设，并进行标记，用来保证供电的稳定性和可靠性。

辅助设备负载指空调设备、动力设备、照明设备、测试设备等，其供配电系统称为辅助供配电系统，其供电由市电通过市电配电箱直接供电。为了保证计算机的可靠运行，中心机房建设必须建立一个优质、稳定、安全、可靠的供配电系统。考虑到网络设备及其应用的重要性，数据中心机房的"设备供配电系统"应按一类供电方式设计，即计算机设备为一级负荷，计算机负荷由 UPS 设备供电，以保证对计算机设备的不间断供电且能提高供电质量，确保供电的可靠性。

## 3. UPS

UPS 应达到在线式的良好技术参数，具有大屏幕 LCD 中文显示和 LED 设计，可根据用户用电要求对 UPS 进行工作状态个性化设置，同时配合 RS-232 和 RS-305 通信端口真正实现多用途通信和远程监视，可选 SNMP 卡，100%实现远程监控和网络管理，可选若干接口，采用无源接口有效实现对 UPS 的状态监控，并实现如异常时发电邮、语音报警等功能。

## 4. 空调系统

空调系统是运行环境的保障。由于机房中存放着大量并且密度非常高的各种 IT 设备，所以要保证设备的可靠运行，需要机房保持一定的温度和湿度；同时，还必须补充新风，形成内部循环；必须控制整个机房中尘埃的数量，使之达到一定的净化要求。按基本需求，数据中心机房建设应达到下列要求。

（1）计算机机房的温度应该控制在 20～24℃。

（2）机房的空调系统应能全天候供应（24×7×365）。

## 5. 新风系统

为使机房内保持足够的新鲜空气，必须有足够的新风；同时机房内需要排出浑浊的室内气体，达到换气的目的。新风满足两个指标：其一，每人每小时 $40m^3$；其二，应占空调系统总风量的 5%～10%。机房应设置一台新风系统，以保证机房内有足够的新鲜空气。选用新风量为不小于 $800m^3/h$ 一台。新风机采用静音型双向管道式恒温新风机，带过滤器。具体的技术要求应符合《电子计算机机房设计规范》（GB 50174—93）的规定。新风系统的风机要能与消防联动，当消防报警时，能自动关闭风机的电源。

## 6. 环境监控系统

机房环境监控系统是监控为计算机提供正常运行环境的设备，当机房环境设备出现故障时，能够及时响应，不会影响计算机系统的正常运行。机房环境集中监控内容主要包括：供配电子系统、UPS 监控子系统、空调监控子系统、温湿度监控子系统、漏水监测子系统、消防监测、门禁及视频监控子系统等。监控设备内容包括：机房动力系统（主要配电设备监测、UPS、精密空调、新风机等）、环境系统（漏水系统、温湿度、照明等）。可监测设备的重要运行数据和参数数据等，可对数据进行分析、存储、历史记录，并提供报表功能。可实时检查设备的运行状态，当有设备故障发生时，记录设备故障情况，并对发生的各种故障情况给出处理信息，报警提示，可实现多种快速有效的报警方式，如多媒体语音、屏幕报警、电话报警、短信报警、邮件报警、声光报警等。并提供报警记录存储、查询、打印功能，方便事后进行故障分析和诊断，以及责任人员分析。

## 7. KVM 系统

根据近期规划，集中控管系统要求采用全数字式集中控管解决方案，实现对机房服务器进行远程管理、串口设备进行远程访问控制，采用数字 KVM 方式集中认证管理系统进行统一的认证、授权与统计要求，同时提供 IP 通道可以远程操作管理机房中的服务器，但系统必须具备充分的后续扩容能力。

8. 消防系统

计算机机房是每个企事业单位的重要部门，机房 IT 系统运行和存储着核心数据，由于 IT 设备及有关的其他设备本身对消防的特殊要求，对这些重要设备设计好消防系统，是 IT 设备正常运作及保护好设备的关键所在；机房灭火系统禁止采用水、泡沫及粉末灭火剂，适宜采用气体灭火系统；机房消防系统应该是相对独立的系统，但必须与消防中心联动。一般大中型计算机机房，为了确保安全并正确地掌握异常状态，一旦出现火灾能够准确、迅速地报警和灭火，需要安装自动消防灭火系统。

9. 智能弱电系统

数据中心的智能弱电系统包括综合布线系统、门禁系统和视频监视系统等。综合布线系统（Premises Distribution System，PDS）是为计算机、通信设施与监控系统预先设置的信息传输通道。它将语音、数据、图像等设备彼此相连，同时能使上述设备与外部通信数据网络相连接。它的核心就是"综合"，也就是各个弱电系统均可用综合布线系统进行信息传输。作为一个现代化的数据中心，为了保证机房内部的设备安全及数据保密，在各机房主要出入口和配电间、监控室等重要房间入口各设置一套门禁系统，以严格控制各个出入口人流、物流进出情况，确保机房内设备等资源的安全。全采用进、出门均刷卡的方式，实时记录人员进出情况。

视频监控系统是数据中心的一个重要组成部分，通过遥控摄像机及辅助设备（镜头和云台等）直接观看被监视场所的情况，可以在人们无法直接观察的场合，实时、形象、真实地反映被监控对象的画面，便于人们同时对数据中心进行监控，同时还可与防盗报警系统联动，加强防范能力。

随着国家经济实力的增长，以及科学技术水平的提高，为适应全球资源环境压力增大的变化，绿色 IT 将会成为学校信息化的一种趋势，建设高效安全、低耗能的绿色数据中心成为学校的必然选择。

目前，服务器及存储设备分别承载这些业务系统的运行，造成数据中心的能耗越来越大，机房空间也越来越紧张。需要解决众多接入交换机的管理和维护的问题。机房建设应达到下列要求。

（1）增加虚拟服务器的使用，使硬件在不增加能耗的情况下处理更多的工作量。

（2）在服务器不使用时将其自动转换为节能状态。

（3）只在设备需要时才开启制冷。

（4）电力系统的合理分配。

（5）高可靠性新型技术的利用。

绿色数据中心建设应做到技术先进、经济合理、安全适用、确保质量，以及信息共享、资源整合、集中管理，现有的应用系统在各校区互连互通后，应可以共同使用。

### 7.3.3　思科与惠普解决方案

**1. 思科数据中心 3.0 的解决方案**

思科数据中心 3.0 的基本要素——整合、虚拟化和自动化，能够降低总拥有成本，提高资产利用率，降低电源和冷却需求，并提高运营效率，通过一系列已定义的重叠阶段，提供数据中心基础设施的发展计划。尽管各阶段目标十分明确，但企业实施各阶段的速度却是根据企业具体的业务需求而定的。

1）阶段一：现状

目前，普通数据中心部署的服务器通过千兆以太网网络接口和独立光纤通道主机总线适配器（Host Bus Adapter，HBA）与网络相连。这些数据中心的生产虚拟机密度一般较低，只有不到 10% 的生产工作负载在虚拟机上运行，运营结构以此孤立技术为基础构建[8]。此时，客户能继续使用其现有基础设施投资。随着他们开始扩展其现有网络交换机数目，Cisco Nexus 系列提供大量选项，包括 Cisco Nexus 7000 系列交换机和 Cisco Nexus 2000 系列交换矩阵扩展器，来支持与千兆以太网相连的服务器。这种方法使客户能保持与现有 Cisco Catalyst 系列基础设施的运营和管理一致性，并通过在未来部署万兆以太网、统一交换矩阵和虚拟机感知网络（Cisco VN-Link）的能力，提供前瞻性的投资保护。

2）阶段二：服务器整合

阶段二中，客户使用 VMware ESX、Microsoft Hyper-V 或 Xen 等服务器虚拟化技术来整合服务器，以降低 TCO。将多个一般较少使用的物理机整合为虚拟机，减少物理服务器数目的能力，能为客户带来巨大的成本优势。在此阶段中，虚拟机成为默认应用平台，60%～80% 的 x86 应用运行在虚拟环境中[9]。

从网络的角度，虚拟机密度的提高鼓励企业升级到万兆以太网，将其作为连接服务器的默认机制，这是因为单一服务器上的多个虚拟机会快速使一条千兆以太网链路饱和，而在超过特定阈值后，多条千兆以太网链路将失去经济高效性。在此阶段中，存储流量仍进行单独传输。Cisco Nexus 7000 和 5000 系列能够为升级到与万兆以太网相连的服务器提供支持。例如，使用 Cisco Nexus 7000 系列，升级只需添加万兆以太网 I/O 模块。Cisco Nexus 2000 系列交换矩阵扩展器支持其余的与千兆以太网相连的服务器，并同时在整个网络中保持一致的运营环境。此时，如果客户运行 VMware 的 ESX 管理程序，他们也能部署 Cisco Nexus 1000V 交换机。该功能为客户提供直至单个虚拟机级别的运行一致性，以及策略便携性，因此，当虚拟机在数据中心内移动时，网络和安全策略也随之移动。Cisco Nexus 1000V 能部署在目前运行 VMware ESX 的任意地点，与服务器上行链路速度或上游接入交换机无关。

3）阶段三：I/O 整合

第三阶段主要是升级到统一数据中心交换矩阵，一般有两个触发因素。第一个因素是企业希望通过简化基础设施和拆除支持独立局域网和存储网络所需的冗余组件（接口、电缆、上游交换机等），来继续降低 TCO。第二个触发因素是客户希望利用其虚拟机完成更高级的任务，包括使用动态资源调度（Dynamic Resource Scheduling,DRS）等技术。这些目标要求所有服务器都拥有一套统一、普及的网络和存储功能，而最简单、最高效的实施方法之一就是部署统一交换矩阵。向统一交换矩阵的迁移使所有物理和虚拟服务器都能接入 SAN，在客户 SAN 中整合更多存储，从而进一步降低客户的 TCO 并提高他们的效率。因为此阶段的重点是整合服务器 I/O，所以主要需调整服务器接入层来支持统一交换矩阵。为部署以太网光纤通道（Fiber Channel over Ethernet，FCoE），在服务器方需采用 Emulex 和 QLogic 等公司的新型融合网络适配器，或为 Intel 的万兆以太网适配器部署一个新软件驱动程序。请注意，VMware ESX 3.5U2 上支持 FCoE，且 Emulex、Intel 和 QLogic 接口都位于 VMware 3.5 硬件兼容列表（Hardware Compatibility List，HCL）上，所以该阶段既包括物理服务器，也包括虚拟服务器。在网络方，只需在 Cisco Nexus 5000 系列上启用 FCoE 特性，安装光纤通道或光纤通道和数据中心以太网上行链路模块，就能支持 FCoE。任何相连的 Cisco Nexus 2000 系列交换矩阵扩展器也都支持 FCoE 功能，但因为上行链路超额配置，必须慎重进行流量规划。Cisco Nexus 7000 系列支持 FCoE，在 2009 年年末推出支持数据中心以太网的 I/O 模块（以便提供可靠传输）。那么，部署 iSCSI 的情况是怎样的呢?到目前为止，讨论的重点一直是 FCoE；然而，从实际角度来说，"统一交换矩阵"也可以是 IP 小型计算机系统接口（Internet Small Computer System Interface，iSCSI）。思科预计，在实际环境中，下一代企业数据中心将包括多种技术，如 FCoE、iSCSI 和光纤通道等。Cisco Nexus 系列提供的高度可用、高性能、无丢包的万兆以太网基础设施能使这两种方法均从中受益。

4）阶段四：便于扩展的动态数据中心交换矩阵

阶段四的目标是发挥上一阶段的功能优势，提高数据中心数据交换矩阵的可扩展性、灵活性和效率。该阶段允许任意数据中心资产访问其他任何资产。从存储角度来看，数据中心交换矩阵将支持 FCoE 和 iSCSI 服务器接入，以及与 FCoE、光纤通道和 iSCSI 相连的目标。数据中心以太网将从接入层扩展到汇聚和核心层。这种扩展的优势之一就是简化对光纤通道 SAN 的访问，因为不需要再通过专用链路从接入层进行光纤通道回连。如前面所述，该阶段是以前一阶段为基础的，因此它主要完成到 Cisco Nexus 万兆以太网基础设施的升级。但有一个新任务，即向现有 Cisco MDS 9000 系列导向器级光纤通道交换机添加 FCoE 接口，以简化对现有 SAN 的访问[10]。

5）阶段五：统一计算

该解决方案的最终目的是一个完全虚拟化的数据中心，由计算、网络和存储资源池组成。安全模型第四层和第七层处理（如负载均衡）等服务也完全虚拟化，能在任何需要之时实施。该数据中心具有自动管理和配置功能的支持，因此能够根据策略和实时触发因素，灵活地创建和拆除应用环境。企业所获净优势包括提高成本效率和使IT更好地满足业务需求。

2. 惠普新一代数据中心解决方案

惠普对新一代数据中心有一个明确的定义：基于标准构建模块，通过模块化的软件实现全天候无人值守计算环境，建立IT服务的供应链。惠普通过适应性的基础设施技术，可帮助企业从当前数据中心高成本的IT孤岛，转变成未来低成本的池化IT资产。为此，惠普归纳了六个关键的技术要素，第一是IT系统与服务，即标准化、模块化和可扩展的平台技术；第二是电源与散热，即绿色计算；第三是强调统一的管理；第四是主动的安全；第五是虚拟化；第六是自动化。

1）标准可扩展的系统平台

现在的数据中心越来越往高密度发展。刀片服务器的优势恰好就在于能够满足高密度的需求，它可实现节能、便捷、应变的目标。惠普最近推出了将两台服务器结合在一个刀片中的刀片服务器[11-15]。不仅是服务器的刀片，还包括网络刀片、存储刀片，甚至惠普的电源都可以放到整合的系统里面。

2）完整节能与动态散热

在绿色数据中心方面，惠普有一个全面的解决方案，从低功率处理器、低功耗内存，到服务器与存储设备，再到主动式散热风扇等机箱级节能技术、洞察电源管理器软件等节能管理工具，一直到动态智能散热等数据中心级节能技术，惠普拥有完整的节能链。其中，动态智能散热技术是惠普十年创新研究的成果，借助安装在机柜上的热传感器实时收集与传输环境数据的技术及与数据中心制冷设备的动态互动控制，惠普动态智能散热技术可将数据中心的散热成本降低15%~40%，减少了二氧化碳的排放量[12]。

3）三个层次的安全策略

安全是数据中心非常重要的一个方面，惠普把安全分为三个层面：第一是IT资源安全，包括服务器、网络等，从硬件到软件都要保证系统安全；第二是数据安全，访问每一个设备都需要做到安全，数据安全不仅包括在线数据，还包括离线的没有在使用的数据；第三是每个用户身份的安全，安全不仅是一个技术问题，与管理制度也是息息相关的。

4）统一基础设施管理

管理是非常重要的方面。高昂的运维成本与不能做到高度集中的管理是有很大关系的，惠普因此强调统一的管理。使用统一的界面和逻辑去管理，一个管理员即可管理上百台系统。另外，统一的基础设施管理还能够通过标准化事件响应等技术，实现快速解决问题的目标。系统洞察管理器可管理全部的惠普服务器与存储设备，从而降低数据中心的软件成本[13-18]。

5）让虚拟成为现实

虚拟化概念的提出，最重要的一个原因是要提高 IT 资源的利用率。虚拟化有几个好处：第一是降低成本，第二是提升系统的灵活性，第三是提升整个服务质量。惠普的虚拟化方案也是全面的，从桌面系统一直到服务器，再到整个的数据中心，最终达到企业单级 IT 共享服务的目标。惠普的虚拟化技术不仅是服务器的虚拟化，还有基于电器隔离的技术，再到 CPU 资源[14]。现在不仅是服务器，还有存储网络、电源都要进行持续化的管理。

6）端对端的自动服务

在传统的数据中心中，设备故障往往需要人力排查。这个问题出现的原因是没有实现自动化的管理。惠普提供的自动化方案包括终端自动化、网络自动化、服务器自动化与存储自动化四个方面。所有的运维、管理、变更的策略都预先制定好，有了事件系统可以自动响应。惠普认为数据中心的改造有四个重要方面：高效能源与空间、业务连续性和高可用、数据中心自动化、数据中心整合。根据这四个方面，惠普将新一代数据中心的发展定义为五个阶段：独立分隔的、标准化的、优化的、面向服务的、适应性共享基础设施。

# 7.4　架　构　设　计

机房建设是一个系统工程，根据对新校区数据中心现状和需求的分析，确立了绿色数据中心的方案设计思路。绿色数据中心方案设计主要包括机房系统工程和节能环保两个方面的内容。

机房系统工程是整个新校区绿色数据中心的基础，在这个基础之上融合节能环保手段，共同组成了绿色数据中心。节能环保体现在环保材料的选择、节能设备的应用、IT 运维系统的优化以及避免数据中心过度的规划。例如，UPS 效率的提高能有效降低对电力的需求，达到节能的目的。机房的密封、绝热、配风、气流组织这些方面如果设计合理将会降低空调的使用成本。进一步考虑系统的可用性、可扩展性，各系统的均衡性，结构体系的标准化，以及智能人性化管理，能降低 TCO。

## 7.4.1　装修工程设计

1. 机房平面布局

机房区域按其使用功能和各功能之间的相互关系，将机房区域划分为主机房、配线间、配电间、气瓶间四个区域。

（1）主机房：用于放置 UPS 电源主机及各种服务器设备和各弱电系统设备安装区域。

（2）配线间：用于放置网络机柜、网络设备、光缆配线架、网络配线架等设备安装区域。

（3）配电间：用于放置电池、市电配电柜、UPS 配电柜等配电设备。

（4）气瓶间：用于放置气瓶等消防设备。

### 2. 地面设计

为了铺设电源线及信号线方便，机房的地面采用抗静电的活动地板。活动地板配备带通风地板。放置活动地板的地面要平整、光滑。机房内切忌铺地毯，一是容易积灰，二是容易产生静电。抗静电的活动地板下需要进行防尘处理，刷机房专用防尘漆。同时还应进行防鼠、防水、防火间隔。

主机房抗静电的活动地板下，由于采用下送风式空调，在最底层需要进行地面保温以防结露。该保温棉有以下六大优点：①绝热效果佳、节能；防潮、防结露；②阻燃防火性能好；③外观高档、匀整美观；④安装方便、快捷；⑤用材薄、省空间；⑥卫生、不起尘。

对于机房地面工程设计如下。

（1）主机房、配线间地面首先进行基层清理（地砖清洁和防尘处理）。主机房、配线间采用无边全钢抗静电地板。配备原厂地脚及配件、原厂地脚胶及螺丝胶，地板铺设做到所有连线横平竖直；配备通风地板，用于输送冷气到机房空间。

（2）主机房、配线间采用不锈钢板踢脚线，施工时应对准地脚座位置剪孔穿出，所有接缝应贴紧并使之整齐。

（3）主机房入口处设置鞋柜，放置机房专用软底拖鞋。

（4）抗静电地板沿墙收边处理。

（5）气体间、配电间铺设地砖。

### 3. 天面设计

机房顶棚内有大量的管线以及照明灯具等其他设备。为了美化机房环境，同时也为了节约空调能耗，一般在原顶棚下加一层吊顶。吊顶材料应满足吸音、防火、防尘、防潮要求及有效地防止电磁波干扰。国内多采用铝合金及轻钢作为龙骨，安装吸音铝合金板。主机房、配线间天面设计采用铝合金微孔金属板天花、内贴防火吸音纸，天花吊杆需用膨胀螺栓与顶板可靠连接，吊杆刷防锈漆，天花所有接缝连线横平竖直。

### 4. 天面内防尘处理

在安装天花之前，将主机房、配线间原楼板底清理干净并刷防火涂料三遍，避免机房在今后的运行过程中产生灰尘，影响计算机系统的正常运行。防尘漆应涂抹均匀，无漏涂、少涂现象。

5. 墙面及间隔设计

机房墙面设计可根据实际情况选择不易吸尘、起尘及防火、防潮的材料为宜。目前大多采用彩钢板、铝塑板、防火壁纸及防火板等。而对于 A 级要求的机房，为了增加机房的密封性和墙身的保温性，同时可屏蔽一定数量的电磁波及无线电波干扰，一般要求墙身材料为金属饰面板，内衬具有保温隔热功能的底板。

考虑到计算机的更新换代及布局的变更和扩充，隔断墙设计成易于拆除而又不损坏其他部分的建筑结构；隔断墙应具有一定的隔声、防火、隔潮、隔热和减少尘埃附着的能力，特别要符合消防防火的要求。基于机房内气体灭火防区的考虑，在防火区的周围，主机房与网络配线间之间采用钢化玻璃隔断，采用优质型钢做玻璃隔断上框，隔断上框外包发纹不锈钢。配线间的钢化玻璃间隔不到顶，安装至天花吊顶上。玻璃间隔上下以型钢与上下楼板固接，所有型钢及焊点均采用打磨表面后刷防锈漆的方法进行防锈处理，保证间隔的强度。玻璃间隔具有不起尘、易清洁、平整度好等特点，能保证机房洁净度，且通透感强。玻璃间隔便于工作人员对机房内设备的观察，有利于设备摆放，给工作人员带来视野开阔、豁亮、轻松的感觉。

6. 机房防水处理

机房施工前应先确认外墙无渗水、漏水现象。如有，则应先对外墙进行防水处理才能进行机房施工。机房外其他区域有水渗入机房的事例也屡见不鲜，因此气体间入口处应铺设门槛，以防通过走廊有水侵入机房内。

机房内防水主要如下。

1）空调机冷凝水排放

（1）精密空调系统安装冷凝水排放管，精密空调冷凝水管由本层地坪穿至室外绿化带排水，出水口高于排水口 2%～3%。

（2）精密空调的进排水管的布放，需严格按规范工艺施工（水管进出水口高差控制，水管防漏），精密空调进口管采用电磁阀，与漏水监控系统联动。

2）防新风气流因温差结露

机房区的新风如果直接引自室外大气，高温季节，湿度大时，引入的新风与机房内 23±2℃气流相遇时会产生少量冷凝水。选用带温差控制的全热交换新风机，热交换效率在 75%以上。

3）防止因空调机加湿器，进、排水管损坏漏水

（1）沿精密空调机安装处周边设深 30～50mm 的防水堰，沟底做漏水口，并与室外下水管道相通。

（2）本工程机房环境监测系统中，在空调区地面设有漏水自动监测系统，可实时监测地面漏水状况。

### 7. 机房门窗处理

机房的门应保证最大设备能进出。设计原则如下。

（1）外围大门：主机房鉴于防火考虑应为全钢甲级防火门，门上安装定位闭门器。

（2）内隔墙门：原则上内隔墙门与墙体统一，即配线间玻璃间隔采用钢化玻璃门。

### 8. 场地降噪、隔热处理

根据国家标准规定：在主控台处不大于 68dB。因此为达到对精密空调机组的工作噪声和气流噪声的有效控制，采用在精密空调机组下专设重力分散和缓振器，控制送风风速。而且在精密空调作用区域下的楼板，加铺 PE 防火保温板和一层镀锌板。在间隔墙中，采用节能与环保材料，即加垫挤塑泡沫板，以达到防火隔热的作用。

### 9. 场地净化处理

精密空调区的洁净程度标准为：A 级，每升含尘量≤18000 粒（粒度≥0.5μm）。应采取有效措施，确保主机房区的洁净度：在整个机房的楼面及顶面刷一层防尘抗静电涂料，避免灰尘的产生及吸附；通过精密空调送回风过滤网的吸附达到除尘效果；在新风机上安装中效过滤器。

### 10. 隐蔽工程处理

对于装饰工程中的隐蔽工程，施工时应严格按照国家标准，对隐蔽部分材料，需采取如下措施。

（1）墙体部分进行防潮、防火及保温处理。

（2）部分非阻燃材料必须涂刷防火涂料。

（3）所有隐蔽用材必须符合机房用材性能指标，做到不起尘、阻燃、绝燃、不会产生静电、牢固耐用并无病虫害发生。

（4）各种涂料必须符合环保要求。

（5）静电地板下的走线线槽、管路、桥架和插座应悬空地面保温层上 5～8cm，不许贴地。

（6）在与机房外部相通部分做好防鼠设施。

### 11. 机房等电位处理

机房所在大楼原有防雷接地系统保护了机房免受直击雷的危害，但仍然具有遭受雷电危害潜在的危险。计算机机房作为一个重要的数据中心，集中了大量微电子设备，而这些设备内部结构高度集成化，从而造成设备耐过电压、过电流的水平下降，对雷电浪涌的承受能力下降。

机房设计的等电位处理手段为：天、地、墙六面均采用金属板为装饰材料，可采用自然形成的法拉第罩等电位体形成一个天然的屏蔽体，防止内外电磁的干扰。

## 7.4.2　供配电系统设计

对于计算机机房内的主机和网络设备而言，干净、不间断的电源供应是极端重要的。但公用供电系统不可能提供不间断的高质量电源，因此可靠的解决办法是采用UPS，保证可靠的连续供电。

数据中心机房配电系统设计具体如下。

（1）机房内插座分为两种：UPS 供电的计算机主机和重要通信设备专用插座；市电直接供电的辅助设备用标准插座。

（2）在市电配电箱，主要包括空调机、照明及机房内维修插座的配电，应分开回路设计，每一回路设置单独电源开关控制。

（3）在机房设专用 UPS 配电柜，主要负责计算机用电设备、应急照明、安全出口等供电，配电方式采用放射式。

（4）主机房内每个机柜位置提供 UPS 供电专用插座，由 UPS 通过配电箱为每个机柜组提供一个 UPS 回路。回路采用 ZR-BV-3×4mm$^2$ 阻燃电线，使用 25A 空气开关控制。所有这些插座安装于地板下并进行垫高处理，相应的防静电地板处需有出线口。

## 7.4.3　UPS 系统设计

由于一般数据中心的建设都不是一步到位的，机房设计时考虑未来的扩容，在设计时 UPS 容量一般都考虑容量比较大些，初期负载量只有规划容量的 10%～20%，使 UPS 的利用率很低，造成电能的浪费。所以采用了模块化 UPS，实现逐步扩容。模块化 UPS 的特点主要包括：可扩容、平均故障修复时间（MTTR）短、可经济实现"N+X"冗余并机。

中心机房 UPS 主机放置在主机房内，UPS 配电柜和电池放置在配电间，采用三进三出模块化 UPS 供给中心机房计算机服务器系统和网络系统负荷用电。UPS 主机配置原装电池，保证单机后备延时时间不小于 2h。UPS 应达到在线式的良好技术参数，具有大屏幕 LCD 中文显示和 LED 设计，可根据用户用电要求对 UPS 进行工作状态个性化设置，同时配合 RS-232 和 RS-305 通信端口真正实现多用途通信和远程监视，可选 SNMP 卡，100%实现远程监控和网络管理，可选的干接点接口，采用无源接点有效实现对 UPS 的状态监控，并实现如异常时发电邮、语音报警等功能。

## 7.4.4　空调系统设计

一般空调系统设计时，依据"最大负荷再加上 20%～50%预留负载量"而设计；实际运行时，空调系统均并未达满负载状态，系统存有很大的冗余；因此空调系统需要：将不必要的冗余空调负载减供；将无效使用的进行无效能减供；有效使用大自然新风供冷的制冷能力。

### 1. 机房环境设计

温度、湿度、洁净度对于计算机及网络通信设备的正常运行及寿命都有很大的影响。过高的室温使元件失效率急剧增大，使用寿命下降。温度过低，磁盘、磁带及纸发脆容易断裂。而温度的波动又会产生"电噪声"，机器不能正常运行。湿度过低，容易产生静电，对机器产生干扰。湿度过高，机器内的焊点、插座接触电阻及各种设备的控制电路漏电加大，造成机器运行不稳，严重地损坏计算机及网络通信设备。如果有灰尘，其纤维性颗粒程度对计算机及网络通信设备的正常运行影响很大，特别是软件盘驱动器、磁带机、磁盘、各类绘图仪和打印机，在洁净度很低的环境内很容易损坏，要满足机房对温度、湿度及洁净度的要求，主要靠空调设备来保证，所以应根据具体情况选择合适的空调系统。

在计算空调负荷时，要考虑以下损失因素。

（1）设备发热量。

（2）机房外围结构传热量。

（3）室内工作人员发热量。

（4）照明灯具发热量。

（5）室外补充新风带入热量。

因此在选择空调机时，应在计算热负荷的基础上乘以 1.1 的系数。计算出空调容量之后，根据具体情况，选择合适的空调机。在南方及沿海地区，主要是降温和去湿。在北方及内陆地区，既要降温去湿，又要升温加湿。机房对洁净度有较高要求。要满足机房洁净度要求：一是加强对机房的封闭措施，使机房内形成一定的正压，通常应封闭所有的窗户，新风则通过带过滤器新风机补充，为避免室外新风影响室内参数，补充新风口应与空调机回风口相接，或安装在靠近回风口的位置；二是空调系统本身应有空气滤清装置，应定期对滤清装置进行清扫。

### 2. 气流组织设计

气流组织就是将空调机送出的冷风通过预定的风道、风口，按预定的风量与风速送往需要制冷的地点，再把设备产生的热空气回收到空调制冷的过程。气流组织分为三个部分，即冷气产生、冷气配送、气流返回。

数据中心机房内计算机设备及机架采用下送风上回风"冷热通道"的安装方式。"冷热通道"的设备布置方式，打破常规，将机柜采用"背靠背、面对面"摆放，这样在两排机柜的正面面对通道中间布置冷风出口，形成一个冷空气区"冷通道"，冷空气流经设备后形成的热空气，排放到两排机柜背面中的"热通道"中，通过热通道上方布置的回风口回到空调系统，使整个机房气流、能量流流动通畅，提高了机房精密空调的利用率，进一步提高制冷效果。

普通空调系统应具备自动启动功能，如发生停电，当市电恢复正常时，空调系统应在无人值守的状态下，能自动按原有设置重新启动并正常运行。空调室外机统一安装在空调间里。

## 7.4.5　新风系统设计

新风在机房系统建设中是必不可少的一部分，是为机房工作人员创造舒适工作环境必须建设的项目，在密闭条件下，新风显得尤为重要。机房新风系统主要有两个作用，其一是给机房提供足够的新鲜空气，为工作人员创造良好的工作环境，同时氧气是很好的除味剂；其二是为保证机房内环境洁净度，机房内必须保持正压，避免灰尘和热空气进入。

为了设备的正常工作，并给员工一个舒适的工作环境，在主机房、配线间和配电间安装管道式新风系统，新风机设置在楼层的走廊吊顶内。新风量的选择为 $40\text{m}^3$ 每人每小时或按机房容积的 $2\sim5$ 倍。由于机房中人员相对较少，为保证房间空气新鲜，房间中应含有 $15\%\sim20\%$ 的新鲜空气，工作人员才不会感到胸闷、头晕。因此选用总机房容积的 5 倍作为新风量的计算方法，可达到每小时换气 5 次以上。新风机带初效过滤器，并增加一个中效过滤器。

新风机采用静音型双向管道式恒温新风机，带过滤器。通过风管将新风送入吊顶内，利用空调的送风系统进行送风。送风新风管采用镀锌钢板制作，保温采用保温板（不燃级）。并根据设计要求风管上设有电动防烟防火调节阀。

根据机房选用空调机组的特点，将机房内的新风管道送至空调上部。其气流走向为：室外空气通过新风处理机组。通过送风管道送到室内安装的机房专用精密空调上方吊顶的出风口，由于空调上部呈负压，新鲜空气被吸入空调，冷却（加热）后，从空调下部送至机房内，冷却（加热）设备的同时，使房间内获得新风，这样的安装方式，既满足使用要求，又大大降低了初装费用。

为保证机房与走廊保持微正压状态，机房区采用余压阀排风。当正压过高时机房内空气经余压阀排到走廊，余压阀还起到气体灭火时的泄压作用。

## 7.4.6　环境监控系统设计

数据中心机房的环境监控系统根据用户的需求，对整个机房场地的环境与图像实现集中监控，包括对机房动力系统（包括主要配电设备、UPS 监控）、环境系统（机房专用精密空调系统、漏水系统、温湿度）等具有完善的监控和控制功能，更为重要的是要融合机房的管理措施，对发生的各种事件都结合机房的具体情况非常务实地给出处理信息，提示值班人员进行操作。实现了机房设备的统一监控，智能化实时语音电话报警，实时事件记录；减轻机房维护人员的负担，有效提高系统的可靠性，清理事件关系，实现机房可靠的科学管理。

预计将机房环境监控系统分为六大功能，分别为数据管理、安全管理、配置管理、能耗管理、报警管理、报表管理。环境监控系统将数据流、视频流、音频流共一个平台集中监控管理，系统采用 C/S+B/S 结构，要求设备数据、环境参数、视频集中在一个平台进行监控。结构上采用 C/S+B/S，采用分散监控，集中管理。由中心控制软件平台统一控制其余的各软件系统。各个软件系统间相互独立，在其中某个软件系统出现故障的情况下，其余的各个系统仍能够继续正常工作。

### 1. 供配电系统

通过数字电表、通信协议及智能通信接口实时监视配电柜的三相电压、电流、频率、功率因数、有功功率等。通过增加辅助触点和工控模块实时监测配电柜的多路重要开关状态。一旦供配电系统工作状态不正常，系统会弹出报警画面并自动拨打有关人员的电话，告知值班人员。

### 2. UPS

通过由 UPS 厂家提供的通信协议及智能通信接口对 UPS 进行故障诊断，对 UPS 内部整流器、逆变器、电池、旁路、负载等各部件的运行状态进行实时监视，一旦有部件发生故障，系统会自动报警，并且实时监视 UPS 的各种电压、电流、频率、功率及负载输出峰值指数等参数，并有直观的图形界面显示。

### 3. 空调设备

通过由空调厂家提供的通信协议及智能通信接口对机房的精密空调进行全面诊断监控，对空调内部的压缩机、风机、冷凝器、加湿器、去湿器、加热器等部件实时进行监视。一旦部件发生故障，系统会直观地在画面上显示出来并报警。

### 4. 漏水检测系统

由于机房内温湿度的要求，大多机房有着冷暖空调、暖气等设备，液体泄漏的情况时有发生，同时也可能有自来水漏水、雨水侵入等情况发生。这就要求我们及早地发现泄漏情况，精确地知道泄漏的位置，及时处理，保证机房设备的稳定运行。漏水检测系统采用带漏水感应线的漏水探测器，对主机房内精密空调的四周进行漏水检测。一旦有漏水发生，系统会弹出报警画面并自动拨打有关人员的电话，把报警信息告知值班人员及有关人员。

### 5. 温湿度检测

由于面积、送风设备分布等因素影响，温湿度变化不均匀，必须加装温湿度检测系统。在机房不同位置安装温湿度传感器，其输出连接到工控模块，可实时地监测现场温湿度状况。针对机房的具体情况，机房内安装温湿度传感器。除此之外，根据机房的实际应用，还可设计有如下功能。

（1）声光报警功能：设备环境监控系统主要是在计算机上运行。为了及时显示有报警产生，减少反应时间，在值班室安装了声光报警器。

（2）联动精密空调进水阀：当机房内发生漏水，漏水侦测系统探测出来时，设备环境监控系统在报警的同时，马上将精密空调的进水电磁阀门关掉，避免更严重的漏水发生。

6. 消防监控系统

取消防控制主机发出的报警信号接入工控主机，系统会弹出报警画面，通过多媒体语音、电话语音报警，告知值班人员，并实现联动报警和开启门禁。

7. 新风监控系统

安装采集模块监测新风机工作状况，用控制模块控制新风机的开关。新风机监控模块采用 RS-305 总线通信方式，一旦有火灾等报警发生，可联动关闭新风机，工作人员也可根据需要远程控制新风机的开关。

## 7.4.7　智能弱电系统设计

绿色数据中心的智能化弱电系统包括综合布线系统、门禁系统和视频监视系统等。

1. 综合布线系统

因为数据中心机房服务于整个校园网络，其内部设备的变化比较频繁，准确地预计比较困难，建议更多地考虑扩展方便而不是一步到位，而且这样考虑也能降低成本。考虑扩展性时，应将布线的路由通道考虑充分。

机房内服务器和终端数量众多，设备的安装形式分为两种主要的布置模式：塔式服务器和机架式设备。二者对信息插座密度的需求相差较大。布置时应确定安装模式、数量、接口数、接口规格。

目前，机房内走线方式主要有三大类。

上走线式：这种方式一般机房内所有线缆（强、弱电）通过设备上方进入。通常采用明装铝合金走线架方式。优点是线缆维修及扩容比较方便。这种方式在通信机房应用较多。

下走线式：这种方式一般机房内所有线缆（强、弱电）通过设备下方进入。通常采用暗装（地板下）金属线槽走线方式。优点是机房总体效果整洁、美观。IDC 机房多用此种方式。

上下走线结合：这种方式采用通信线路上走线，供电线路下走线的方式。真正做到强、弱电分开，较为合理，但成本较高。针对本机房具体情况，设计采用下走线的方式。

2. 门禁系统

门禁系统，又称为出入口控制系统，主要功能在于实现对什么人在什么时候进出哪个区域的门进行控制。一套现代化的、功能齐全的门禁系统，不止是作为进出口管理使用，而且还有助于内部的有序化管理。它将时刻自动记录人员的出入情况，限制内部人员的出入区域、出入时间，保护机房设备的使用安全，带有巡更及防入侵报警功能。

作为一个现代化的数据中心，为了保证机房内部的设备安全及数据保密，在各机房主要出入口和配电间、监控室等重要房间入口各设置一套门禁系统，以严格控制各个出入口人流、物流进出情况，确保机房内设备等资源的安全。全采用进、出门均刷卡的方式，实时记录人员进出情况。

门禁系统的主要流程为：首先通过管理软件，在控制器内设置人员的出入权限，然后通过设置参数通过线路下载到现场控制器，控制器按设置的权限对门进行出入控制。整个系统由 UPS 供电，且与消防联动。在灾害发生时，供电系统自动关闭，电控锁会自动开启，保证受控门的通畅（也可设计成为断电关闭），并可在系统中发生非正常事件时，进行报警。

3. 视频监视系统

对于绿色数据中心设计，主要面临的问题有以下几个。

数据中心机房的 IT 设备区，由于采用机柜式布局，有很多的机柜间走道，标准的机柜有 2.2m，这样容易形成监控死角。特别是随着数据中心机房的模块化增加，机柜数量增加，原有的系统更有可能形成死角了。

在绿色数据中心设计时就需要特别解决，当机房模块化增加时，机柜增加时的监控死角问题。这时需要增加前端摄像机，在每个过道都设置摄像机监控，才能消除死角。

机房采用数字硬盘录像系统进行监控，基于计算机技术的硬盘录像系统主要由摄像、传输、计算机处理系统三个部分组成。根据现场实际情况，设计适当数量的监控点，采用实时数字硬盘录像系统。机房的摄像机的信号在进机房的硬盘录像机前加装分配器，将信号一分为二，一路接入硬盘录像机，另一路接入学校安防监控总控中心网络矩阵，实现两地同时实时监控。

## 7.4.8 能耗源分析

数据中心中最核心的部分是由服务器、存储设备和网络设备等组成的 IT 设备。这些 IT 设备对整个企业的正常运作起着非常重要的作用，因此数据中心对服务器、存储设备和网络设备的投入是非常巨大的。而且从数据中心的发展趋势来看，将来这些 IT 设备的数量也将得到快速增长。

数据中心聚集了大量的 IT 设备，这些 IT 设备产生的能耗是非常巨大的，在整个数据中心中所占比例也很大。据美国环保局对数据中心机房的能耗调研分析，各种用电设备在数据中心机房中所产生的功耗中各自所占比例大小的分布为：由服务器设备、存储设备和网络通信设备等所构成的 IT 设备系统是数据中心机房的能耗最大的。由它们所产生的功耗约占数据中心机房所需总功耗的 50%左右。其中服务器设备所占的总功耗为 40%左右。另外的 10%功耗基本上由存储设备和网络通信设备均分[15-20]。

数据中心机房中的空调系统的功耗在数据中心机房总能耗中排第二位，由它所产生的功耗约占数据中心机房所需总功耗的 37%左右。位于数据中心机房中的由输入变压器和 ATS 开关所组成的 UPS 输入供电系统，以及由 UPS 及其相应的输入和输出配电柜所组成的 UPS 系统在数据中心总能耗中排在第三位，它们的功耗约占数据中心机房所需的总功耗的 10%左右。照明及其他系统的能耗占 3%[16-21]。

因此对数据中心的绿色节能设计，先要对数据中心进行能耗源分析。数据中心的 IT 设备消耗的大量能耗，很多是因为没有很好地规划而消耗的。目前主要存在的问题有以下方面。

（1）在数据中心中的众多服务器里，有很多服务器的资源利用率都非常低，很多都在 10%～20%。而这些服务器单独运行都需要消耗很多的能耗，也带来了管理的不便利。对资源利用率低的这些服务器缺乏整合。

（2）在数据中心中，有很多陈旧的服务器，这些服务器因陈旧不再使用或应用已被搬走等原因，而基本上不再使用。由于缺乏合理的管理，这些服务器都还在正常开机运转，消耗了很多能耗。

（3）数据中心中也有很多服务器并不是绿色节能设计，相比节能设计的服务器，消耗了更多的能耗。

（4）在数据中心中存储的利用率常常不高，真实使用的容量常常会比实际总容量小很多。据 IDC 调查报告，有 35%～50%的容量都是空闲、浪费的。而空闲了这么多的容量，也就意味着有很多的磁盘是没用到的，而在不停地运转，消耗了大量的能耗。

（5）在数据中心存储的数据中，有很多数据是相同的。同样的数据重复了非常多份，这样增加了存储总容量，同时也浪费了能耗。对数据进行有效的规划、删除重复数据对数据中心的绿色节能也是非常有帮助的。

各方面的原因造成了数据中心 IT 设备能耗很多是因为不必要的消耗而产生的。因此合理地规划设计数据中心将对减少数据中心的能耗带来很大的帮助。

经过上面对能耗源的分析，解决数据中心机房节能降耗的重点应该放在 IT 设备及与之配套的空调系统节能研究上。

1. IT 设备的节能

能否解决好 IT 设备及网络通信设备的节能降耗问题，关键在于能否正确地选用 IT 设备。衡量和比较各种 IT 设备是否具有最佳节能效果的标准是：在确保 IT 设备安全、可靠运行的前提下，设备的能耗比和 IT 设备所允许的工作温度、湿度范围是否具有优异的指标。

（1）设备能耗比：在选购服务器时，除了注意处理器、硬盘与内存等的规格外，最容易忽视的就是电源供应器。电源供应器产品除了标注电力的功率，很少会标示电源的转换率。设备一般使用的电力都是交流电，首先要将交流电转换成直流电后才能供给服务器内部各零组件使用。在这一过程中，就会损耗不少电力。以一个 400W 的电源供应器为例，如果该供应器的转换效率为 70%，也就是说，如果有 400W 的交流电输入电源供应器中，只有 280W 的电会转成直流电供服务器应用，可见足足浪费了 120W 的电力，所以在选购电源供应器时，必须注意转换率的问题，转换率越高的电源供应器越省电。

（2）IT 设备所允许的工作温度、湿度范围：如果选用对工作温度和湿度都很敏感的 IT 设备，势必会导致花费大量的人力和物力去建立和维护耗能很大的空调保障系统。因此，设备采购时尽量选用具有较宽的工作温度和湿度范围的 IT 设备。根据经验，对于空调系统而言，在其他运行工况条件保持不变的情况下，如果将空调的运行温度（回风口温度）提高 1℃，就能将其运行效率提高 3% 左右。因此，就 IT 设备及网络通信设备的节能，重点要求在设备采购选型时选择节能性设备，从源头上最大限度地节约用电。

2. 空调系统节能

空调产生的能耗约占整个数据机房所需总功耗的 37% 左右。其中 25% 左右的功耗来源于空调的制冷系统，12% 左右的功耗来源于空调的送风和回风系统。近年来，针对空调系统的节能，业界采取了以下措施，并取得了良好的节能效果。

（1）选用机房专用精密空调系统，考虑采用模块化系统，可随规模的增加，而逐渐增加模块。

（2）机柜采用面对面、背靠背的方式摆放，采用冷热通道方式制冷。从邻近两机柜的正面地下排出冷风，从机柜的背面排走热风，并尽量不让冷热空气混合，提高制冷效率，达到节能效果。

3. UPS 组成的供电系统

当前数据机房设备用电主要为交流电，交流电是由变压器和自动切换开关（Automatic Transfer Switch，ATS）所组成的 UPS 输入供电系统，UPS 功耗约占数据机房所需总功耗的 10%。

1）推动数据机房直流供电代替交流供电

大力推动数据机房直流供电替代交流供电，无论是供电可靠性、电磁兼容还是能效比，直流供电都优越于交流供电。

2）采用无变压器的 UPS 设备

目前有越来越多的厂商推出无变压器的 UPS 设备,可以让整机的效率提升至 90%以上。如同电源供应器转换率,UPS 也有同样的问题。传统的 UPS 的整机效率只有75%～85%,但采用无变压器的机型,可以提升至 90%以上,因此,选用无变压器的UPS 可以更有效地运用电源,让每一度电都花费在系统运作上,进而降低电力的成本。

## 7.4.9  虚拟化架构方案设计

如果按照传统的应用部署方式,一个应用一台服务器,需要部署 30 台服务器。如此数量的服务器,将会造成如下的众多问题。

1. 成本高

（1）硬件成本较高。

（2）运营和维护成本高,包括数据中心空间、机柜、网线、耗电量、冷气空调和人力成本等。

2. 可用性低

（1）可用性低,因为每个服务器都是单机,如果都配置为双机模式则成本更高。

（2）系统维护、升级或者扩容时需要停机进行,造成应用中断。

3. 缺乏可管理性

（1）数量太多难以管理,新服务器和应用的部署时间长,大大降低了服务器重建和应用加载时间。

（2）硬件维护需要数天/周的变更管理准备和数小时的维护窗口。

4. 兼容性差

系统和应用迁移到新的硬件需要和旧系统兼容的系统。为了更好地解决上述传统单一物理服务器部署应用方式所造成的弊端,可采用 VMware 虚拟架构软件的服务器虚拟架构解决方案,该方案将极大地提高服务器整合的效率,大幅度简化了服务器群管理的复杂性,提高了整体系统的可用性,同时还明显地减少了投资成本,具有很好的技术领先性和性价比,虚拟技术由于采用了将传统服务器应用程序环境封装成可移动的档案文件的技术,很容易实现业务的连续不间断运行,针对应用和访问量灵活部署,降低系统总成本,非常适用于宽带等快速发展的应用领域。

基于架构中虚拟机可动态在线地从一台物理服务器迁移到另一台物理服务器上的特性,可考虑配置一套光纤存储阵列产品,同时配置冗余的光纤交换机,组成标准的 SAN 集中存储架构,由 VMware 虚拟架构套件生产出来的虚拟机的封装文件都存放在 SAN 存储阵列上。通过共享的 SAN 存储架构,可以最大化地发挥虚拟架构的优势,进行在线迁移正在运行的虚拟机,进行动态的资源管理和集中的基于虚拟机快照技术的整合备份等，而且为以后的容灾提供扩展性和打下基础。为集中管理和监控虚拟机、实现自动化以及简化资源调配，可以采取下列措施。

（1）首先建立一套 SAN 存储资源共享，将数据存储在更加可靠的 SAN 盘阵中，同时建立操作系统的虚拟环境。通过虚拟中心对虚拟机进行统一管理，从而实现资源优化。降低管理的复杂度，实现业务系统的不间断运行。

（2）通过应用虚拟化方案，整合服务器应用，淘汰老旧服务器。减少新服务器购置需求，节省数据中心的空间占用，降低电力需求，提升空间利用率以及服务器的利用率。

# 7.5　IT 设备的节能建设

IT 设备设计是绿色数据中心中非常关键的部分，在贵州高校绿色数据中心工程中，IT 设备设计过程中主要采用以下建设方案。

（1）引进刀片式架构：使用刀片服务器取代传统台式或机架式设备。刀片服务器是根据产品外形的特点而命名的，因为刀片服务器的组成单元外形都扁而平，像个刀片，所以产品推出之时厂家也就顺理成章地将它这样命名；刀片服务器其实是指在标准高度的机架式机箱内可插装多个卡式的服务器单元（即刀片，其实际上是符合工业标准的板卡，其上有处理器、内存和硬盘等，并安装了操作系统，因此一个"刀片"就是一台小型服务器）。这一张张的刀片组合起来，进行数据的互通和共享，在系统软件的协调下同步工作就可以变成高可用和高密度的新型服务器。

刀片服务器比机架式服务器更节省空间，一般应用于大型的数据中心或者需要大规模计算的领域，如银行电信金融行业以及互联网数据中心等。目前，节约空间、便于集中管理、易于扩展和提供不间断的服务，成为对下一代服务器的新要求，而刀片服务器正好能满足这一需求，因而刀片服务器市场需求正不断扩大，具有良好的市场前景。

（2）虚拟化：通过虚拟化合并物理服务器和存储设备，提高设备使用率。新校区绿色数据中心采用一种通过硬件模拟实现的、系统基于 VMware 的虚拟服务器。该方式为每个虚拟服务器模拟了物理的服务器硬件，包括全配置的 BIOS，这种方法让每个虚拟服务器好像运行在主机平台的单个处理器上。硬盘方面，每个虚拟服务器是完全独立的，在其硬盘上有操作系统和必要的应用。还有一种是通过主机来虚拟分类的。因此要建设绿色数据中心就需要对服务器进行有效、合理的整合，采用服务器虚拟化进行数据中心服务器整合是一个非常有效的方案。采用服务器虚拟化的数据中心就可以达到模块化、可扩展的绿色节能的数据中心。在节约能耗方面，VMware 更是实现了动态电源管理功能，可以根据虚拟化架构的物理服务器的资源利用率情况，在线把一台虚拟化物理服务器的虚拟机迁移到其他虚拟化服务器上，同时把这台服务器切换到省电休眠模式来达到节约能耗的作用。如果其他服务器的负载压力大，可以马上唤醒休眠的服务器，并迁移一些虚拟机到这台服务器上。

（3）选择节能服务器：使用采纳能源高效设计和部件的系统，要求系统供应商提高单位能源消耗下的计算能力。从服务器能耗最主要的来源，服务器 CPU 的设计趋势看，过去通过提高晶体管密度和时钟频率来提高性能，同时也造成 CPU 的功耗越来越大；后来面临着单纯提高晶体管密度和降低制程面临瓶颈，2003 年以后 AMD 和 Intel 开始朝着多核 CPU 的方向转变，注重芯片和服务器系统的实际效能，重视服务器系统和 CPU 的能耗/效能比，在提升效能的同时，也同时强调了节能的趋势。CPU 厂商也在对 CPU 架构进行改变，以降低 CPU 的能耗。Intel 公司采用具有宽位动态执行、高级数字媒体增强、智能功率特性、智能内存访问以及高级智能高速缓存等五大创新的酷睿微架构，这种采用新架构的 CPU 会令 Intel 的新一代 CPU 产品在功耗上面有很大降低。AMD 则以其直联架构使 CPU 的主频降低，以此达到降低 CPU 的功耗。

另外，芯片厂商的产品还对芯片上的各个模块进行智能化的用电控制，这也成为了目前芯片设计中广泛采用的一种技术。具体来说就是，芯片中哪一部分如果暂时不会用到，芯片就自动把它的电压降低，就好比房间没有人就把灯关掉一样。在服务器中另一重要部分内存和芯片组方面，也都有更高效的芯片组和低电压内存，来减少电力消耗。服务器需要有高效率的电源，来高效地完成从交流电到直流电的转换，这也意味着更少的电源转换损失。在硬盘方面，硬盘厂商也在节能方面做出了很大的努力，都开始生产 2.5 英寸的小型硬盘，2.5 英寸的 SAS 硬盘只消耗相当于上一代 3.5 英寸硬盘一半的电力。在服务器内部的散热风扇中，采用温度感应的风扇技术，系统的风扇技术根据散热需求来控制风扇转速，风扇的低速运行只消耗风扇全速运转时所需的 25%电力。采用节能方式设计的服务器的每瓦特性能提升 25%左右，总体能耗降低 20%。每年每台服务器可节省数千元。若应用于大型数据中心则每年可节省数百万元以上。例如，Dell 推出了节能系列的服务器 Energy Smart，能将高能效硬件与操作系统电源管理相结合，配备了优化能效的配置，能通过如低压 CPU、高效内存、2.5 英寸硬盘、高效电源和能量优化 BIOS 设置等特点减少能耗，并通过将操作系统电源管理功能设置成在 15 分钟非活动状态后将系统置于低功耗模式下，Dell 智能节能设置有助于部分优化能源节约，从而大幅度节约能源。Dell 研究表明，功率边缘智能的系统配置比类似配置的服务器每瓦特性能高出 21%，同时每台服务器每年还能节省最多 200 美元的电费。从以上的分析可以看到，采用绿色节能的服务器能够对数据中心的节能带来很大的帮助。

## 7.6　绿色数据中心测试方案

为了验证绿色数据中心的设计方案的节能效果，现在对主要能源消耗的 IT 设备的节能方案分别进行实验性测试。

### 7.6.1　刀片式架构能耗测试

主要测试以下几项功耗数据。

（1）机箱未加电待机功耗：该功耗是服务器机箱电源接通，且未给机箱加电开启状态下的待机功耗。在该状态下只有远程管理卡可以工作，其他设备基本都处于关闭状态。

（2）机箱加电后的待机功耗：该功耗是所有的风扇和模块开始工作后所产生的功耗。

（3）单个服务器在系统下的空载功耗：服务器进入系统后没有负载状态的功耗。

（4）单个服务器在系统下的满载功耗：服务器进入系统后满载状态的功耗。

根据以上数据可以计算出满配刀片服务器机箱在系统下的满载功耗。

### 7.6.2　节能服务器能耗测试

该项测试主要测试项目为节能服务器在使用过程中的功耗，所采用的方法是用LoadRunner 软件模拟大量用户访问被测服务器来增加被测服务器的负载，分别记录被测服务器在待机、空载以及基本满载的情况下的功耗数据，以此来判断服务器在功耗方面的表现。测试中用来测量功率的是一款多功能数字功率计，该功率计可同时显示平均功率、一段时间内的功耗以及瞬时电压等参数。

测试主要为每个参测的产品记录了四组数据，分别是满载功率、空载功率、待机功率的能耗数据，以此来比较不同服务器在测试环境中的能耗情况。

# 7.7　绿色数据中心能耗管理

环境监控系统怎样才能有效实现耗电情况的监控和管理，实现机房能耗的实时显示、查询、预测和分析，并采取相应的节能措施，打造绿色节能、高效运行的数据中心呢？在环境监控系统软件的能耗管理功能的选型过程中主要考虑以下因素。

1. 功能及技术要求

应能总体上满足贵州高校绿色数据中心的"集中管理、集中监控、集中维护"的要求，实现耗电情况的监控和管理。

2. 基本功能要求

（1）采集器能通过短信方式传送用电量数据。

（2）要求采集器可根据机房环境温度和上级指令有选择地对智能/非智能耗能设备（空调）进行硬关闭和开启功能（即关闭和开启电源），以达到节能的目的。

（3）采集器具有自检功能，可以对采集器、供电故障、通信故障进行判断，发回中心，提供相关信息。

（4）系统能进行用电管理，包括用电趋势、用电分析、用电告警、用电设置。具体能对能耗数据进行分时段统计、分析，并产生数据的各项横向比较、同比、环比、历史记录分析等功能。

（5）系统的基础数据录入支持手动和自动录入（如 Excel 表格形式等）。

（6）系统扩展灵活、方便，可通过直接增加节点实现系统扩展。

（7）可根据以后的能源管理需求持续升级和定制对软件进行升级和设置特定的功能模块。

### 3. 统计分析功能要求

（1）具备报表条件设置功能，包括报表查询时间等。

（2）支持多种形式的报表，包括表格报表、曲线报表和柱状图报表。

（3）具备单项查询和多项组合查询功能，能耗数据库中所有的数据均可作为查询条件，各个查询条件之间可设置为"与"和"或"的关系，按照每个属性进行组合汇总统计生成的数据。对查询出的报表提供打印、数据排序和转存成多种格式文件功能。

（4）具备报表自动输出功能。在指定的时刻，自动对数据进行统计分析，并输出设置的报表文件。

（5）报表自定义功能，用户可按各自的需要，自定义时间段、用电区域、用电设备的能耗数据统计等。

### 4. 能耗管理

#### 1）设备配置管理

能够对设备的基础信息、配置信息等相关信息进行详细的管理。通过对设备基础信息管理可以快捷地查看不同设备的标称功率和估算功率，为估算设备能耗提供强有力的依据，并可及时优化设备参数的设置，减少能耗。

#### 2）用电趋势分析

（1）与设备对比，分析同类其他设备能耗水平的高低。

（2）分析各个关键自变量对能耗的贡献度，分析能耗构成合理性。

（3）建立设备的能耗数据模型库，使用关键自变量参数可推算出设备各月相应能耗值。其中可包括设备耗电的测算、空调耗电的测算等。

（4）对设备采取节能措施前后的效益性进行评估，为后期大规模推广和应用提供决策依据。

3）用电告警

每天设备的能耗值与前一周正常值的平均值对比，如果差值超过设置值，则产生能耗告警，提示用户关注用电异常情况。

4）查询监控

能耗数据实时查询及监控，能够进行实时能耗数据的滚动/曲线显示，包括单个设备详细数据实时显示、多个设备对比数据的实时显示，同时针对系统耗电激增或骤降等异常数据实时监控和处理。可重点实时监看某些设备的能耗数据。

# 7.8　本章小结

随着数据中心重要性的提高，数据中心的规模也得到了持续快速的膨胀，数据中心中的服务器和存储的需求也在急剧增长。随着数据中心数量和规模的快速发展，数据中心的能耗问题越来越受到人们的关注。由于数据中心涉及多专业，人们开始对数据中心进行绿色节能方面的研究。

本章以贵州高校绿色数据中心建设为背景，根据现有数据中心的特点，为解决绿色数据中心建设，从用户需求分析入手，比较详细地论述了贵州高校绿色数据中心设计与实现的过程，提出了高校绿色数据中心的设计方法，对数据中心的相关部分进行了绿色节能的分析，提出通过采用绿色环保材料、低耗能设备、智能电源管理技术和虚拟化技术，来降低数据中心的能耗，达到节能环保和低排放的绿色要求。

## 参 考 文 献

[ 1 ] 张成泉. 机房工程[M]. 北京: 中国电力出版社, 2007: 67-73.

[ 2 ] 成从容. 智能建筑中节能技术的研究[J]. 中外建筑, 2007: 3-4.

[ 3 ] 于耳, 盛靖. 数据化校园服务器虚拟化整合[J]. 中国教育网络, 2009, 1(1): 118-121.

[ 4 ] 向宁宁. 绿色数据中心的建设实践[J]. 金融电子化, 2008, 11(11): 58-60.

[ 5 ] 雪原. 企业 IT 节能之用 PUE 指标衡量机房能耗效率[EB/OL]. http: //server. it168. com/server /2008-07-09/200807090911505. shtml [2008-7-9].

[ 6 ] 王其英, 何春华. UPS 供电系统综合解决方案/电源系列[M]. 北京: 电子工业出版社, 2007: 71-85.

[ 7 ] 叶智俊. 模块化并联冗余 UPS 系统智能控制设计研究[D]. 杭州: 浙江大学硕士学位论文, 2007.

[ 8 ] 吴涛. 虚拟化存储技术研究[D]. 武汉: 华中科技大学博士学位论文, 2005.

[ 9 ] 边凯. 节能绿色的机房[J]. 中国计算机用户, 2007: 15-16.

[10] 钟景华. 新一代绿色数据中心的规划与设计[M]. 北京: 电子工业出版社, 2010: 99-121.

[11]　卜一德. 绿色建筑技术指南[M]. 北京: 中国建筑工业出版社, 2008: 135-162.

[12]　连之伟, 马仁民. 下送风空调原理与设计[M]. 上海: 上海交通大学出版社, 2006: 45-62.

[13]　陈鹏飞. 程控机房新风供冷空调方式及节能分析[J]. 暖通空调, 2007, 37(10): 93-97.

[14]　唐广飞. 高性能路由器节能技术研究[D]. 长沙: 国防科学技术大学硕士学位论文, 2007.

[15]　王力坚. 高安全性和节能的模块化 UPS 系统[J]. 中国金融电脑, 2007: 5-6.

[16]　张振伦. 虚拟机的演化[J]. 软件世界, 2007: 10-11.

[17]　舒继武. 存储虚拟化[J]. 中国教育网络, 2007: 4-5.

[18]　李成章. 现代信息网络机房对节能降耗的技术需求[J]. 电源世界, 2008: 8-9.

[19]　朱毅. 戴尔要给数据中心"退烧"[J]. 政府采购信息报, 2008: 2-3.

[20]　Alger D. 思科绿色数据中心建设与管理[M]. 陈宝国, 曾少宁, 苏宝龙, 等, 译. 北京: 人民邮电出版社, 2011: 35-62.

[21]　林小村. 数据中心建设与运行管理[M]. 北京: 科学出版社, 2010: 321-323.

# 第8章　总结与展望

随着数据中心重要性的提高，数据中心的规模也得到了快速持续的增长，数据中心中的服务器和存储需求也在急剧地增加，数据中心的能耗问题越来越受到人们的关注。由于数据中心涉及多专业，人们开始对数据中心进行了绿色节能方面的研究。

## 8.1　绿色数据中心发展总结

本书以探讨绿色数据中心发展技术和实践为目标，首先从绿色数据中心规划、绿色数据中心能耗、绿色数据中心核心竞争力等方面比较深入地剖析绿色数据中心发展的基本原理和技术；然后描述贵州绿色数据中心发展优势、贵州绿色数据中心发展典型案例、高校绿色数据中心设计与建设。归纳起来，所做的研究工作包括以下方面。

### 1. 绿色数据中心规划

本书针对目前大型绿色数据中心规划方面研究的空白，结合作者对数据中心规划及建设的多年实践经验的积累，并以前人研究成果为基础，通过长时间对绿色数据中心规划的研究和思考提出了大型绿色数据中心的规划方法及步骤，并提出一个大型绿色数据中心将是基于虚拟化的、模块化的、绿色节能的数据中心，对数据中心的相关部分进行了绿色节能的分析。

### 2. 绿色数据中心能耗

对绿色数据中心的各层耗能结构和关键节能措施进行分析研究，对绿色数据中心能耗监控系统的关键技术和相关原理进行了研究与分析，包括系统接口协议、入网方式、传输方式、数据库、监控功能等；提出了绿色数据中心的管理框架，在现在的虚拟机技术的基础上抽象出一个全局抽象层；探讨虚拟架构下数据中心能耗优化、数据中心计算资源虚拟化节能管理和基于协同调度的动环资源节能管理。

### 3. 绿色数据中心核心竞争力

本书以核心竞争力理论为依据，对绿色数据中心行业的核心竞争力构建进行了分析和论证，并以贵安新区绿色数据中心为例，进行了实证分析。认真分析数据中心的关键指标结构，针对主要关键因素进行安全可靠的优势评价，选择得分最高的绿色数据中心建设区域，最大限度地实现节能降耗和节约资金，为下一代绿色数据中心构建提供依据。

4. 贵安新区绿色数据中心发展总结

贵安新区在绿色数据中心发展方面，已经在全国范围内率先开拓出一条绿色、节能、生态、高效的特色发展道路，如图 8.1 所示。

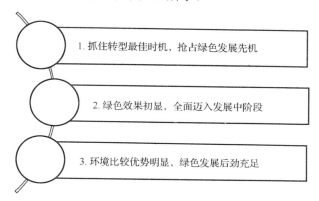

图 8.1　贵安新区绿色数据中心发展总结

1）抓住转型最佳时机，抢占绿色发展先机

贵安新区在国家、部委、省市等各级政府部门的大力支持下，敏锐地抓住了传统数据中心转型的最佳时机，迅速地抢占了绿色数据中心发展的全国先机，引领绿色数据中心发展与集聚，更以其得天独厚的产业综合生态环境优势，结合切实有效的优惠政策支持，吸引一批大型绿色数据中心顺利入驻。

2）绿色效果初显，全面迈入发展中阶段

绿色数据中心在全国刚兴起概念、尚未全面发展的时候，贵安新区先知先觉，提前布局，针对绿色数据中心的建设与发展，采取一系列措施，先行先试，率先迈入了绿色数据中心产业的发展中阶段。

3）环境比较优势明显，绿色发展后劲充足

贵安新区综合环境生态比较优势在全国范围内明显，已建成的绿色数据中心节能、低碳、经济等效果显著，绿色态势鲜明，绿色发展后劲充足，绿色发展道路已经成型。

## 8.2　未来工作与展望

由于国内外关于绿色数据中心方面的研究尚属起步阶段，本书在研究思路和研究方法上可能存在不足。在本书的研究基础上，还有以下方面的问题有待进一步研究。

### 1. 绿色数据中心利用自然资源节能研究

因地制宜，利用当地当时的自然资源来达到绿色节能。例如，在阳光充足的地区，利用太阳能承担部分电力；在水资源丰富的地区，利用水冷系统来节能；在寒冷的地区，可利用冷风和冰水来节能等。

### 2. 绿色数据中心智能化节能研究

例如，在服务器负载不大的时候，把系统自动迁移到其他服务器上，提高服务器利用率，并把空闲服务器切换到休眠省电模式，当有应用需求请求时，可自动唤醒休眠服务器；如果空调系统或 UPS 有空余容量，可以把多余的模块切换到省电模式，当负载加大时，可自动唤醒 UPS 或空调模块；在照明系统中，可随着人的进出，自动开关电灯。

### 3. 数据中心网络能耗成本控制

研究表明，数据中心网络能耗占整个数据中心的 10%～20%，而聚合层的平均链路利用率在 95%的时间内只有 8%，这说明数据中心网络激活的链路利用率很低，浪费了大量电能。近年出现的软件定义网络（Software Defined Network，SDN）技术将网络的数据面和控制面分开，实现对网络流量的灵活控制。如何利用 SDN 技术实现对数据中心网络能耗成本控制为我们提供了机遇与挑战。

### 4. 贵安新区绿色数据中心发展预测

为了推动 GDP 的增长，全国 2015～2016 年大中型数据中心增长量为 5%～10%，甚至更高，服务器数量将从 2014 年的 220 万台，增长到 2018 年的 650 万台。对比国内主要数据中心集聚区的发展环境，预测未来几年新增大型绿色数据中心 20%～30%将落户于贵州贵安新区或者综合环境与其类似的一类地区，贵安新区数据中心基地总服务器规模有望突破 300 万台，数据中心上下游产业链产值规模有望突破千亿大关。

建议国家相关部委、贵州省委省政府、贵安新区从加强政策支持、加大资金支持、加快专业技术公共服务支撑、加强示范与推广力度等方面入手，进一步推动贵安新区做实、做大、做强绿色数据中心产业。

总之，绿色数据中心的发展是一项长期、艰巨的任务，需要各界人士共同努力。信息技术、通信技术、节能技术的不断完善，必将推动绿色数据中心的深入发展。